高等院校网络空间安全专业实战化人才培养系列教材

郭启全　丛书主编

# 商用密码应用技术

荆继武　雷灵光　郭启全　郑昉昱　王　鹏　王跃武　编著

电子工业出版社·

**Publishing House of Electronics Industry**

北京·BEIJING

## 内容简介

本书旨在为读者提供全面的商用密码技术知识，以及如何在实际应用中有效利用商用密码技术保障网络信息安全，主要内容包括密码技术基础、密码标准及产品、传输保护、存储保护、版权保护、网络身份安全、系统与网络防护。

本书是高等院校网络空间安全专业实战化人才培养系列教材之一，可作为网络空间安全专业的专业课教材，适合网络空间安全专业、信息安全专业以及相关专业的大学生、研究生系统学习，也适合各单位各部门从事网络安全工作者、科研机构和网络安全企业的研究人员阅读。

**图书在版编目（CIP）数据**

商用密码应用技术 / 荆继武等编著. -- 北京 ：电

子工业出版社，2025. 7. -- ISBN 978-7-121-50873-8

Ⅰ. TP393.084

中国国家版本馆CIP数据核字第2025ME7579号

责任编辑：刘御廷　　　　　　　　　　　　特约编辑：张启龙
印　　刷：河北鑫兆源印刷有限公司
装　　订：河北鑫兆源印刷有限公司
出版发行：电子工业出版社
　　　　　北京市海淀区万寿路 173 信箱　　　　邮编：100036
开　　本：787×1 092　　1/16　　印张：16.75　　字数：386.7 千字
版　　次：2025 年 7 月第 1 版
印　　次：2025 年 7 月第 1 次印刷
定　　价：69.00 元

凡所购买电子工业出版社图书有缺损问题，请向购买书店调换。若书店售缺，请与本社发行部联系，联系及邮购电话：（010）88254888，88258888。

质量投诉请发邮件至 zlts@phei.com.cn，盗版侵权举报请发邮件至 dbqq@phei.com.cn。

本书咨询联系方式：luy@phei.com.cn。

# 高等院校网络空间安全专业实战化人才培养系列教材

# 编委会

序 FOREWORD

在数字化智慧化高速发展的今天，网络和数据安全的重要性愈发凸显，直接关系到国家政治、经济、国防、文化、社会等各个领域的安全和发展。网络空间技术对抗能力是国家整体实力的重要方面，面对日益复杂的网络安全威胁和挑战，按照"打造一支攻防兼备的队伍，开展一组实战行动，建设一批网络与数据安全基地"的思路，培养具有实战化能力的网络安全人才队伍，已成为国家重大战略需求。

### 一、培养网络安全实战化人才的根本目的

在网络安全"三化六防"（实战化、体系化、常态化；动态防御、主动防御、纵深防御、精准防护、整体防控、联防联控）理念的指引下，网络安全业务越来越贴近实战。实战行动和实战措施都离不开实战化人才队伍的支撑。培养网络安全实战化人才的根本目的，在于培养一批既具备扎实的理论基础，又掌握高新技术和前沿技术、具备攻防技术对抗能力，还能灵活运用各种技术措施和手段，应对各种网络安全威胁的高素质实战化人才，打造"攻防兼备"和具有网络安全新质战斗力的队伍，支撑国家网络安全整体实战能力的提升。

### 二、培养网络安全实战化人才的重大意义

习近平总书记强调："网络空间的竞争，归根结底是人才竞争"，"网络安全的本质在对抗，对抗的本质在攻防两端能力较量"。要建设网络强国，必须打造一支高素质的网络安全实战化人才队伍。我国网络安全人才特别是实战化人才严重缺乏，因此，破解难题，从网络安全保卫、保护、保障三个方面加强实战化人才教育训练，已成为国家重大战略需求。当前，国家在加快推进数字化智慧化建设，本质是打造数字化生态，而数字化建设面临的最大威胁是网络攻击。与此同时，国家网络安全进入新时代，新时代网络安全最显著的特征是技术对抗。因此，新时代要求我们要树立新理念、采取新举措，从网络安全、数据安全、人工智能安全等方面，大力培养实战化人才队伍，加强"网络备战"，提升队伍的技术对抗和应急处突能力，有效应对新威胁和新技术带来的新挑战，为国家经济发展保驾护航。

### 三、构建新型网络安全实战化人才教育训练体系

为全面提升我国网络安全领域的实战化人才培养能力和水平，按照"理论支撑技术、技术支撑实战"的理念，创新高等院校及社会差异化实战人才培养的思路和方法，建立新型实战化人才教育训练体系。遵循"问题导向、实战引领、体系化设计、督办落实"四项原则，认真落实"制定实战型教育训练体系规划、建设实战型课程体系、建设实战型师资队伍、建设实战型系列教材、建设实战型实训环境、以实战行动提升实战能力、创新实战

型教育训练模式、加强指导和督办落实"八项重大措施，形成实战化人才培养的"四梁八柱"，有力提升网络安全人才队伍的新质战斗力。

### 四、精心打造高等院校网络空间安全专业实战化人才培养系列教材

在有关部门的大力支持下，具有 20 多年网络安全实战经验的资深专家统筹规划和整体设计，会同 20 多位部委、高等院校、科研机构、大型企业具有丰富实战经验和教学经验的专家学者，共同打造了 14 部技术先进、案例鲜活、贴近实战的高等院校网络空间安全专业实战化人才培养系列教材，由电子工业出版社出版，以期贡献给读者最高水平、最强实战的网络安全重要知识、核心技术和能力，满足高等院校和社会培养实战化人才的迫切需要。

网络安全实战化人才队伍培养是一项长期而艰巨的任务，按照教、训、战一体化原则，以国家战略为引领，以法规政策标准为遵循，以系统化措施为抓手，政府、高校、企业和社会各界应共同努力，加快推进我国网络安全实战化人才培养，为筑梦网络强国、护航中国式现代化贡献我们的智慧和力量！

郭启全

网络技术的迅猛发展极大地便利了人们的生活和工作，但数据泄露、网络攻击和身份盗窃等安全威胁也日益严峻，使得网络空间安全的重要性愈发凸显。密码是保障网络空间安全的核心技术和重要基础，是构建网络信任体系的基石，是国家战略性资源。网络技术能够实现信息的保密性、完整性、真实性和不可否认性，是网络免疫体系的关键，在网络空间安全防护中发挥着重要的作用。密码不仅直接关系到国家的政治、经济、国防安全和网络安全、数据安全，也关系到公民和组织的合法权益。正确使用密码，特别是自主、安全的密码，对国家安全和公民权益的保护至关重要。

进入新时代，网络安全最显著的特征是技术对抗，公民和组织应树立新理念，采取立足于有效应对大规模网络攻击，认真落实"实战化、体系化、常态化"和"动态防御、主动防御、纵深防御、精准防护、整体防控、联防联控"的"三化六防"措施，坚持以"打造一支攻防兼备的队伍，开展一组实战演习行动，建设一批网络与数据安全基地"为主线，加强战略谋划和战术设计，建立完善的网络安全综合防御体系，大力提升综合防御能力和技术对抗能力。从创新角度出发，顺应"理论支撑技术、技术支撑实战"的理念，加强理论创新和技术突破，实施"挂图作战"的计划；从"打造一支攻防兼备的队伍"出发，创新高等院校和企业差异化的网络安全人才培养思路和方法，建立实战型人才教育训练体系，完善教育训练体系规划，创新课程体系、师资队伍、系列教材、实训环境建设和培养模式，培养网络空间安全实战型人才。

为了满足培养网络空间安全实战型人才的需要，郭启全组织成立编委会，共同编著高等院校网络空间安全实战型人才培养系列教材，包括《网络空间安全导论》《网络安全保护制度与实施》《网络安全建设与运营》《网络安全检测评估技术与方法》《网络安全事件处置与追踪溯源技术》《人工智能安全治理与技术》《数据安全管理与技术》《网络空间安全导论》《商用密码应用技术》《网络安全威胁情报分析与挖掘技术》《数字勘查与取证技术》《恶意代码分析与检测技术》《恶意代码分析与检测技术实验指导书》《漏洞挖掘与渗透测试技术》。全套教材由郭启全统筹规划和整体设计，组织具有丰富网络安全实战经验和教学经验的专家、学者，共同撰写这套高等院校网络空间安全专业教材，并对内容严格把关，以期贡献给读者最高水平、最强实战的网络空间安全、数据安全、人工智能安全等相关技术的重要内容。

《商用密码应用技术》一书旨在为读者提供全面的商用密码技术知识，以及如何在实际应用中有效利用商用密码技术保障网络信息安全。本书由荆继武、雷灵光、郭启全、郑昉昱、王鹏、王跃武编著，中国科学院大学王鹏副教授负责第 1 章，并参与第 4 章的撰写；中国科学院大学郑昉昱副教授负责第 2 章、第 6 章，并参与第 4 章的撰写；中国科学院大学雷灵光副教授负责第 3 章、第 5 章，并参与第 4 章的撰写；中国科学院大学王跃武教授负责第 7 章的撰写。全书由郭启全、雷灵光统稿。中国科学院大学的龙重余、马文涛、叶钰莹、吴则平等同学参与了本书的写作和校准，在此致谢。

由于编者时间和能力有限，书中难免存在不足之处，敬请读者批评指正。

编　者

# 目录 CONTENTS

# 第1章
# 密码技术基础

本章介绍了密码技术的基本概念、发展历程及关键的密码算法、密钥管理、密码协议的基本原理，包括密码技术的概念和应用、密码的功能、密码应用技术框架及其在保障网络空间安全中的作用，涉及政治、经济、国防及公民和组织的合法权益等多个方面；介绍了密码技术的发展历程，从古典密码到现代密码的演进，以及面临的新挑战和机遇；还介绍了密码算法、密钥管理和密码协议的基础知识。这些是构建密码产品和信息系统不可或缺的理论基础。

## 1.1 密码技术概述

密码技术是指采用特定变换的方法，对信息等进行加密保护和安全认证的技术、产品和服务。根据《中华人民共和国密码法》（以下简称《密码法》），密码可以分为以下几类：核心密码、普通密码、商用密码。核心密码和普通密码用于保护国家秘密信息，核心密码保护信息的最高密级为绝密级，普通密码保护信息的最高密级为机密级。密码管理部门依照《密码法》和有关法律、行政法规、国家有关规定对核心密码、普通密码实行严格统一管理。用于保护不属于国家秘密信息的密码都属于商用密码。密码技术并不具备核心、普通和商用的概念。一般来说，核心密码或普通密码可能会用到更安全的密码技术，并且这些技术是保密的。本书提到的密码技术，都指商用密码中使用的技术，本书中的密码也都属于商用密码范畴。

密码是保障网络空间安全的核心技术，在网络空间安全防护中发挥着重要的支撑作用。密码不仅直接关系到国家的政治、经济、国防，也关系到公民和组织的合法权益。密码在网络空间安全中扮演着基础性的角色，是维护网络空间安全的有效技术手段。其作用可以概括为以下三个方面。

（1）密码是网络空间安全的核心和基础，能够确保信息的保密性、完整性、真实性和不可否认性，是网络免疫体系的关键。

（2）密码是构建网络信任体系的基石，通过密码算法和协议确保身份标识、鉴别、管理和审计，是传递价值和信任的核心技术。

（3）密码是国家战略性资源，与核技术、航天技术并列，是保护国家和公民安全的重要技术。随着信息化的发展，密码在保护国家安全、经济社会发展和个人隐私方面的重要性日益增加。正确使用密码，特别是自主的、安全的密码，对保护国家安全及保护公民和组织的合法权益至关重要。

## 1.1.1 密码技术的概念和应用

### 1. 密码技术的概念

密码技术指使用特定变换的方法和机制对信息进行加密保护和安全认证的一系列技术、方案和服务。特定变换包括将明文转换为密文，以及将密文还原为明文的过程。加密保护的目的是让原始信息变为攻击者无法识别的符号序列，确保信息的保密性；安全认证是为了验证信息的完整性和来源的真实性，确保信息的真实性、数据的完整性和行为的不可否认性。技术是指实现这些目的的方法和手段，产品则是以加密保护或安全认证为核心功能的设备和系统，服务则是基于密码技术和产品提供的集成、运营、监理等支持和保障设备和系统运行的活动。

密码技术的内容涵盖了密码编码、实现、协议、安全防护、分析破译，以及密钥的产生、分发、传递、使用和销毁等。典型的密码技术包括密码算法、密钥管理和密码协议。密码算法是实现信息"明"与"密"变换和生成认证标签的规则，包括加密算法、解密算法、数字签名算法和杂凑算法等。密钥管理涉及密钥全生命周期的安全管理，密钥是控制密码变换的关键，掌握密钥是解密密文和生成数字签名的前提。密码协议是众多参与者使用的密码算法，为实现加密保护或安全认证而约定的交互规则，是密码技术应用于具体环境的重要形式。

### 2. 密码技术的应用

密码技术是保障网络空间安全的核心技术和基础支撑，通过加密保护和安全认证两大核心功能，可以完整实现防假冒、防泄密、防篡改、抗抵赖等安全需求，在网络空间中扮演着"信使"、"卫士"和"基因"的重要角色。在信息化、网络化、数字化高度发达的今天，密码技术已经渗透到了社会生产、生活的各个方面，重要网络和信息系统、关键信息基础设施、数字化平台都离不开密码技术的保护。5G、物联网、云计算、大数据、人工智能、区块链、量子通信、数字经济等新技术、新业态都与密码技术紧密融合。密码技术与老百姓的日常生活也息息相关，身份认证、电子支付、网络交易、个人信息保护、财产保护等，背后都有密码技术在发挥着作用。密码技术的应用可谓无处不在，有力地维护了社会正常运转和交易秩序，保障了公民、法人和社会组织的合法权益。

（1）保障在线支付安全。网上支付、手机支付等在线支付方式已成为老百姓日常消费支付的主要方式。各大支付平台都使用密码技术实现用户身份认证、交易数据验签等功能，确保支付数据的机密性和完整性，保护用户资金等敏感信息不被盗用、输入的交易资料不被篡改，防止业务损失或服务中断、防止欺诈、套现、洗钱等违法犯罪行为，为保护消费者资金安全发挥了重要作用。

（2）助力"互联网政务服务"。公积金管理部门利用密码技术，为个人办理公积金业务提供在线身份核实认证、各类申请表电子签名，实现公积金网办大厅全程电子化，查询、提取、贷款等业务全部线上办理，为存缴单位和职工提供优质、便捷、高效的服务。电子营业执照和电子印章利用密码技术，支持市场主体身份在全国范围内进行在线验证和识别，降低市场主体办事成本。

（3）服务居民医疗健康数据管理。卫生信息系统利用密码技术，实现各级卫生行政部门和各级各类医疗卫生机构及其工作人员的统一身份认证，有效满足了居民医疗健康数据的完整性保护、可信时间及责任认定等安全需求，在防止假冒身份、篡改信息、越权操作、否认责任等方面发挥了重要作用。特别是在防疫工作中，通过采用密码技术，国家疾控部门数据直报、"防疫健康码"等保障了传输不中断、信息不泄露、数据无篡改。此外，可靠的电子签名及安全电子病历在医疗系统中大量应用，为政府、社区、单位联防联控、复工复产提供了有力支撑。

（4）支撑智能电表安全快捷地运行。智能电表采用商用密码对电力用户进行身份鉴别，对用电关键数据进行签名、加密，保障用电信息采集、用电控制、用户电力缴费等业务的顺利开展和安全可靠运行。目前，智能电表已经遍及千家万户，老百姓使用手机就可以查询电量、缴纳电费。方便快捷的背后，离不开密码技术的保护和支持。智能电表的广泛应用在便利了群众日常生活的同时，对支持阶梯电价政策、推动节能减排也发挥了重要作用。

（5）便利高校毕业生就业升学。北京大学、清华大学等高校利用密码技术，将电子成绩单等传统纸质证明材料电子化，加盖基于密码技术的可靠电子签名及可信时间戳实现信息防伪，达成电子成绩单等证明材料互信互认，验证时间从之前的三周缩短至"秒级"，极大地便利了广大毕业生办理就业、升学等业务。

（6）密码赋能高质量发展，密码护航百姓生活。自2019年10月26日《密码法》颁布以来，密码技术的应用保障领域全面拓宽，产业生态持续繁荣壮大，科技创新成果显著，社会公众密码安全意识进一步增强，密码技术在维护国家安全、促进经济社会发展、保护人民群众利益中的作用日益凸显。

（7）密码技术的应用保障领域全面拓宽。在公安、社保、交通、能源、水利、教育、广电、税务等领域，密码技术的应用不断向纵深拓展，充分发挥了在保障国家网络与信息安全中的核心重要作用。银行卡、网上银行、移动支付、条码支付及非银行支付等各类电子支付中密码技术的应用不断深化。采用密码技术的身份证件、社会保障卡、应急广播、数字电视、不停车收费（ETC）系统、交通一卡通、增值税发票系统等实现规模化部署，密码技术在一大批国家和地方政务网络系统中得到广泛应用。

（8）密码技术的产业生态持续繁荣壮大。密码技术的产业单位数量和规模不断增大，密码技术的应用与创新发展示范基地、产业密码技术的应用研究中心和产业园区建设蓬勃开展。密码检测认证体系不断健全，为推动密码科学化、规范化管理，促进密码技术产业的健康有序发展提供了坚实支撑。国家市场监管总局与国家密码管理局联合发布一系列规范性文件，进一步明确商用密码检测认证的工作原则、工作机制和实施要求。组织开展商用密码应用安全性评估试点，推进评估标准、技术、机构、人才支撑体系建设。全国电子认证服务机构签发的数字证书，广泛应用于金融、税务、教育、电信、电子商务及电子政务等领域，产生了重大的社会效益和经济效益。

## 1.1.2　密码的功能和密码技术的应用框架

### 1. 密码的功能

早期，密码主要用于信息加密，以实现保护功能，这是密码的初始应用及核心作用。然而，随着科技进步，密码的应用范围不仅包括加密保护，还涵盖身份验证和保障信息来源的安全性等更广泛的安全需求。信息安全普遍认可的定义是"CIA"，强调信息安全的三个基本目标：保密性（Confidentiality）、完整性（Integrity）和可用性（Availability）。近年来，随着信息技术的分工越来越细化，真实性（Authenticity）也成为了信息安全的关键目标之一。特别是在云计算和移动互联网等新兴领域，在多方协同处理信息时，验证各方身份的真实性变得尤为重要。此外，随着网络交易的蓬勃发展，不可否认性（Non-repudiation）的作用也变得日益重要。在这些信息安全的基本目标中，除可用性是侧重于确保信息和服务的持续可访问性，通常通过高可用性、灾难恢复等技术实现外，其他的基本目标均与密码学紧密相关。相较于其他安全措施，如物理保护、设备加固、网络隔离、防火墙、监控系统、生物识别技术等，密码学在安全性方面扮演着最根本、最基础的角色。

总的来说，密码技术可以实现信息的保密性、信息来源的真实性、数据的完整性和行为的不可否认性，这也是密码技术具有的四个功能。

（1）保密性：确保信息不被未授权的个人或实体获取。通过加密技术，原始信息（明文）被转换成只有授权接收者才能解读的形式（密文），从而保护信息不被泄露。

（2）真实性：验证信息来源的可靠性，确保信息没有被伪造或篡改，包括确保信息发送者和接收者的身份与其所声称的一致。安全认证技术，如数字证书和生物识别技术，有助于确认发送者信息和接收者身份的真实性。

（3）完整性：保障数据在传输或存储过程中避免遭受未授权的个人或实体篡改或破坏。与真实性不同，完整性关注的是数据是否保持原样，而不是数据来源的可信度。密码学中的杂凑算法（如 SHA 系列）可以生成数据的固定长度摘要，以便于快速检测数据是否被篡改。

（4）不可否认性：确保一旦操作行为发生，发送者不能否认其行为。数字签名算法为信息附加了一个电子形式的"签名"，使得信息的发送者无法否认其发送了该信息，同时接收者也能确认信息未被篡改。

### 2. 密码技术的应用框架

完善的密码技术的应用体系，是实现密码功能、发挥密码作用强有力的支撑条件。如图 1.1 所示，密码技术的应用框架包括密码资源层、密码支撑层、密码服务层、密码应用层四个层次，以及提供管理服务的密码管理基础设施。

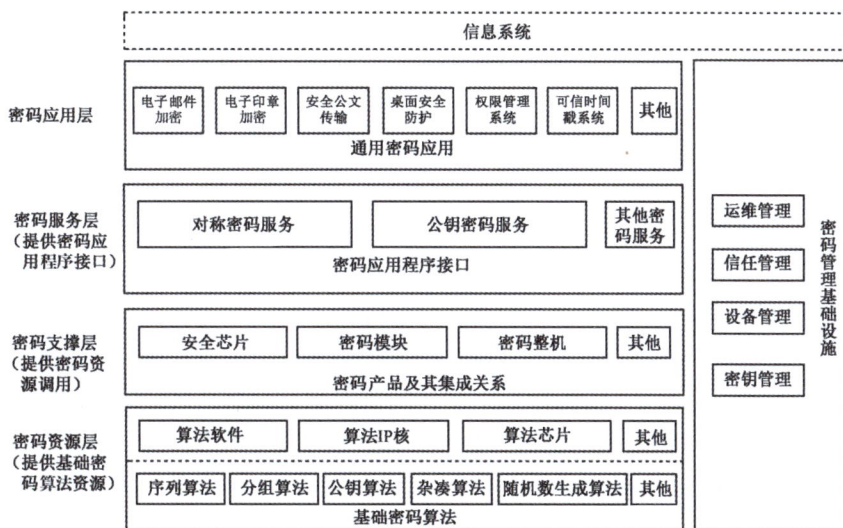

图1.1 密码技术的应用框架

（1）密码资源层：构成框架的基础，提供核心的密码算法资源。这一层包括了多种基础密码算法，如序列算法、分组算法、公钥算法、杂凑算法及随机数生成算法等。这些算法被封装成算法软件、IP核或芯片等形式，以便于在不同应用中的集成和使用。

（2）密码支撑层：在这一层，密码资源被进一步调用和实现，形成了各种形态的密码产品。这些产品包括但不限于安全芯片、密码模块、密码整机等，如可信的密码模块、智能集成电路（IC）卡、密码卡及服务器密码机等，它们为更高层次的密码服务提供了必要的物理和技术支撑。

（3）密码服务层：该层提供了丰富的密码应用程序接口，主要分为三类：对称密码服务、公钥密码服务及其他密码服务。这些服务向上层应用提供了一系列安全功能，包括数据保密性、身份验证、数据完整性保护及抗抵赖服务等，从而确保了信息安全和通信的可靠性。

（4）密码应用层：这是框架中的最顶层，其中密码服务被具体应用到实际的业务流程和用户操作中，如电子邮件加密、电子印章加密、在线交易安全、数据存储保护等。

（5）密码管理基础设施：为整个密码技术的应用框架提供管理服务，包括密钥管理、设备管理、信任管理、运维管理等，确保密码资源和服务的高效、安全运行。

## 1.2 密码技术的发展

密码技术的发展经历了古典密码、机械密码、现代密码三个阶段。当前，密码技术正面临着新的挑战和机遇。一方面，新兴技术如云计算、物联网和区块链等对密码技术提出了新的要求；另一方面，随着攻击手段的不断进化，密码技术也需要不断创新以保持其安全性。此外，量子计算等新技术的发展，也对现有加密算法构成了潜在威胁，推动着密码学界探索更为安全的"后量子密码技术"。因此，密码技术的发展是一个动态的过程，它需要不断地适应新的安全环境和应用需求。

## 1.2.1 密码技术的演进和趋势

### 1. 密码技术的演进

密码技术的演进历程可划分为三个阶段：古典密码、机械密码和现代密码。在这一历史长河中，密码技术经历了在保密与解密、隐蔽传输与反隐蔽传输间的持续较量，并逐步由经验性实践转变为科学的严谨体系。目前，多样化的应用场景需求及不断加剧的安全攻防挑战，正促使密码技术向更深层次和更广领域迅速演进。信息系统的应用需求和攻击威胁一直是推动密码技术进步的两个主要动力。在过去的几十年中，电子计算机的出现终结了机械密码，互联网的出现催生了公钥密码学的诞生。这两项信息技术极大地推动了密码技术的发展，使得密码学从古典密码和机械密码进化到现代密码。

（1）古典密码

密码学起源于古典密码，这一时期的密码设计更多依赖于艺术感而非科学方法。密码学家们通常依靠直觉与信念设计和分析密码，而不依靠逻辑推理和证明。古典密码主要包括两种类型：替换密码和置换密码。替换密码通过一个替换表将明文转换成密文，而这个替换表正是密钥。如果替换表只有一个，则这个过程被称为单表替换；如果存在多个替换表，则称为多表替换。置换密码则是一种特殊的替换密码，它不改变明文中字母的本身，而是改变字母的顺序。

然而，古典密码在抵御密码分析方面存在明显的不足。密码分析旨在研究加密消息的破解或伪造。一个安全的密码系统需要一个足够大的密钥空间，以有效抵御穷举搜索攻击，但这并不是密码信息系统安全的唯一条件。在统计特性上，古典密码分析存在缺陷。例如，在单表替换中，尽管字母符号发生了变化，但字母的频率、重复模式和组合方式等统计特性并未改变，这些特性可以被用来破译密码。而在多表替换中，尽管明文的统计特性被多个替换表平均化，但通过重合指数法等分析方法，可以较容易地确定密码的密钥长度，随后使用针对单表替换的攻击方法确定密钥。事实上，已有证据表明，即使只有加密的密文，攻击者也能通过密文攻击法分析单表和多表替换密码，这表明古典密码是不安全的。

（2）机械密码

密码学由密码编码学和密码分析学两大分支构成，它们相互推动着密码技术的进步。随着密码信息系统的复杂化，手工操作已无法满足需求，因此研究者们发明了机械装置和电动设备自动执行加密和解密任务，这便是机械密码。

恩尼格玛密码机是机械密码阶段设备的代表，由德国人亚瑟·谢尔比乌斯和理查德·里特发明，最初用于商业，后被多国军方和政府采用。该机器由多组转子构成，每组转子对应26个字母，通过转子的转动方向、位置和连线板的连线，形成了复杂的多表替换系统。三个转子的恩尼格玛密码机能产生约1亿亿种不同的密码变换组合，这超出了当时的计算能力，使得"暴力破解"变得几乎不可能。通信双方只需将转子按照约定设置即可轻松通信，这是其加密和解密的基本原理。

自 1926 年开始，英国、波兰和法国等国的情报机构就开始研究恩尼格玛密码机，但直到 1941 年英国海军捕获德国潜艇 U-110 并获取密码机和密码本后，通过统计分析方法，破译工作才取得进展。尽管恩尼格玛密码机的多表替换由多个单表组成，但因其转子设计的复杂性，传统的频率分析方法失效。在波兰、英国等国密码分析人员的努力下，破译方法得到改进。艾伦·图灵作为英国密码破译的关键人物，发明了专用设备采用加速破译算法，最终实现了恩尼格玛密码实时破译机。

（3）现代密码

现代密码学的发展始于香农的保密通信理论、DES 算法的推出和公钥密码学概念的提出。香农在 20 世纪 40 年代末发表了两篇论文，为密码信息系统的设计和评估提供了科学基础，提出了保密度、密钥量、加密复杂性、误差传播和消息扩展五项评价标准。香农的"一次一密"理论指出，理想的密码应由无限长的随机密钥组成，但在现实中难以实现。因此，密码学家设计了序列密码，通过短密钥生成长周期的随机密钥序列，从而实现了近似的"一次一密"。

20 世纪 70 年代，IBM 的 Horst Feistel 设计了 DES 算法，成为当时金融机构广泛使用的加密标准。但随着计算能力的提升，DES 算法的安全性受到了挑战，最终在 1998 年被美国废弃。1997 年，NIST 征集了 AES 算法，以取代 DES 算法。Rijndael 算法胜出，成为新的加密标准。AES 算法基于有限域 GF（28），能抵抗多种分析方法，至今已有 20 多年历史。

随着互联网的发展，密码技术开始广泛应用于政治、经济等非军事领域。公钥密码学的发展，特别是 Diffie 和 Hell man 提出的密钥协商方法，为网络通信提供了更高效的密钥管理方案。RSA 算法、ElGamal 算法等公钥算法的提出，进一步推动了密码学的进步。

进入 21 世纪，随着计算速度的提升，RSA 算法等公钥算法的安全性受到挑战。量子计算机的发展可能进一步威胁现有加密体系。同时，密码杂凑算法也面临安全挑战。我国在杂凑算法领域取得了突破，王小云教授成功破解了 MD4、MD5 和 SHA-1。NIST 于 2007 年征集新一代杂凑算法，最终 Keccak 算法成为 SHA-3 标准。

### 2. 密码技术的发展趋势

当前，信息技术正处于快速发展和变革之中，云计算、物联网、大数据、互联网金融、数字货币、量子通信、量子计算、生物计算等新技术和新应用层出不穷，给密码技术带来了新的机遇和挑战。抗量子攻击密码、量子密钥分发、抗密钥攻击密码、同态密码、轻量级密码等新技术不断产生，并逐步走向成熟和标准化。

（1）抗量子攻击

现代公钥密码算法的设计通常基于一些数学难题，这些难题目前无法用计算复杂度理论来证明为"困难"，同时也没有已知的有效多项式算法能够解决。然而，随着新型计算模式的出现，如量子计算和生物计算，这些难题的难度面临新的考验。特别是量子计算中的 Shor 算法和 Grover 算法，对现有密码系统的安全性构成了威胁。Shor 算法能快速解决大整数因子分解和离散对数问题，对 RSA 算法和 ElGamal 算法构成严重威胁；Grover 算法则能显著提高穷举法搜索的效率，降低了如 AES-128 等算法的破解难度。

量子计算机的实现仅是时间问题，随着技术的进步，量子攻击对现有密码算法的安全性构成了潜在威胁。鉴于目前主流的公钥密码算法大多基于大整数因子分解或离散对数问题，开发能够抵抗量子攻击的公钥密码算法变得尤为重要。为了应对这一挑战，美国在2016 年启动了后量子密码算法的征集工作。

目前，一些公钥密码体制尚未找到有效的量子攻击方法，显示出抵抗量子攻击的潜力，这些包括基于格式的密码、基于多变量的密码、基于编码的密码和基于杂凑函数的密码。这些算法为构建未来的安全密码体系提供了新的方向。

① 基于格的密码：格理论自 17 世纪以来就存在，它最初用于密码学分析。1996 年，Ajtai 提出基于格的密码算法设计，强调了其安全性。尽管早期算法存在密钥尺寸问题，但2005 年 Regev 基于 LWE 问题的算法，显著改善了密钥尺寸，并保持了安全性。目前，基于格的密码是后量子密码学中的热点，如谷歌和微软等科技公司正在测试和开发相关算法。

② 基于多变量的密码：基于多变量的公钥密码系统的安全性建立在求解有限域上随机产生的非线性多变量多项式方程组的困难性之上。它们以高效率为优点，但受限于密钥量大和变量与计算幂次的增加。虽然高效的安全体制较少，但该公钥密码系统已在密码分析中取得成果，主要用于签名。

③ 基于编码的密码：基于编码的密码依赖于随机线性码译码难题。由于密钥量大，这类密码未能广泛应用。尽管尝试用其他纠错码替代 Goppa 码，但多数尝试已被破解。

④ 基于杂凑算法的密码：基于杂凑算法的数字签名算法设计简单，不依赖于困难假设。私钥由杂凑算法的输入值组成，公钥为输出值，签名为私钥的一个子集。Lamport 在 1979 年首次提出此类算法，后由 Merkle 扩展。这类方案易于分析，但签名次数有限且需记录，会带来不便。经过 40 年的发展，XMSS 数字签名方案已成为标准化方案，美国国家标准与技术研究院（NIST）在其后量子研究中考虑此类方案，SPHINCS+ 方案和Gravity-Sphincs 方案是基于 XMSS 方案设计的。

（2）量子密钥分发

量子通信是一种利用量子（如光子）作为信息载体的技术。与依赖宏观物理量的通信技术不同，量子通信中微观粒子的高环境敏感性使任何窃听行为都会改变光子状态，从而被接收端检测。这一特性使量子通信能够实现量子密钥分发（QKD），为通信双方建立安全的会话密钥。

QKD 的安全性基于物理原理，而非数学和计算复杂性理论，理论上可保证密钥协商的安全。目前还没有实用的技术和产品能实现机密信息的量子态传输。QKD 和基于 QKD 的经典加密通信得到了较多应用，但还不能称为"量子通信"，真正的量子通信仍处于基础研究阶段。

在实际应用中，QKD 需要结合量子通道和经典通道完成。量子通道传递量子信息，经典通道传输密钥分发设备间的数据和信令。通信双方协商得到相同的随机数，不传输密文。典型的加密通信过程是：双方得到量子密钥后，再使用成熟的对称密码算法（如SM4 算法）对数据进行加密和解密。这种通信本质上是使用量子方法协商密钥，再采用经典加密方法进行通信。

尽管量子力学原理理论上可保证会话密钥的保密性，但实际 QKD 设备很难达到理想的量子特性，无法实现完美的安全目标。此外，QKD 只能保证会话密钥的安全建立，无法提供身份鉴别功能，仍需依赖经典密码技术鉴别通信双方身份。

量子密钥分发技术提供了一种新的密钥共享途径。基于量子力学原理构建完善的现代密码学体系是密码学领域的重要研究方向。从长远看，量子力学理论在信息领域的应用将对现代密码学带来革命性影响。

（3）抵抗密钥攻击

在现代密码学中，算法安全性的设计基于密钥和随机数的保密性，将算法视作黑盒，攻击者无法获取相关信息。但随着移动设备的普及，攻击者可能通过侧通道攻击等手段获取或篡改私钥和随机数。因此，设计能够容忍密钥和随机数不完美保密的密码算法是密码技术的一个新的发展趋势。

① 密钥泄露容忍：密钥泄露容忍研究旨在密钥泄露情况下维持密码方案的安全性，主要应对侧通道攻击，如通过分析系统的功耗、电磁辐射等获取内部状态。侧通道攻击是密码系统的常见威胁，防御措施包括电磁屏蔽等。Micali 和 Reyzin 提出"物理可观测"模型，考虑攻击者能获得的密钥泄露，促进了相关研究和模型的发展。但密钥泄露容忍仅是辅助手段，不能完全保证安全性。

② 白盒密码：在开放环境中，如安卓 App 中的密码算法实现，攻击者可能控制环境和算法实现，通过分析二进制代码和内存提取密钥。白盒密码理论研究如何通过混淆技术将密钥与算法融合，抵御白盒攻击，降低密钥泄露风险，即使在攻击者能完全控制环境的情况下也能有效保护密钥。

（4）密文计算

云计算和大数据时代对信息安全提出了新挑战。用户在享受云服务带来的便利时，也对数据保密性提出了更高要求。密码算法不仅要保证数据在传输过程中的安全，还要确保数据在云服务器上的存储和处理安全。为此，密码算法需要支持以下特性：同态加密，允许在密文状态下进行计算和处理，使云服务器无须解密即可对数据进行操作；密文检索，支持在密文状态下检索信息；访问控制和完整性验证，支持远程管理和验证数据的完整性。

传统加密算法如分组密码，将明文转换为无序的比特串来保护数据，但这种方式破坏了数据的数学结构，限制了其在云计算环境中的应用。公钥密码算法的出现，尤其是 RSA 算法的乘法同态性，为全同态加密（FHE）算法奠定了基础。FHE 算法允许直接对密文进行操作，而不影响其对明文的任意计算。

全同态加密算法的设计面临加法和乘法同态操作的双重挑战。虽然单独支持加法或乘法的算法设计较为简单，如 RSA 算法和 ElGamal 算法支持乘法，Paillier 算法支持加法，但要同时支持两者且可交换，对传统设计思想来说几乎不可能。直到 2009 年，密码学家 Gentry 基于理想格的困难问题提出了全同态加密方案，这一突破性进展为云计算环境中的数据安全提供了新的解决方案。

（5）极限性能

信息技术应用的多样化导致了对密码算法性能需求的分化。不同应用环境对时延、吞吐率、功耗、成本等性能指标有特定要求，而非统一的安全性和性能标准。例如，电池供电设备对功耗敏感，互联网金融对吞吐率要求高，工控网对时延敏感，RFID 等应用对成本有限制。设计满足特定应用极端需求的密码算法变得越来越重要。

① 轻量级对称密码算法设计：RFID 技术的广泛应用要求加密算法在资源受限的环境中能够高效实现。传统对称密码算法不适用于此，轻量级分组密码算法成为研究重点。轻量级对称密码算法适用于计算、能量、存储和带宽受限的设备。国际上已推出如 PRINCE、SIMON、SPECK 等专门设计的轻量级分组密码。这些算法在设计时考虑硬件实现成本，同时满足低延迟、低功耗、易于掩码等新设计指标。软件实现性能和特殊分组长度版本也是设计的考虑因素。轻量级密码算法补充了传统密码算法，并未取代它们，其研究将影响传统密码算法的设计与分析。2018 年 5 月，NIST 启动了轻量级密码算法标准的研制。

② 轻量级公钥密码算法设计：物联网的发展扩大了对轻量级公钥密码算法的需求，尤其是对公钥密码算法的需求，以提供更丰富的功能。传统公钥密码算法的运算负载不适合弱终端。基于格的密码算法为设计轻量级公钥密码算法提供了新途径。基于格的密码算法通过引入噪声向量，可以使用小模数进行运算，降低计算复杂性，使其可部署在物联网的弱终端上。但目前基于格的密码算法在密文和密钥尺寸上仍大于经典公钥密码算法，这是需要进一步解决的问题。

## 1.2.2　我国商用密码发展历程

我国商用密码的发展历程大致可以分为三个主要阶段：起步形成、快速发展和立法规范。

（1）起步形成阶段（20 世纪 90 年代至 2008 年左右）：这一时期，商用密码产业在我国逐步形成，国家初步建立了商用密码的管理体制，商用密码技术、产品开始出现，并在各个行业开始得到初步应用。1996 年，中共中央政治局常委会研究决定大力发展商用密码并加强其管理。1999 年，国务院颁布《商用密码管理条例》，这是我国商用密码领域的第一个行政法规，标志着我国商用密码的发展和管理开始步入法治化轨道。

（2）快速发展阶段（2008—2018 年）：在这一阶段，商用密码的技术标准体系逐步建立和完善，技术创新能力和产品服务能力得到了显著的提升。特别是随着数字化技术与社会经济发展的深度融合，商用密码的应用领域实现了突破性的扩展。2008—2013 年，在电子政务、电子商务等数字化社会经济新模式的不断带动下，商用密码应用需求快速增长，产业得到了广泛的市场空间和丰富的发展机遇。

（3）立法规范阶段（2019—2024 年左右）：2019 年，《密码法》的发布，标志着我国商用密码进入立法规范的新阶段。《密码法》的出台，不仅体现了国家对于密码这一网络信息安全核心技术的高度重视，也标志着我国商用密码产业进入了新的发展阶段。《密码法》明确了包括商用密码在内的密码管理和应用，顺应了全球视野下的商用密码管理变革，落实了中国密码管理职能的转变，重塑了全新的具有中国特色的商用密码管理体系。

在这一发展过程中，我国商用密码技术不断取得创新突破，如 SM2、SM3、SM4、SM9、ZUC 等算法的自主研发，并逐步得到国际认可。同时，商用密码产品和服务在金融、通信、电子政务等关键领域得到广泛应用，为保障信息安全和促进经济社会发展发挥了重要作用。

2006 年 1 月，国家密码管理局公布了无线局域网产品适用的 SMS4 算法，后更名为 SM4 算法。2012 年，SM4 算法被发布为密码行业标准。2016 年，SM4 算法发布为国家标准，并于 2021 年 6 月成为 ISO/IEC 国际标准。

2011 年 9 月，我国设计的 ZUC 算法被纳入国际第三代合作伙伴计划组织（3GPP）的 4G 移动通信标准，用于移动通信系统空中传输通道的信息加密和完整性保护，这是我国密码算法首次成为国际标准。2020 年 4 月，ZUC 序列密码算法正式成为 ISO/IEC 国际标准。

2010 年，国家密码管理局公布了 SM3 算法。SM3 算法采用了 16 步全异或操作、消息双字介入、加速雪崩效应的 P 置换等多种设计技术，能够有效避免高概率的局部碰撞，有效抵抗强碰撞性的差分分析、弱碰撞性的线性分析和比特追踪等密码分析方法。2012 年，SM3 算法发布为密码行业标准，2016 年成为国家标准，并于 2018 年 10 月成为 ISO/IEC 国际标准。

2016 年 3 月，国家密码管理局公布了标识密码算法 SM9。该算法由数字签名算法、标识加密算法、密钥协商协议三部分组成。相比于传统密码体系，SM9 密码系统最大的优势在于其是基于标识的加密方式，即用户的身份标识（电子邮件地址或手机号码）可以直接用作公钥。2021 年 2 月，SM9 标识加密算法正式成为 ISO/IEC 国际标准。

SM2、SM3、SM4、SM9、ZUC 等一系列商用密码算法构成了我国完整的密码算法体系，部分密码算法被采纳为国际标准，我国商用密码国际标准体系也已初步成形，为密码在全球范围的发展与应用提供了"中国方案"，贡献了"中国智慧"。

## 1.3　密码算法

密码算法是信息安全的核心，通过不同的机制可以确保数据的保密性、完整性和真实性。密码算法可以分为对称密码、公钥密码和密码杂凑函数三种类型。常用的密码算法如表 1.1 所示。

表1.1　常用的密码算法

| 密码算法分类 | 国产密码算法 | 国际密码算法 | 国际密码算法 |
|---|---|---|---|
| 对称密码 | 分组密码　SM4 | SM4 | DES、AES、IDEA |
| | 序列密码　ZUC | ZUC | Snow 3G、Chacha20 |

（续表）

| 密码算法分类 | 国产密码算法 | 国际密码算法 | 国际密码算法 |
|---|---|---|---|
| 公钥密码 | 椭圆曲线密码 | SM2 | ECDH、ECDSA |
| | 标识密码 | SM9 | BF-IBE、SK-IBE |
| 密码杂凑函数 | | SM3 | SHA-1、SHA-2、SHA-3 |

以下是对称密码、公钥密码和密码杂凑函数三类密码算法的详细介绍。

### 1.3.1 对称密码算法

对称密码算法是一种加密算法，其特点是加密和解密过程使用相同的密钥。这种算法被称为"对称的"原因在于，它使用的密钥在加密和解密过程中是一致的，没有分别用于加密和解密的两个不同的密钥。这种算法的特点是效率较高，计算速度快，适合于加密大量数据。对称密码算法主要包括：分组密码和序列密码。

以下重点介绍我国的 SM4 算法和 ZUC 算法。

#### 1. SM4 算法

SM4 算法（原名 SMS4）于 2006 年公开发布。随着我国密码算法标准化工作的开展，SM4 算法于 2012 年 3 月发布成为国家密码行业标准（GM/T 0002—2012），于 2016 年 8 月发布成为国家标准（GB/T 32907—2016），于 2021 年 6 月成为 ISO/IEC 国际标准。

SM4 算法是一种迭代分组密码算法，由加解密算法和密钥扩展算法组成。SM4 算法采用非平衡 Feistel 结构，分组长度为 128 位，密钥长度为 128 位。加密算法与密钥扩展算法均采用 32 轮非线性迭代结构。加密运算和解密运算的算法结构相同，解密运算的轮密钥的使用顺序与加密运算相反。

（1）密钥及密钥参量

SM4 算法的加密密钥长度为 128 位，表示为 $MK=(MK_0, MK_1, MK_2, MK_3)$，其中 $MK_i$（$i=0,1,2,3$）为字。轮密钥表示为 $(rk_0, rk_1, \cdots, rk_{31})$，其中 $rk_i$（$i=0,\cdots,31$）为 32 位。轮密钥由加密密钥生成。$FK=(FK_0, FK_1, FK_2, FK_3)$ 为系统参数，$CK=(CK_0, CK_1, \cdots, CK_{31})$ 为固定参数，用于密钥扩展算法，其中 $FK_i$（$i=0,\cdots,3$）、$CK_i$（$i=0,\cdots,31$）为 32 位。

（2）加密算法

SM4 算法的加密算法由 32 次迭代运算和 1 次反序变换 $R$ 组成。此时可以设明文输入为 $(X_0, X_1, X_2, X_3) \in (Z_2^{32})^4$，设密文输出为 $(Y_0, Y_1, Y_2, Y_3) \in (Z_2^{32})^4$，再设轮密钥为 $rk_i \in (Z_2^{32})^4$，$i=0,1,2,\cdots,31$。加密算法的运算过程如下。

① 首先执行 32 次迭代运算：

$X_{i+4} = F(X_i, X_{i+1}, X_{i+2}, X_{i+3}, rk_i)$

$$=X_i \oplus T(X_{i+1} \oplus X_{i+2} \oplus X_{i+3} \oplus \mathrm{rk}_i), \quad i = 0,1,\cdots,31$$

② 对最后一轮数据进行反序变换并得到密文输出：

$$(Y_0,Y_1,Y_2,Y_3)=R(X_{32},X_{33},X_{34},X_{35})$$

$$=(X_{35},X_{34},X_{33},X_{32})$$

其中，$T$ 是 $Z_2^{32}$ 的一个可逆变换，由非线性变换 $\tau$ 和线性变换 $L$ 复合而成，即 $T(\cdot)=L(\tau(\cdot))$。

非线性变换 $\tau$ 由 4 个并行的 $S$ 盒构成。设输入为 $A=(a_0,a_1,a_2,a_3) \in (Z_2^8)^4$，非线性变换 $\tau$ 的输出为 $B=(b_0,b_1,b_2,b_3) \in (Z_2^8)^4$，即

$$(b_0,b_1,b_2,b_3)=\tau(A)$$

$$=(\mathrm{Sbox}(a_0),\mathrm{Sbox}(a_1),\mathrm{Sbox}(a_2),\mathrm{Sbox}(a_3))$$

其中，$S$ 盒数据如下所示。

| | 0 | 1 | 2 | 3 | 4 | 5 | 6 | 7 | 8 | 9 | A | B | C | D | E | F |
|---|---|---|---|---|---|---|---|---|---|---|---|---|---|---|---|---|
| 0 | D6 | 90 | E9 | FE | CC | E1 | 3D | B7 | 16 | B6 | 14 | C2 | 28 | FB | 2C | 05 |
| 1 | 2B | 67 | 9A | 76 | 2A | BE | 04 | C3 | AA | 44 | 13 | 26 | 49 | 86 | 06 | 99 |
| 2 | 9C | 42 | 50 | F4 | 91 | EF | 98 | 7A | 33 | 54 | 0B | 43 | ED | CF | AC | 62 |
| 3 | E4 | B3 | 1C | A9 | C9 | 08 | E8 | 95 | 80 | DF | 94 | FA | 75 | 8F | 3F | A6 |
| 4 | 47 | 07 | A7 | FC | F3 | 73 | 17 | BA | 83 | 59 | 3C | 19 | E6 | 85 | 4F | A8 |
| 5 | 68 | 6B | 81 | B2 | 71 | 64 | DA | 8B | F8 | EB | 0F | 4B | 70 | 56 | 9D | 35 |
| 6 | 1E | 24 | 0E | 5E | 63 | 58 | D1 | A2 | 25 | 22 | 7C | 3B | 01 | 21 | 78 | 87 |
| 7 | D4 | 00 | 46 | 57 | 9F | D3 | 27 | 52 | 4C | 36 | 02 | E7 | A0 | C4 | C8 | 9E |
| 8 | EA | BF | 8A | D2 | 40 | C7 | 38 | B5 | A3 | F7 | F2 | CE | F9 | 61 | 15 | A1 |
| 9 | E0 | AE | 5D | A4 | 9B | 34 | 1A | 55 | AD | 93 | 32 | 30 | F5 | 8C | B1 | E3 |
| A | 1D | F6 | E2 | 2E | 82 | 66 | CA | 60 | C0 | 29 | 23 | AB | 0D | 53 | 4E | 6F |
| B | D5 | DB | 37 | 45 | DE | FD | 8E | 2F | 03 | FF | 6A | 72 | 6D | 6C | 5B | 51 |
| C | 8D | 1B | AF | 92 | BB | DD | BC | 7F | 11 | D9 | 5C | 41 | 1F | 10 | 5A | D8 |
| D | 0A | C1 | 31 | 88 | A5 | CD | 7B | BD | 2D | 74 | D0 | 12 | B8 | E5 | B4 | B0 |
| E | 89 | 69 | 97 | 4A | 0C | 96 | 77 | 7E | 65 | B9 | F1 | 09 | C5 | 6E | C6 | 84 |
| F | 18 | F0 | 7D | EC | 3A | DC | 4D | 20 | 79 | EE | 5F | 3E | D7 | CB | 39 | 48 |

设 $S$ 盒的输入为 EF，则经 $S$ 盒运算的输出结果为表中第 E 行、第 F 列的值，即 $\mathrm{Sbox}(\mathrm{EF})=0x84$。

$L$ 是线性变换，非线性变换 $\tau$ 的输出是线性变换 $L$ 的输入。设输入为 $B \in (Z_2^{32})^4$，输出为 $C \in (Z_2^{32})^4$，则：

$$C=L(B)=B \oplus (B \lll 2) \oplus$$

$(B <<< 10) \oplus (B <<< 18) \oplus$

$(B <<< 24)$

SM4算法的加密流程示意图如图1.2所示，SM4算法轮函数示意图如图1.3所示。

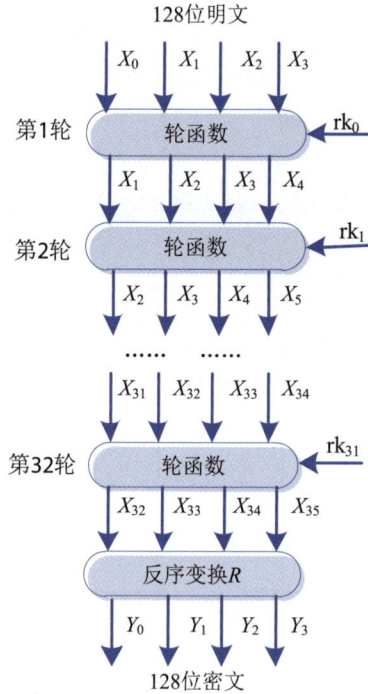

图1.2　SM4算法加密流程示意图

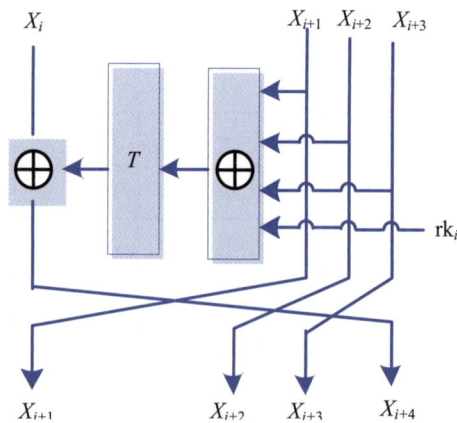

图1.3　SM4算法轮函数示意图

（3）解密算法

本算法的解密变换与加密变换结构相同，不同的仅是轮密钥的使用顺序。解密时，注意全角格式使用轮密钥序（$rk_{31}, rk_{30}, \cdots, rk_0$）。

（4）密钥扩展算法

本算法的轮密钥由加密密钥通过密钥扩展算法生成。设加密密钥为 MK，则

$MK=(MK_0, MK_1, MK_2, MK_3) \in (Z_2^{32})^4$

轮密钥生成方法为：

$rk_i = K_{i+4}$

$= K_i \oplus T'(K_{i+1} \oplus K_{i+2} \oplus K_{i+3} \oplus CK_i), (i=0,1,\cdots,31)$

其中：

$K_0 = MK_0 \oplus FK_0$

$K_1 = MK_1 \oplus FK_1$

$K_2 = MK_2 \oplus FK_2$

$K_3 = MK_3 \oplus FK_3$

① $T'$ 是将 2.2 节中合成置换 $T$ 的线性变换 $L$ 替换为 $L'$：

$L'(B) = B \oplus (B <<< 13) \oplus (B <<< 23)$

② 系统参数 FK 的取值为：

$FK_0 = (A3B1BAC6)$,

$FK_1 = (56AA3350)$,

$FK_2 = (677D9197)$,

$FK_3 = (B27022DC)$。

③ 固定参数 $CK$ 取值方法为：

设 $ck_{i,j}$ 为 $CK$ 的第 $j$ 字节 ($i=0,1,\cdots,31$；$j=0,1,2,3$)，即 $CK_i=(ck_{i,0},ck_{i,1},ck_{i,2},ck_{i,3}) \in (Z_2^8)^4$，则 $ck_{i,j}=(4i+j) \times 7 \,(mod\,256)$。

固定参数 $CK_i$（$i=0,1,\cdots,31$）的具体值为：

00070E15, 1C232A31, 383F464D, 545B6269,

70777E85, 8C939AA1, A8AFB6BD, C4CBD2D9,

E0E7EEF5, FC030A11, 181F262D, 343B4249,

50575E65, 6C737A81, 888F969D, A4ABB2B9,

C0C7CED5, DCE3EAF1, F8FF060D, 141B2229,

30373E45, 4C535A61, 686F767D, 848B9299,

A0A7AEB5, BCC3CAD1, D8DFE6ED, F4FB0209,

10171E25, 2C333A41, 484F565D, 646B7279。

为了适应不同长度的数据和提供不同的安全特性，分组密码通过工作模式实现相应的安全功能。常见的分组密码加密模式包括以下几种。

（1）ECB（电子密码本模式，Electronic CodeBook）：优点是，明文被分成分组后，每个分组独立加密；缺点是，相同的明文分组会产生相同的密文分组，容易暴露明文模式。

（2）CBC（密码块链模式，Cipher Block Chaining）：将每个明文分组与前一个密文分组进行异或操作后加密；优点是，增加了安全性，相同的明文分组产生不同的密文分组；缺点是，不能并行处理，因为每个分组的加密依赖于前一个块。

（3）CFB（密码反馈模式，Cipher FeedBack）：类似于序列密码，将上一次加密的结果作为下一次加密的输入；可以处理任意长度的数据，常用于加密设备。

（4）OFB（输出反馈模式，Output FeedBack）：使用一个初始向量（**IV**）生成密钥流，然后与明文进行异或操作；可以并行处理，不依赖于前一个分组。

（5）CTR（计数器模式）：将分组密码算法用作序列密码，使用一个递增的计数器作为输入；可以并行处理，不依赖于前一个分组，且不泄露明文。

（6）GCM（伽罗瓦/计数器模式，Galois/Counter Mode）：结合了 CTR 模式的并行性和高效性，同时加入了认证机制防止篡改；提供了加密和完整性校验，是目前推荐的模式之一。

每种工作模式都有其特定用途和安全特性。例如，ECB 模式具有简单性，可能在某些不涉及安全性的场景下使用。但在大多数安全应用中，由于其容易受到模式攻击，通常不推荐使用。相对地，CBC、CFB、OFB、CTR 和 GCM 模式由于其更好的安全性和性能特性，被广泛用于实际的安全通信和数据保护中。

在选择分组密码的工作模式时，需要考虑数据的特点、安全性需求、性能要求及是否有并行处理的需求。GCM 模式因其提供加密和认证的双重功能，且允许并行处理，成为了许多现代安全协议的首选。

### 2. ZUC 算法

2004 年 3GPP 开始启动长期演进技术（Long Term Evolution，LTE），旨在确保 3GPP 未来在电信领域有持续竞争力。该计划于 2010 年年底被指定为第四代移动通信标准，简称 4G 通信标准。LTE 是第四代无线通信的主要技术之一，其中安全技术是 LTE 的关键技术，并预留了 16 个密码算法接口。2009 年 5 月，我国推荐以 ZUC 算法为核心的保密性算法 128-EEA3 和完整性算法 128-EIA3 在 3GPP 立项，申请成为 3GPP LTE 保密性和完整性算法标准。历经 3GPP SAGE 内部评估、定向学术机构外部评估及公开评估三个阶段的评估，于 2011 年 9 月以 ZUC 算法为核心的保密性算法 128-EEA3 和完整性算法 128-EIA3 被 3GPP SA 全会通过，正式成为 3GPP LTE 保密性和完整性算法标准，与分别以 AES 和 SNOW 3G 为算法核心的保密性算法和完整性算法共同占用 LTE 中的三个算法接口。

ZUC 算法是一个基于字设计的同步序列密码算法，其种子密钥 SK 和初始向量 **IV** 的长度均为 128 位。在种子密钥 SK 和初始向量 **IV** 的控制下，每拍输出一个 32 位的密钥字。ZUC 算法采用过滤生成器结构设计，在线性驱动部分首次采用素域 $GF(2^{31}-1)$ 上的 $m$ 序列作为源序列，具有周期大、随机统计特性好等特点，且在二元域上是非线性的，可以提高抵抗二元域上密码分析的能力；过滤部分采用有限状态机设计，内部包含记忆单元，使用分组密码中扩散和混淆特性好的 $P$ 置换和 $S$ 盒，可提供高的非线性。ZUC 算法受益于其结构特点，现有分析结果表明其具有非常高的安全性。

（1）算法结构

ZUC 算法结构主要包含三层，如图 1.4 所示。上层为线性反馈移位寄存器 LFSR，中间层为位重组 BR，下层为非线性函数 $F$。

（2）线性反馈移位寄存器 LFSR

LFSR 由 16 个 31 位字单元变量 $s_i(0 \leqslant i \leqslant 15)$ 构成，定义在素域 $GF(2^{31}-1)$ 上，其特征多项式 $f(x)=x^{16}-(2^{15}x^{15}+2^{17}x^{13}+2^{21}x^{10}+2^{20}x^4+(2^8+1))$ 为素域 $GF(2^{31}-1)$ 上的本原多项式。

设 $\{a_t\}_t \geqslant 0$ 为 LFSR 生成的序列，则对任意 $t \geqslant 0$，有 $a_{16+t}=2^{15}a_{15+t}+2^{17}a_{13+t}+2^{21}a_{10+t}+2^{20}a_{4+t}+(1+2^8)a_t \bmod(2^{31}-1)$；如果 $a_{16+t}=0$，则 $a_{16+t}=2^{31}-1$。

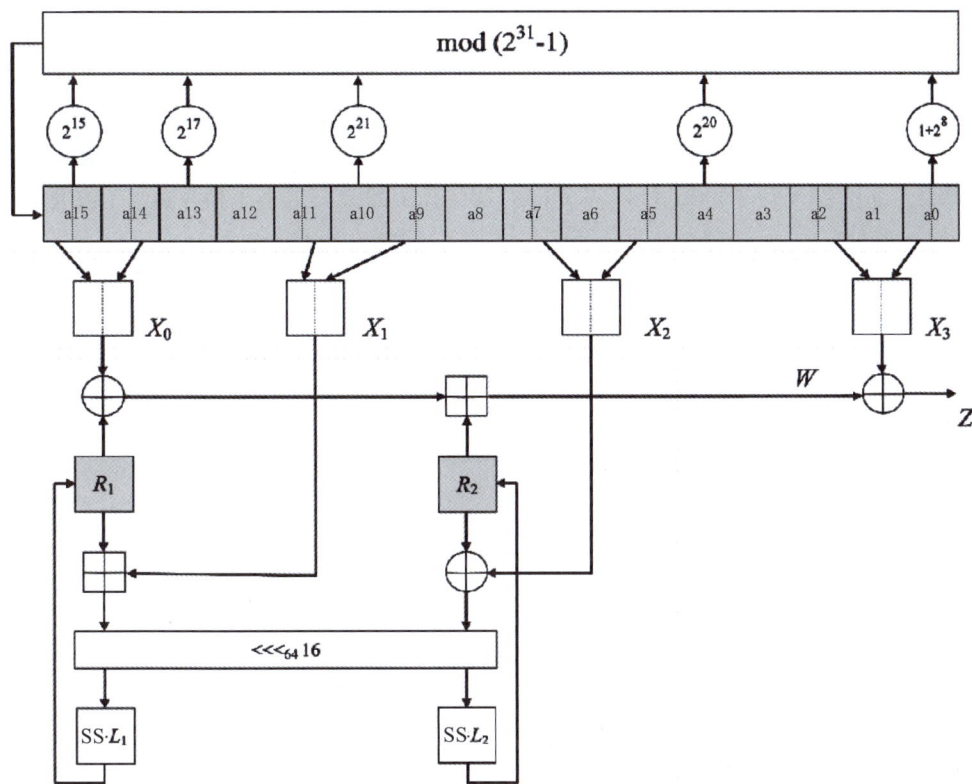

图1.4　ZUC算法结构图

（3）非线性函数 $F$

非线性函数 $F$ 包含 2 个 32 位记忆单元变量 $R_1$ 和 $R_2$，其输入为位重组 BR 输出的 3 个 32 位字 $X_0$、$X_1$、$X_2$，输出为一个 32 位字 $W$。$F$ 的计算过程如下。

① $W=(X_0 \oplus R_1) \boxplus R_2$。

② $W_1=R_1 \boxplus X_1$。

③ $W_2=R_2 \oplus X_2$。

④ $R_1=S(L_1(W_{1L} \parallel W_{2H}))$。

⑤ $R_2=S(L_2(W_{2L} \parallel W_{1H}))$。

其中 $S$ 为 32 位的 $S$ 盒变换，定义在附录 A 中给出；$L_1$ 和 $L_2$ 为 32 位的线性变换，定义如下。

$L_1(X)=X \oplus (X<<<2) \oplus (X<<<10) \oplus (X<<<18) \oplus (X<<<24)$。

$L_2(X)=X \oplus (X<<<8) \oplus (X<<<14) \oplus (X<<<22) \oplus (X<<<30)$。

这里 "<<<" 表示 32 位字的左循环移位运算。

（4）密钥载入

ZUC 算法种子密钥 SK 和初始向量 IV 长度均为 128 位。首先，密钥载入过程将种子密钥 SK 和初始向量 IV 输入 LFSR 的记忆单元变量 $s0,s1,\cdots,s15$ 中作为其初始状态。记 SK=SK0‖SK1‖…‖SK1 和 IV=IV0‖IV1‖…‖IV15，这里 SK$i$ 和 IV$i$ 均为字节，$0 \leqslant i \leqslant 15$。于是有 $si$=SK$i$‖$di$‖IV$i$，这里 $di(0 \leqslant i \leqslant 15)$ 为 15 位的常数。

其次，令非线性函数 F 的两个记忆单元变量 $R_1$ 和 $R_2$ 为 0。

最后，运行初始化迭代过程 32 次，完成密钥载入过程。其中每次初始化迭代过程将依次执行位重组、非线性函数 F 计算和 LFSR 状态将更新三个子步骤。在 LFSR 状态的更新过程中，非线性函数 F 的输出 W 需要向右移 1 位（即舍弃最末 1 位）参与 LFSR 的反馈计算。

（5）密钥流生成

ZUC 算法在密钥载入之后，首先依次执行位重组 BR、非线性函数 F 计算和 LFSR 状态更新，完成 1 次迭代过程，在此过程中不输出任何密钥字，然后进入密钥字输出过程。在密钥字输出过程中，算法每迭代 1 次，输出一个 32 位的密钥字 z：$z=W \oplus X_3$，其中 W 为非线性函数 F 的输出，$X_3$ 为位重组的输出。

## 1.3.2 公钥密码算法

公钥密码算法（也称非对称密码算法）使用一对密钥：一个公开的公钥和一个保密的私钥。公钥可以广泛分发，用于加密数据。私钥必须保密，用于解密数据。私钥还可以用于创建数字签名，公钥也可用于验证数字签名的有效性。这种算法的工作原理基于数学上的难题，使得通过计算从公钥推导出私钥是不可行的。常见的公钥密码算法包括：RSA，基于大整数分解的难题，是最广泛使用的公钥密码算法之一；椭圆曲线密码学（ECC），提供了与 RSA 相当的安全性，但使用的密钥更短，计算效率更高。

公钥密码算法与对称密码算法的比较：公钥密码算法在加密和解密操作上通常比对称密码算法慢，不适合加密大量数据；公钥密码算法部分解决了密钥分发问题，公钥可以公开，而私钥保密，简化了密钥管理。公钥密码算法常用于密钥交换协议、数字签名算法和一些需要高度安全性的场景。

以下介绍我国的 SM2 算法和 SM9 算法。

### 1. SM2 算法

SM2 算法是我国公钥密码算法标准。SM2 算法的主要内容包括三部分：数字签名算法、密钥交换协议和公钥加密算法（下文分别称为 SM2 签名算法、SM2 密钥交换协议和 SM2 加密算法）。

1985 年，N. Koblitz 和 V. Miller 各自独立地提出将椭圆曲线应用于公钥密码系统。ECC 基于椭圆曲线的性质如下：（1）有限域上椭圆曲线在点加运算下构成有限交换群，且其阶与基域规模相近；（2）类似于有限域乘法群中的乘幂运算，椭圆曲线多倍点运算构成一个单向函数。在多倍点运算中，已知多倍点与基点，求解倍数的问题称为椭圆曲线离散对数问题（ECDLP）。对于一般 ECDLP，目前只存在指数级计算复杂度的求解方法。与大整数分解问题（IFP）及有限域上离散对数问题（DLP）相比，ECDLP 的求解难度要大得多。因此，在相同安全程度要求下，ECC 较其他公钥密码算法所需的密钥规模要小得多。

RSA（或 DSA）和 ECC 在同等安全强度下的私钥长度比较如表 1.2 所示。

表1.2　RSA（或DSA）与ECC私钥长度的比较

| 破解运算量（MIPS） | RSA(或DSA)私钥长度 | ECC私钥长度 | RSA（或DSA）与ECC私钥长度比 |
| --- | --- | --- | --- |
| 104 | 512 | 106 | 5∶1 |
| 108 | 768 | 132 | 6∶1 |
| 1011 | 1024 | 160 | 7∶1 |
| 1020 | 2048 | 210 | 10∶1 |
| 1078 | 21000 | 600 | 35∶1 |

由于在相同安全强度下，ECC 比 RSA 的私钥长度及系统参数小得多，所以应用 ECC 所需的存储空间要小得多、传输所用的带宽要求更低。硬件实现 ECC 所需逻辑电路的逻辑门数要较 RSA 少得多，且功耗更低。这使得 ECC 比 RSA 更适合实现到资源受限的设备中，如低功耗要求的移动通信设备、无线通信设备和智能卡等。

ECC 的优势使其成为了最具发展潜力和应用前景的公钥密码算法，至 2000 年时，国际上已有多个国家和行业组织将 ECC 采纳为公钥密码算法标准。在此背景下，我国从 2001 年开始组织研究自主知识产权的 ECC，通过运用国际密码学界公认的公钥密码算法设计及安全性分析理论和方法，在吸收国内外已有 ECC 研究成果的基础上，于 2004 年研制完成了 SM2 算法。SM2 算法于 2010 年 12 月首次公开发布，2012 年 3 月成为中国商用密码标准（GM/T 0003—2012），2016 年 8 月成为中国国家密码标准（GB/T 32918—2016）。

SM2 算法包括系统参数、数字签名算法、密钥交换协议和公钥加密算法四部分。

（1）系统参数

ECC 的系统参数是有限域上的椭圆曲线，包括：有限域 $F_q$ 的规模 $q$；定义椭圆曲线 $E(F_q)$ 方程的两个元素 $a$、$b \in q$；$E(F_q)$ 上的基点 $G=(x_G,y_G)(G \neq O)$，其中 $x_G$ 和 $y_G$ 是 $F_q$ 中的两个元素；$G$ 的 $n$ 阶及其他可选项，如 $n$ 的余因子 $h$ 等。SM2 算法的系统参数为 256 位素数域上的椭圆曲线。

（2）数字签名算法

数字签名算法由一个签名者对数据产生数字签名，并由一个验证者验证数字签名的可靠性。每个签名者有一个公钥和一个私钥，其中私钥用于产生签名，验证者用签名者的公钥验证签名。

在数字签名算法中，作为签名者的用户 A 的密钥对包括其私钥 $d_A$ 和公钥 $P_A=[d_A]G=(x_A,y_A)$。用户 A 具有长度为 $entlen_A$ 位的可辨别标识 $ID_A$，记 $ENTL_A$ 是由整数 $entlen_A$ 转换而成的两个字节，签名者和验证者都需要用密码杂凑算法求得用户 A 的杂凑值 $Z_A=H_{256}(ENTL_A \parallel ID_A \parallel a \parallel b \parallel x_G \parallel y_G \parallel x_A \parallel y_A)$。数字签名算法规定 $H_{256}$ 为 SM3 算法。

① 数字签名的生成算法。

A1：置 $\overline{M}=Z_A \parallel M$。

A2：计算 $e=H_v(\overline{M})$，将 $e$ 的数据类型转换为整数。

A3：用随机数发生器产生随机数 $k \in [1,n-1]$。

A4：计算椭圆曲线点 $(x_1,y_1)=[k]G$，将 $x_1$ 的数据类型转换为整数。

A5：计算 $r=(e+x_1) \bmod n$，若 $r=0$ 或 $r+k=n$，则返回 A3。

A6：计算 $s=((1+d_A)^{-1} \times (k-r \cdot d_A)) \bmod n$，若 $s=0$，则返回 A3。

A7：将 $r$、$s$ 的数据类型转换为字节串，消息 $M$ 的签名为 $(r,s)$。

② 数字签名的验证算法。

为了检验收到的消息 $M'$ 及其数字签名 $(r',s')$，作为验证者的用户 B 应实现以下运算步骤。

B1：检验 $r' \in [1,n-1]$ 是否成立，若不成立，则验证不通过。

B2：检验 $s' \in [1,n-1]$ 是否成立，若不成立，则验证不通过。

B3：置 $\overline{M'}=Z_A \parallel M'$。

B4：计算 $e'=H_v(\overline{M'})$，将 $e'$ 的数据类型转换为整数。

B5：将 $r'$、$s'$ 的数据类型转换为整数，计算 $t=(r'+s') \bmod n$，若 $t=0$，则验证不通过。

B6：计算椭圆曲线点 $(x_1',y_1')=[s']G+[t]P_A$。

B7：将 $x_1'$ 的数据类型转换为整数，计算 $R=(e'+x_1') \bmod n$，检验 $R=r'$ 是否成立，若成立，则验证通过；否则验证不通过。

（3）密钥交换协议

密钥交换协议是两个用户 A 和 B 通过交互的信息传递，用各自的私钥和对方的公钥商定一个只有他们知道的秘密密钥。这个共享的秘密密钥通常用在某个对称密码算法中。

在密钥交换协议中，用户 A 的密钥对包括其私钥 $d_A$ 和公钥 $P_A=[d_A]G=(x_A,y_A)$，用户 B 的密钥对包括其私钥 $d_B$ 和公钥 $P_B=[d_B]G=(x_B,y_B)$。用户 A 具有长度为 $entlen_A$ 位的可辨别标识 $ID_A$，记 $ENTL_A$ 是由整数 $entlen_A$ 转换而成的两个字节；用户 B 具有长度为 $entlen_B$ 位的可辨别标识 $ID_B$，记 $ENTL_B$ 是由整数 $entlen_B$ 转换而成的两个字节。A、B 双方都需要用密码杂凑算法求得用户 A 的杂凑值 $Z_A=H_{256}(ENTL_A \parallel ID_A \parallel a \parallel b \parallel x_G \parallel y_G \parallel x_A \parallel y_A)$ 和用户 B 的杂凑值 $Z_B=H_{256}(ENTL_B \parallel ID_B \parallel a \parallel b \parallel x_G \parallel y_G \parallel x_B \parallel y_B)$。

① 密钥派生函数

密钥派生函数的作用是从一个共享的秘密比特串中派生出密钥数据。在密钥协商过程中，密钥派生函数作用在密钥交换所获得的共享秘密比特串上，从中产生所需的会话密钥或进一步加密所需的密钥数据。密钥派生函数需要调用密码杂凑算法。设密码杂凑算法为 $H_v(\ )$，其输出是长度恰为 $v$ 位的杂凑值。

密钥交换协议中使用的密钥派生函数 KDF(Z,klen) 如下。

输入：比特串 $Z$，整数 klen( 表示要获得的密钥数据的位长度，要求该值小于 $(2^{32}-1)v$)。

输出：长度为 klen 的密钥数据比特串 $K$。

a. 初始化一个 32 位构成的计数器 ct=0x00000001。

b. 对 $i$ 从 1 到 (klen/v) 执行计算 $Ha_i = H_v(Z \parallel ct)$ 和 ct++。

c. 若 klen/v 是整数，令 $Ha!_{(klen/v)} = Ha_{(klen/v)}$，否则令 $Ha!_{(klen/v)}$ 为 $Ha_{(klen/v)}$ 最左边的 ((klen/$v$ × (klen/$v$)) 位。

d. 令 $K = Ha_1 \parallel Ha_2 \parallel \cdots \parallel Ha_{(klen/v)-1} \parallel Ha!_{(klen/v)}$。

② 密钥交换协议

设用户 A 和 B 协商获得密钥数据的长度为 klen 位，用户 A 为发起方，用户 B 为响应方。用户 A 和 B 双方为了获得相同的密钥，应实现如下运算步骤。

记 $w = (((\log_2(n))/2))-1$。

用户 A 进行如下运算步骤。

A1：用随机数发生器产生随机数 $r_A \in [1,n-1]$。

A2：计算椭圆曲线点 $R_A = [r_A]G = (x_1,y_1)$。

A3：将 $R_A$ 发送给用户 B。

用户 B 进行如下运算步骤。

B1：用随机数发生器产生随机数 $r_B \in [1,n-1]$。

B2：计算椭圆曲线点 $R_B = [r_B]G = (x_2,y_2)$。

B3：从 $R_B$ 中取出域元素 $x_2$，将 $x_2$ 的数据类型转换为整数，计算 $\bar{x}_2 = 2^w + (x_2 \& (2^w-1))$。

B4：计算 $t_B = (d_B + \bar{x} \cdot r_B) \bmod n$。

B5：验证 $R_A$ 是否满足椭圆曲线方程，若不满足，则协商失败；否则从 $R_A$ 中取出域元素 $x_1$，将 $x_1$ 的数据类型转换为整数，计算 $\bar{x}_1 = 2^w + (x_1 \& (2^w-1))$。

B6：计算椭圆曲线点 $V = [h \cdot t_B](P_A + [\bar{x}_1]R_A) = (x_V,y_V)$，若 $V$ 是无穷远点，则用户 B 协商失败；否则将 $x_V$、$y_V$ 的数据类型转换为比特串。

B7：计算 $K_B = KDF(x_V \parallel y_V \parallel Z_A \parallel Z_B, klen)$。

B8：将 $R_A$ 的坐标 $x_1$、$y_1$ 和 $R_B$ 的坐标 $x_2$、$y_2$ 的数据类型转换为比特串，计算 $S_B = Hash(0x02 \parallel y_V \parallel Hash(x_V \parallel Z_A \parallel Z_B \parallel x_1 \parallel y_1 \parallel x_2 \parallel y_2))$。

B9：将 $R_B$ 发送给用户 A。

用户 A 进行如下运算步骤。

A4：从 $R_A$ 中取出域元素 $x_1$，计算 $\bar{x}_1 = 2^w + (x_1 \& (2^w-1))$。

A5：计算 $t_A = (d_A + \bar{x}_1 \cdot r_A) \bmod n$。

A6：验证 $R_B$ 是否满足椭圆曲线方程，若不满足则协商失败；否则从 $R_B$ 中取出域元素 $x_2$，将 $x_2$ 的数据类型转换为整数，计算 $\bar{x}_2 = 2^w + (x_2 \& (2^w-1))$。

A7：计算椭圆曲线点 $U = [h \cdot t_A](P_B + [\bar{x}_2]R_B)$，若 $U$ 是无穷远点，则用户 A 协商失败；

否则将 $x_U$、$y_U$ 的数据类型转换为比特串。

A8：计算 $K_A=KDF(x_U \| y_U \| Z_A \| Z_B,klen)$。

A9：$R_A$ 的坐标 $x_1$、$y_1$ 和 $R_B$ 的坐标 $x_2$、$y_2$ 的数据类型转换为比特串，计算 $S_1=Hash(0x02 \| y_U \| Hash(x_U \| Z_A \| Z_B \| x_1 \| y_1 \| x_2 \| y_2))$，并检验 $S_1=S_B$ 是否成立，若等式不成立则从用户 B 到用户 A 的密钥确认失败。

A10：计算 $S_A=Hash(0x03 \| y_U \| Hash(x_U \| Z_A \| Z_B \| x_1 \| y_1 \| x_2 \| y_2))$，并将 $S_A$ 发送给用户 B。

用户 B 进行如下运算步骤。计算 $S_2=Hash(0x03 \| y_V \| Hash(x_V \| Z_A \| Z_B \| x_1 \| y_1 \| x_2 \| y_2))$，并检验 $S_2=S_A$ 是否成立。若等式不成立，则从用户 A 到用户 B 的密钥确认失败。

（4）公钥加密算法

公钥加密算法规定发送者用接收者的公钥将消息加密成密文，接收者用自己的私钥对收到的密文进行解密并还原成原始消息。

在公钥加密算法中，用户 B 的密钥对包括其私钥 $d_B$ 和公钥 $P_B=[d_B]G$。

① 密钥派生函数

公钥加密算法也需要使用密钥派生函数。

密钥派生函数 KDF(Z,klen) 如下。

输入：比特串 Z，整数 klen( 表示要获得的密钥数据的位长度，要求该值小于 $(2^{32}-1)v$)。

输出：长度为 klen 的密钥数据比特串 K。

a. 初始化一个 32 位构成的计数器 ct=0x00000001。

b. 对 $i$ 从 1 到 (klen/$v$) 执行：计算 $Ha_i=H_v(Z \| ct)$ 和 ct++。

c. 若 klen/$v$ 是整数，令 $Ha!_{(klen/v)}=Ha_{(klen/v)}$；

　　否则令 $Ha!_{(klen/v)}$ 为 $Ha_{(klen/v)}$ 最左边的 (klen-($v$ × (klen/$v$))) 位。

d. 令 $K=Ha_1 \| Ha_2 \| \cdots \| Ha_{(klen/v)-1} \| Ha!_{(klen/v)}$。

② 加密算法

设需要加密的消息为比特串 M，klen 为 M 的位长度。为了对明文 M 进行加密，作为加密者的用户 A 应实现以下运算步骤。

A1：用随机数发生器产生随机数 $k \in [1,n-1]$。

A2：计算椭圆曲线点 $C_1=[k]G=(x_1,y_1)$，将 $C_1$ 的数据类型转换为比特串。

A3：计算椭圆曲线点 $S=[h]P_B$，若 S 是无穷远点，则报错并退出。

A4：计算椭圆曲线点 $[k]P_B=(x_2,y_2)$，将坐标 $x_2$、$y_2$ 的数据类型转换为比特串。

A5：计算 $t=KDF(x_2 \| y_2, klen)$，若 $t$ 为全 0 比特串，则返回 A1。

A6：计算 $C_2=M \oplus t$。

A7：计算 $C_3=Hash(x_2 \| M \| y_2)$。

A8：输出密文 $C=C_1 \| C_3 \| C_2$。

③ 解密算法

设 klen 为密文中 $C_2$ 的位长度。

为了对密文 $C=C_1 \| C_3 \| C_2$ 进行解密，作为解密者的用户 B 应遵循以下运算步骤。

B1：从 C 中取出比特串 $C_1$，将 $C_1$ 的数据类型转换为椭圆曲线上的点，验证 $C_1$ 是否满足椭圆曲线方程，若不满足则报错并退出。

B2：计算椭圆曲线点 $S=[h]C_1$，若 $S$ 是无穷远点，则报错并退出。

B3：计算 $[d_B]C_1=(x_2,y_2)$，将坐标 $x_2$、$y_2$ 的数据类型转换为比特串。

B4：计算 $t=KDF(x_2 \parallel y_2,klen)$，若 $t$ 为全 0 比特串，则报错并退出。

B5：从 $C$ 中取出比特串 $C_2$，计算 $M'=C_2 \oplus t$。

B6：计算 $u=Hash(x_2 \parallel M' \parallel y_2)$，从 $C$ 中取出比特串 $C_3$；若 $u \neq C_3$，则报错并退出。

B7：输出明文 $M'$。

### 2. SM9 算法

SM9 算法是一种基于双线性对的标识密码体制（Identity-Based Cryptogra-phy，IBC），是我国商用密码行业公钥密码算法的一种标准算法。SM9 算法的主要内容包括：数字签名算法、密钥交换协议、密钥封装机制和公钥加密算法等。SM9 算法的理论基础和数学工具是椭圆曲线有限域群上的点运算的性质，及其扩域上的双线性对运算特性。

1984 年 A.Shamir 提出了 IBC 的概念。在标识密码系统中，用户的私钥由密钥生成中心（KGC）根据主密钥和用户标识计算得出。用户的公钥由用户标识唯一确定，从而用户不需要通过第三方保证其公钥的真实性。与基于证书的公钥密码系统相比，标识密码系统中的密钥管理环节可以得到适当简化。

1999 年，K. Ohgishi、R. Sakai 和 M. Kasahara 在日本提出了用椭圆曲线对配对构造基于标识的密钥共享方案；2001 年，D. Boneh 和 M. Franklin，以及 R. Sakai、K. Ohgishi 和 M. Kasahara 等人独立提出了用椭圆曲线对构造标识公钥加密算法。这些工作促进了标识密码的新发展，出现了一批用椭圆曲线实现标识密码算法的技术，其中包括数字签名算法、密钥交换协议、密钥封装机制和公钥加密算法等。

椭圆曲线具有双线性的性质，它在椭圆曲线的循环子群与扩域的乘法循环子群之间建立联系，构成了双线性 DH、双线性逆 DH、判定性双线性逆 DH、$\tau$- 双线性逆 DH 和 $\tau$-Gap- 双线性逆 DH 等难题。当椭圆曲线离散对数问题和扩域离散对数问题的求解难度相当时，可用椭圆曲线对构造出安全性和实现效率兼顾的基于标识的密码。

双线性对（Bilinear Pairing）定义在椭圆曲线群上，主要有 Weil 对、Tate 对、Ate 对、R-ate 对等。SM9 算法选用了安全性能好、运算速率高的 R-ate 对。设 $(G_1，+)$、$(G_2，+)$ 和 $(G_T，\cdot)$ 是三个循环群，$G_1$、$G_2$ 和 $G_T$ 的阶均为素数 $N$，$P_1$ 是 $G_1$ 的生成元，$P_2$ 是 $G_2$ 的生成元，存在 $G_2$ 到 $G_1$ 的同态映射 $\Psi$ 使得 $\Psi(P_2)=P_1$；双线性对 $e$ 是 $G_1 \times G_2 \rightarrow G_T$ 的映射，满足如下条件。

a. 双线性：对任意的 $P \in G_1$，$Q \in G_2$，$a,b \in Z_N$，有 $e([a]P,[b]Q)=e(P,Q)^{ab}$；

b. 非退化性：$e(P_1,P_2) \neq 1_{GT}$；

c. 可计算性：对任意的 $P \in G_1$，$Q \in G_2$，存在有效的算法计算 $e(P,Q)$。

IBC 算法的优势使其具有很大发展潜力和应用前景，引起了国内外信息安全管理机构、密码专家和应用系统的关注。至 2014 年，国际上已有多家机构将 IBC 算法采纳为行业或组织的密码标准，如 RFC 5091《基于身份加密标准：超奇异曲线在 BF 和 BB1 密码体制中的应用》，发布时间为 2007 年 12 月；RFC 5408《基于身份加密的架构和支撑数据结构》，发布时间为 2009 年 1 月；RFC 5409《使用 BF 和 BB 基于身份加密：密码消息语法的算法(CMS)》，发布时间为 2009 年 1 月；RFC 6267《MIKEY-IBAKE: 多媒体因特网（MIKEY）

中基于身份的认证密钥交换（IBAKE）分发的模式》，发布时间为 2014 年 8 月；RFC 6508《Sakai-Kasahara 密钥加密（SAKKE）》，发布时间为 2012 年 2 月；RFC 6509《MIKEY-SAKKE：多媒体因特网（MIKEY）Sakai-Kasahara 密钥加密》，发布时间为 2012 年 2 月；ISO/IEC 18033-5《信息技术 安全技术 加密算法 第五部分：基于标识的密码》。

2007 年 12 月，国家密码管理局组织专家完成了 IBC 算法标准草案制定工作。2008 年确定了 SM9 算法型号。2014 年进行并完成对 SM9 算法的标准进行完善和修改。2015 年，为 SM9 算法作了审定。2016 年国家密码管理局正式发布了 SM9 算法标准。

SM9 算法包括总则、数字签名算法、密钥交换协议、密钥封装机制和公钥加密算法，加密与解密算法及流程以及参数定义等六部分。

（1）总则

总则部分描述了 SM9 算法涉及的必要的数学基础知识与相关密码技术，以帮助实现本算法其他各部分所规定的密码机制。其中，包括有限域和椭圆曲线、双线性对及安全曲线、数据类型及转换、系统参数及其验证，并附录了椭圆曲线的背景知识、椭圆曲线上双线性对的运算、数论算法和曲线示例等。这些知识和技术是实现 SM9 算法涉及的基本原理和技术方法。其中与双线性对运算直接相关的有 Miller 算法和 BN 曲线上 R-ate 对的计算方法。

Miller 算法：设 $F_qk$ 上椭圆曲线 $E(F_qk)$ 的方程为 $y^2=x^3+ax+b$，定义过 $E(F_qk)$ 上点 $U$ 和 $V$ 的直线为 $g_{U,V}$：$E(F_qk) \rightarrow F_qk$，若过 $U,V$ 两点的直线方程为 $\lambda x+\delta y+\tau=0$，则令函数 $g_{U,V}(Q)=\lambda x_Q+\delta y_Q+\tau$，其中 $Q=(x_Q,y_Q)$。当 $U=V$ 时，则 $g_{U,V}$ 定义为过点 $U$ 的切线；若 $U$ 和 $V$ 中有一个点为无穷远点 $O$，则 $g_{U,V}$ 就是过另一个点且垂直于 $x$ 轴的直线。一般用 $g_U$ 作为 $g_{U,U}$ 的简写。

记 $U=(x_U,y_U)$，$V=(x_V,y_V)$，$Q=(x_Q,y_Q)$，$\lambda_1=(3x_V^2+a)/(2y_V)$，$\lambda_2=(y_U-y_V)/(x_U-x_V)$，则有以下性质。

① $g_{U,V}(O)=g_{U,O}(Q)=g_{O,V}(Q)=1$。

② $g_{V,V}(Q)=\lambda_1(x_Q-x_V)-y_Q+y_V,Q \neq O$。

③ $g_{U,V}(O)=\lambda_2(x_Q-x_V)-y_Q+y_V,Q \neq O,U \neq \pm V$。

④ $g_{V,V}(Q)=x_Q-x_V,Q \neq O$。

Miller 算法是计算双线性对的有效算法，Miller 算法的运算有如下描述。

输入：曲线 $E$，$E$ 上存在两点 $P$ 和 $Q$，以及整数 $c$。

输出：$f_{P,c}(Q)$。此时进行如下步骤。

① 设 $c$ 的二进制表示是 $c_j \cdots c_1 c_0$，其最高位 $c_j$ 为 1。

② 置 $f=1,V=P$。

③ 对 $i$ 从 $j-1$ 降至 0 执行：计算

$f=f^2 \cdot g_{V,V}(Q)/g_{2,V}(Q),V=[2]V$；若 $c_i=1$，令 $f=f \cdot g_{V,P}(Q)/g_{V+P}(Q),V=V+P$。

④ 输出 $f$。

一般称 $f_{P,c}(Q)$ 为 Miller 函数。

BN 曲线上 R-ate 对的计算方法如下。

ABarreto 和 Naehrig 提出了一种构造素域 $F_q$ 上适合对的常曲线的方法，通过此方法构造的曲线称为 BN 曲线。BN 曲线方程为 $E$：$y^2=x^3+b$，其中 $b \neq 0$。嵌入次数 $k=12$，曲线

阶 $r$ 也是素数。

基域特征 $q$、曲线阶 $r$、Frobenius 映射的迹 tr 可通过参数确定。

$q(t)=36t^4+36t^3+24t^2+6t+1$

$r(t)=36t^4+36t^3+18t^2+6t+1$

$\text{tr}(t)=6t^2+1$

其中，$t \in Z$ 是任意使得 $q=q(t)$ 和 $r=r(t)$ 均为素数的整数，为了达到一定的安全级别，$t$ 必须足够大，至少达到 64 位。

BN 曲线存在 $F_{q^2}$ 定义在上的 6 次扭曲线 $E'/F_{q^2}$：$y^2=x^3+b/\zeta$，其中 $\zeta \in F_{q^2}$，并且在 $F_{q^2}$ 上既不是二次根也不是三次根，选择 $\zeta$ 使得 $r$ 限制为 $E'(F_{q^2})$，这样可使对的计算限制在 $E(Fq)$ 上点 $P$ 和上点 $Q'$，因为 $G_2$ 中点可用扭曲线上点表示。

$\pi_q$ 为 Frobenius 自同态，$\pi_q$：$E \to E$，$\pi_q(x,y)=(x^q,y^q)$。

$\pi_{q^2}$：$E \to E$，$\pi_{q^2}(x,y)=(x^q,y^q)$。

R-ate 对的计算方法如下。

输入：$P \in E(F_q)[r]$，$Q \in E'(F_{q^2})[r]$，$a=6t+2$。

输出：$R_a(Q,P)$。此时进行如下步骤。

① 设 $a=\sum\limits_{i=0}^{L-1} a_i 2^i$，$a_{L-1}=1$。

② 置 $T=Q$，$f=1$。

③ 对 $i$ 从 $L-2$ 降至 0，执行计算 $f=f^2 \cdot g_{T,T}(P)$，$T=[2]T$；若 $a_i=1$，计算 $f=f \cdot g_{T,Q}(P)$，$T=T+Q$。

④ 计算 $Q_1=\pi_q(Q)$，$Q_2=\pi_{q2}(Q)$。

⑤ 计算 $f=f \cdot g_{T,Q_1}(P)$，$T=T+Q_1$。

⑥ 计算 $f=f \cdot g_{T,-Q_2}(P)$，$T=T-Q_2$。

⑦ 计算 $f=f^{(q^{12}-1)/r}$。

⑧ 输出 $f$。

（2）数字签名算法

用椭圆曲线对实现的基于标识的数字签名算法，包括数字签名生成算法和验证算法。签名者持有一个标识和一个相应的私钥，该私钥由密钥生成中心通过主私钥和签名者的标识结合产生。签名者用自身私钥对数据产生数字签名，验证者用签名者的标识生成其公钥，验证签名的可靠性，即验证发送数据的真实性、完整性和数据发送者的身份。

在生成签名和进行验证过程之前，都要用密码杂凑函数对待签名消息 $M$ 和待验证消息 $M'$ 进行压缩运算。

① 系统参数组

系统参数组包括曲线识别符 cid；椭圆曲线基域 $F_q$ 的参数；椭圆曲线方程参数 $a$ 和 $b$；扭曲线参数 $\beta$（若 cid 的低 4 位为 2）；曲线阶的素因子 $N$ 和相对于 $N$ 的余因子 cf；曲线 $E(F_q)$ 相对于 $N$ 的嵌入次数 $k$；$E(F_{qd_1})$（$d_1$ 整除 $k$）的 $N$ 阶循环子群 $G_1$ 的生成元 $P_1$；$E(F_{qd_2})$（$d_2$ 整除 $k$）的 $N$ 阶循环子群 $G_2$ 的生成元 $P_2$；双线性对 $e$ 的识别符 eid；$G_2$ 到 $G_1$ 的同态映射 $\Psi$。

双线性对 $e$ 的值域为 $N$ 阶乘法循环群 $G_T$。

a. 系统主密钥的建立和用户密钥生成步骤如下。

系统主密钥的建立步骤如下。

KGC 产生随机数 $s \in [1,N-1]$ 作为主私钥，计算 $G_2$ 中的元素 $P_{pub}=[s]P_2$ 作为主公钥，则主密钥对为 $(s,P_{pub})$。KGC 秘密保存 $s$，公开 $P_{pub}$。

用户密钥生成步骤如下。

KGC 选择并公开用一个字节表示的私钥生成函数识别符 hid。

用户 A 的标识为 $ID_A$，为产生用户 A 的私钥 $d_A$，KGC 首先在有限域 $F_N$ 上计算 $t_1=H_1(ID_A \parallel hid,N)+s$，若 $t_1=0$，则需重新产生主私钥，计算和公开主公钥，并更新已有用户的私钥；否则计算 $t_2=s \cdot t^{-1}$，然后计算 $d_A=[t_2]P_1$。即 $d_A=[t_2]P=[s/(H_1(ID_A \parallel hid)+s)]P_1$，用户公钥设为 $Q_A$，可由系统内任一用户生成 $Q_A=[H_1(ID_A \parallel hid)]P+P_{pub}$。

b. 辅助函数

SM9 算法规定在基于标识的数字签名算法中，涉及两类辅助函数：密码杂凑函数与随机数发生器。

密码杂凑函数如下。

定义密码杂凑函数 $H_v(\cdot)$ 的输出长度恰为 $v$ 位的杂凑值。在 SM9 算法中，关于密码杂凑函数 $H_v(\cdot)$，使用国家密码管理局批准的密码杂凑函数，如 SM3 算法。

密码函数 $H_1(Z,n)$ 的输入为比特串 $Z$ 和整数 $n$，输出为一个整数 $h_1 \in [1,n-1]$。$H_1(Z,n)$ 需要调用密码杂凑函数 $H_v(\cdot)$。

密码函数 $H_2(Z,n)$ 的输入为比特串 $Z$ 和整数 $n$，输出为一个整数 $h_2 \in [1,n-1]$。$H_2(Z,n)$ 需要调用密码杂凑函数 $H_v(\cdot)$。

随机数发生器如下。

SM9 算法使用国家密码管理局批准的随机数发生器。

② 数字签名生成算法及流程

数字签名生成算法设待签名的消息为比特串 $M$，为了获取消息 $M$ 的数字签名 $(h,S)$，作为签名者的用户 A 应实现以下运算步骤。

A1：（算群 $G_T$ 中的元）$g=e(P_1,P_{pub})$。

A2：产生随机数 $r \in [1,N-1]$。

A3：计算群 $G_T$ 中的元素 $w=g^r$，将 $w$ 的数据类型转换为比特串。

A4：计算整数 $h=H_2(M \parallel w,N)$。

A5：计算整数 $L=(r-h) \bmod N$，若 $L=0$ 则返回 A2。

A6：计算群 $G_T$ 中的元素 $S=[L]d_A$。

A7：将 $h$ 和 $S$ 的数据类型转换为字节串，消息 $M$ 的签名为 $(h,S)$。

数字签名生成算法流程图如图 1.5 所示。

用户A的原始数据（系统参数主公钥$P_{\text{pub}}$、消息$M$、签名密钥$d_A$）

第一步：计算$g=e(P_1,P_{\text{pub}})$

第二步：产生随机数 $r\in[1,N-1]$

第三步：计算$w=g^r$

第四步：计算$h=H_2(M\|w,N)$

第五步：计算$L=(r-h)\bmod N$

$L=0?$

是

第六步：计算$S=[L]d_A$

否

第七步：确定数字签名（$h,S$）

输出消息$M$及数字签名（$h,S$）

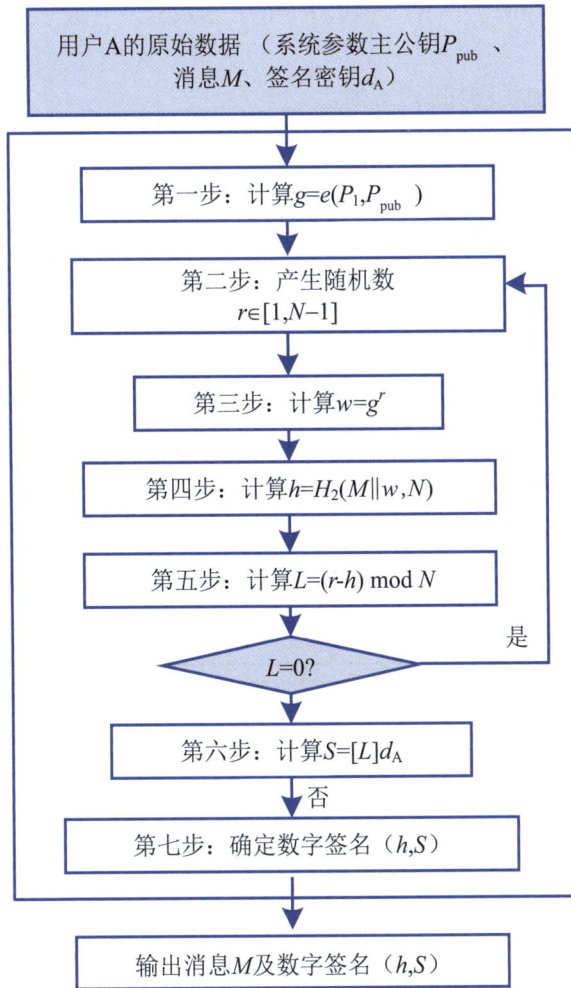

图1.5  数字签名生成算法流程图

③ 数字签名验证算法及流程

为了检验收到的消息 $M'$ 及其数字签名 $(h',S')$，作为验证者的用户 B 应实现以下运算步骤。

B1：将 $h'$ 的数据类型转换为整数，检验 $h'\in[1,N-1]$ 是否成立，若不成立则验证不通过。

B2：将 $S'$ 的数据类型转换为椭圆曲线上的点，检验 $S'\in G_1$ 是否成立，若不成立则验证不通过。

B3：计算群 $G_T$ 中的元素 $g=e(P_1,P_{\text{pub}})$。

B4：计算群 $G_T$ 中的元素 $t=g^{h'}$。

B5：计算整数 $h_1=H_1(\text{ID}_A\|\text{hid},N)$。

B6：计算群 $G_2$ 中的元素 $P=[h_1]P_2+P_{\text{pub}}$。

B7：计算群 $G_T$ 中的元素 $u=e(S',P)$。

B8：计算群 $G_T$ 中的元素 $w'=u\cdot t$，将 $w'$ 的数据类型转换为比特串。

B9：计算整数 $h_2=H_2(M'\|w',N)$，检验 $H_2=h'$ 是否成立，若成立则验证通过；否则验证不通过。

数字签名验证算法流程图如图 1.6 所示。

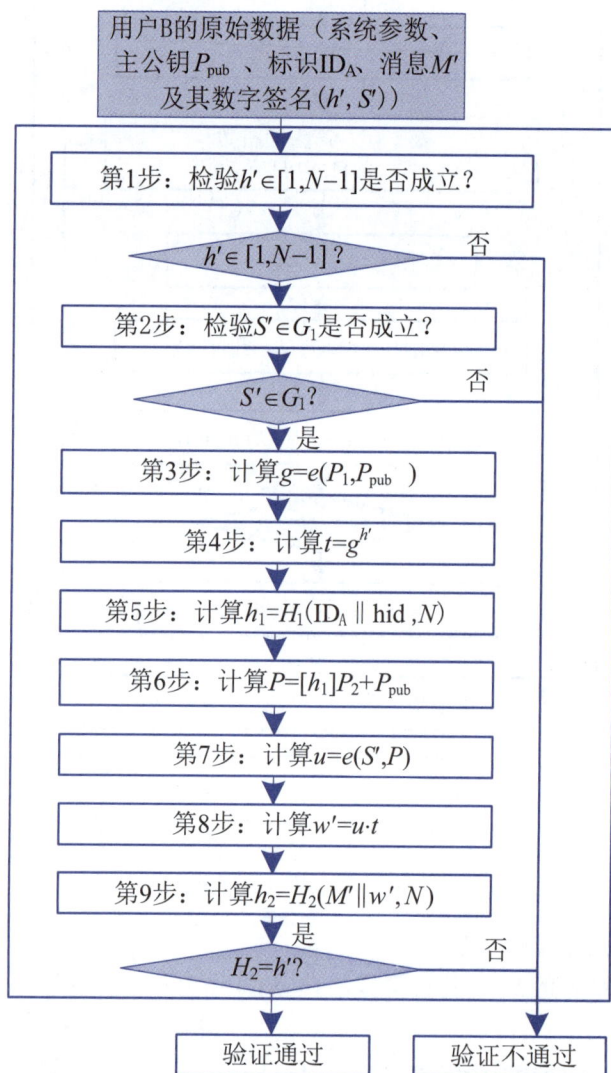

用户B的原始数据（系统参数、主公钥 $P_{pub}$、标识 $ID_A$、消息 $M'$ 及其数字签名 $(h',S')$）

第1步：检验 $h'\in[1,N-1]$ 是否成立？

$h'\in[1,N-1]$？ —— 否

第2步：检验 $S'\in G_1$ 是否成立？

$S'\in G_1$？ —— 否

是

第3步：计算 $g=e(P_1,P_{pub})$

第4步：计算 $t=g^{h'}$

第5步：计算 $h_1=H_1(ID_A\|hid,N)$

第6步：计算 $P=[h_1]P_2+P_{pub}$

第7步：计算 $u=e(S',P)$

第8步：计算 $w'=u\cdot t$

第9步：计算 $h_2=H_2(M'\|w',N)$

是

$H_2=h'$？ —— 否

验证通过　　　　验证不通过

图1.6　数字签名验证算法流程图

（3）密钥交换协议

该协议可以使通信双方通过对方的标识和自身的私钥经两次或三次信息传递的过程，计算获取一个由双方共同决定的共享秘密密钥。该秘密密钥可作为对称密码算法的会话密钥。协议中的选项可以实现密钥确认。

参与密钥交换的发起方用户 A 和响应方用户 B 各自持有一个标识和一个相应的私钥，私钥均由密钥生成中心通过主私钥和用户的标识结合产生。这个共享的秘密密钥通常用在某个对称密码算法中。该密钥交换协议能够用于密钥管理和协商。

① 系统参数组

在密钥交换协议中，系统参数组、系统主密钥和用户密钥的产生同于 2.2.1 节。只是辅助函数有所变化。

② 辅助函数

在密钥交换协议中，涉及三类辅助函数：密码杂凑函数、密钥派生函数与随机数发生器。这三类辅助函数的强弱直接影响密钥交换协议的安全性。

③ 密钥交换协议及流程

设用户 A 和用户 B 协商获得密钥数据的长度为 klen 位，用户 A 为发起方，用户 B 为响应方。用户 A 和用户 B 双方为了获得相同的密钥，按如下运算步骤实现密钥交换。

用户 A：

A1：计算群 $G_1$ 中的元素 $Q_B=[H_1(ID_B \parallel hid,N)]P_1+P_{pub}$。

A2：产生随机数 $r_A \in [1,N-1]$。

A3：计算群 $G_1$ 中的元素 $R_A=[r_A]Q_B$。

A4：将 $R_A$ 发送给用户 B。

用户 B：

B1：计算群 $G_1$ 中的元素 $Q_A=[H_1(ID_A \parallel hid,N)]P_1+P_{pub}$。

B2：产生随机数 $r_B \in [1,N-1]$。

B3：计算群 $G_1$ 中的元素 $R_B=[r_B]Q_A$。

B4：验证 $R_A \in G_1$ 是否成立，若不成立则协商失败；否则计算群 $G_T$ 中的元素 $g_1=e(R_A,d_B)$，$g_2=e(P_{pub},P_2)^{r_B}$，$g_3=g_1^{r_B}$，将 $g_1$、$g_2$、$g_3$ 的数据类型转换为比特串。

B5：把 $R_A$ 和 $R_B$ 的数据类型转换为比特串，

计算 $SK_B=KDF(ID_A \parallel ID_B \parallel R_A \parallel R_B \parallel g_1 \parallel g_2 \parallel g_3,klen)$。

B6：计算 $S_B=Hash(0x82 \parallel g_1 \parallel Hash(g_2 \parallel g_3 \parallel ID_A \parallel ID_B \parallel R_A \parallel R_B))$。

B7：将 $R_B$、$S_B$ 发送给用户 A。

用户 A：

A5：验证 $R_B \in G_1$ 是否成立，若不成立则协商失败；否则计算群 $G_T$ 中的元素 $g_1'=e(P_{pub},P_2)^{r_A}$，$g_2'=e(R_B,d_A)$，$g3'=(g2')^{r_A}$，将 g1'、g2'、g3' 的数据类型转换为比特串。

A6：把 $R_A$ 和 $R_B$ 的数据类型转换为比特串，

计算 $S_1=Hash(0x82 \parallel g_1' \parallel Hash(g_2' \parallel g_3' \parallel ID_A \parallel ID_B \parallel R_A \parallel R_B))$，并检验 $S_1=S_B$ 是否成立，若等式不成立，则从用户 B 到用户 A 的密钥确认失败。

A7：计算 $SK_A=KDF(ID_A \parallel ID_B \parallel R_A \parallel R_B \parallel g_1' \parallel g_2' \parallel g_3',klen)$。

A8：计算 $S_A=Hash(0x83 \parallel g_1' \parallel Hash(g_2' \parallel g_3' \parallel ID_A \parallel ID_B \parallel R_A \parallel R_B))$，并将 $S_A$ 发送给用户 B。

用户 B：

B8：计算 $S_2=Hash(0x83 \parallel g_1 \parallel Hash(g_2 \parallel g_3 \parallel ID_A \parallel ID_B \parallel R_A \parallel R_B))$，并检验 $S_2=S_A$ 是否成立，若等式不成立，则从用户 A 到用户 B 的密钥确认失败。

密钥交换协议流程图如图 1.7 所示。

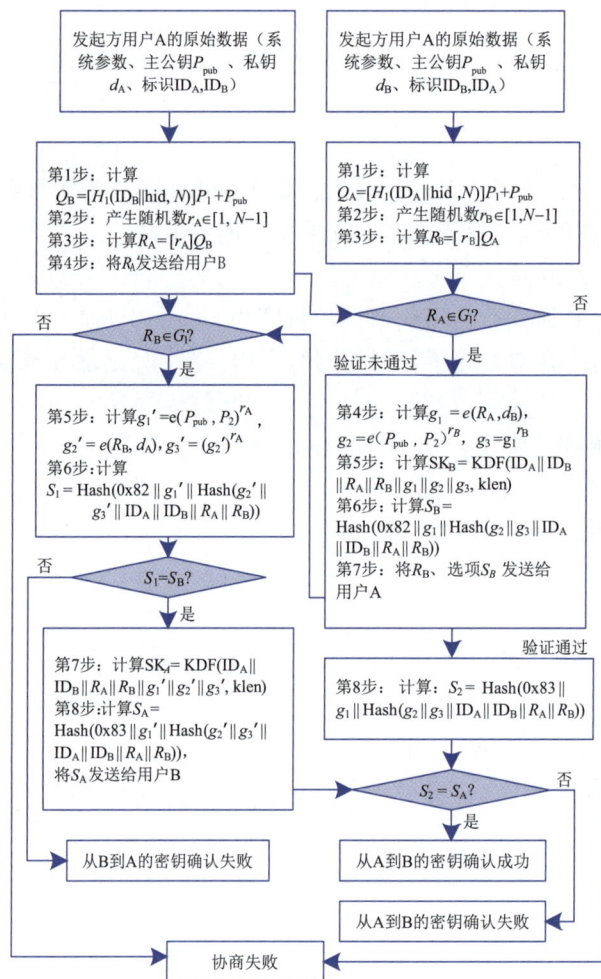

图1.7　密钥交换协议流程图

（4）密钥封装机制和公钥加密算法

密钥封装机制使得封装者可以产生和加密一个秘密密钥给目标用户，而唯有目标用户可以解封装该秘密密钥，并把它作为进一步的会话密钥。用椭圆曲线对实现基于标识的密钥封装机制。封装者利用解封装用户的标识产生并加密一个秘密密钥给对方，解封装用户则用相应的私钥解封装该秘密密钥。

用椭圆曲线对实现基于标识的加密与解密算法，使消息发送者可以利用接收者的标识对消息进行加密，唯有接收者可以用相应的私钥对该密文进行解密，从而获取消息。

用椭圆曲线实现基于标识的公钥加密算法是上述密钥封装机制和消息封装机制的结合，消息封装机制包括基于密钥派生函数的流密码算法及结合密钥派生函数的对称密码算法两种类型，该算法可提供消息的机密性。在基于标识的加密算法中，解密用户持有一个标识和一个相应的私钥，该私钥由密钥生成中心通过主私钥和解密用户的标识结合产生。加密用户用解密用户的标识加密数据，解密用户用自身私钥解密数据。

① 系统参数组

在 SM9 密钥封装机制和公钥加密算法中，系统参数组，系统主密钥和用户密钥的产生同 2.2.1 节，只是辅助函数有所变化。

② 辅助函数

在基于标识的密钥封装机制和公钥加密算法中，涉及五类辅助函数：密码杂凑函数、密钥派生函数、消息认证码函数、随机数发生器和对称密码算法。这五类辅助函数的强弱直接影响密钥封装机制和公钥加密算法的安全性。

③ 密钥封装机制及流程

a. 密钥封装算法及流程

密钥封装算法：为了封装位长度为 klen 的密钥给用户 B，作为封装者的用户 A 需要执行以下运算步骤。

A1：计算群 $G_1$ 中的元素 $Q_B=[H_1(ID_B \parallel hid,N)]P_1+P_{pub}$。

A2：产生随机数 $r \in [1,N-1]$。

A3：计算群 $G_1$ 中的元素 $C=[r]Q_B$，将 $C$ 的数据类型转换为比特串。

A4：计算群 $G_T$ 中的元素 $g=e(P_{pub},P_2)$。

A5：计算群 $G_T$ 中的元素 $w=g^r$，将 $w$ 的数据类型转换为比特串。

A6：计算 $K=KDF(C \parallel w \parallel ID_B,klen)$，若 $K$ 为全 0 比特串，则返回 A2。

A7：输出 $(K,C)$，其中 $K$ 是被封装的密钥，$C$ 是封装密文。

密钥封装算法流程图如图 1.8 所示。

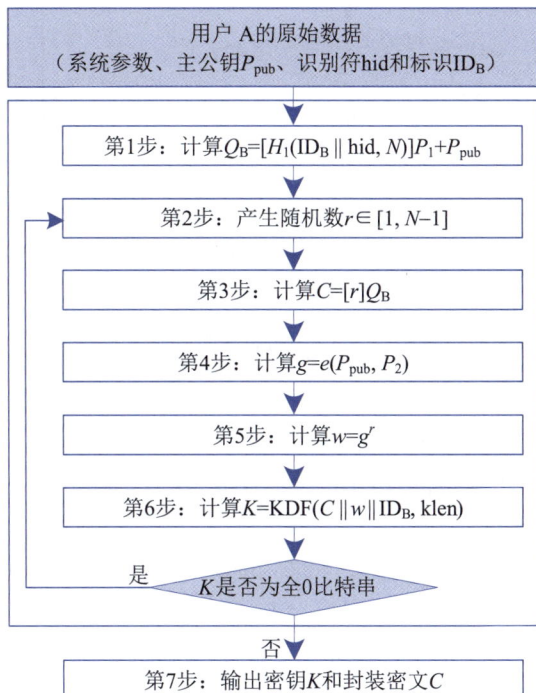

图1.8 密钥封装算法流程图

b. 解封装算法及流程

解封装算法：在用户 B 收到封装密文 $C$ 后，为了对位长度为 klen 的密钥解封装，需要执行以下运算步骤。

B1：验证 $C \in G_1$ 是否成立，若不成立则报错并退出。

B2：计算群 $G_T$ 中的元素 $w'=e(C,d_B)$，将 $w'$ 的数据类型转换为比特串。

B3：将 $C$ 的数据类型转换为比特串，计算封装的密钥 $K'=\text{KDF}(C \| w' \| \text{ID}_B,\text{klen})$，若 $K'$ 为全 0 比特串，则报错并退出。

B4：输出密钥 $K'$。

解封装算法流程图如图 1.9 所示。

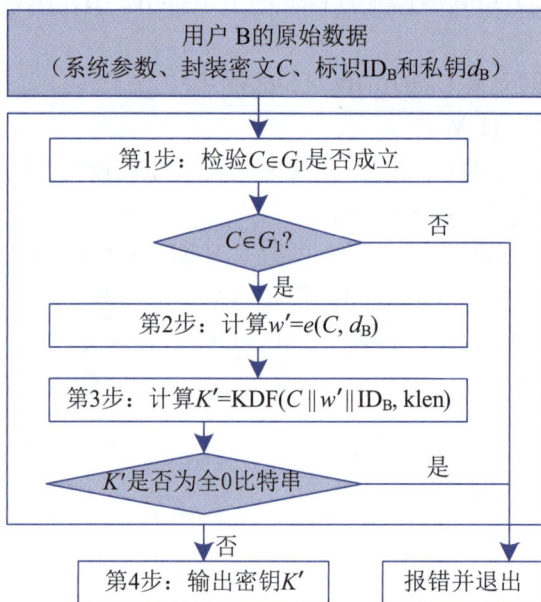

图1.9 解封装流程图

（5）加密与解密算法及流程

① 加密算法及流程

加密算法：设需要发送的消息为比特串 $M$，mlen 为 $M$ 的位长度，$K_1\_\text{len}$ 为对称密码算法中密钥 $K_1$ 的位长度，$K_2\_\text{len}$ 为函数 $\text{MAC}(K_2,Z)$ 中密钥 $K_2$ 的位长度。为了加密明文 $M$ 给用户 B，作为加密者的用户 A 应实现以下运算步骤。

A1：计算群 $G_1$ 中的元素 $Q_B=[H_1(\text{ID}_B \| \text{hid},N)]P_1+P_{\text{pub}}$。

A2：产生随机数 $r \in [1,N-1]$。

A3：计算群 $G_1$ 中的元素 $C_1=[r]Q_B$，将 $C_1$ 的数据类型转换为比特串。

A4：计算群 $G_T$ 中的元素 $g=e(P_{\text{pub}},P_2)$。

A5：计算群 $G_T$ 中的元素 $w=g^r$，将 $w$ 的数据类型转换为比特串。

A6：按加密明文的方法分类进行计算：

a. 如果加密明文的方法是基于密钥派生函数（KDF）的流密码，则第一步计算整数

klen=mlen+$K_2$_len，然后计算 $K$=KDF($C_1 \parallel w \parallel$ ID$_B$,klen)。令 $K_1$ 为 $K$ 最左边的 mlen 位，$K_2$ 为剩下的 $K_2$_len 位。若 $K_1$ 为全 0 比特串，则返回 A2。第二步计算 $C_2$=$M \oplus K_1$。

b. 如果加密明文的方法是结合密钥派生函数的对称密码，则第一步计算整数 klen=$K_1$_len+$K_2$_len，然后计算 $K$=KDF($C_1 \parallel w \parallel$ ID$_B$,klen)。令 $K_1$ 为 $K$ 最左边的 $K_1$_len 位，$K_2$ 为剩下的 $K_2$_len 位。若 $K_1$ 为全 0 比特串，则返回 A2。第二步计算 $C_2$=Enc($K_1$,$M$)。

A7：计算 $C_3$=MAC($K_2$,$C_2$)。

A8：输出密文 $C$=$C_1 \parallel C_2 \parallel C_3$。

加密算法流程图如图 1.10 所示。

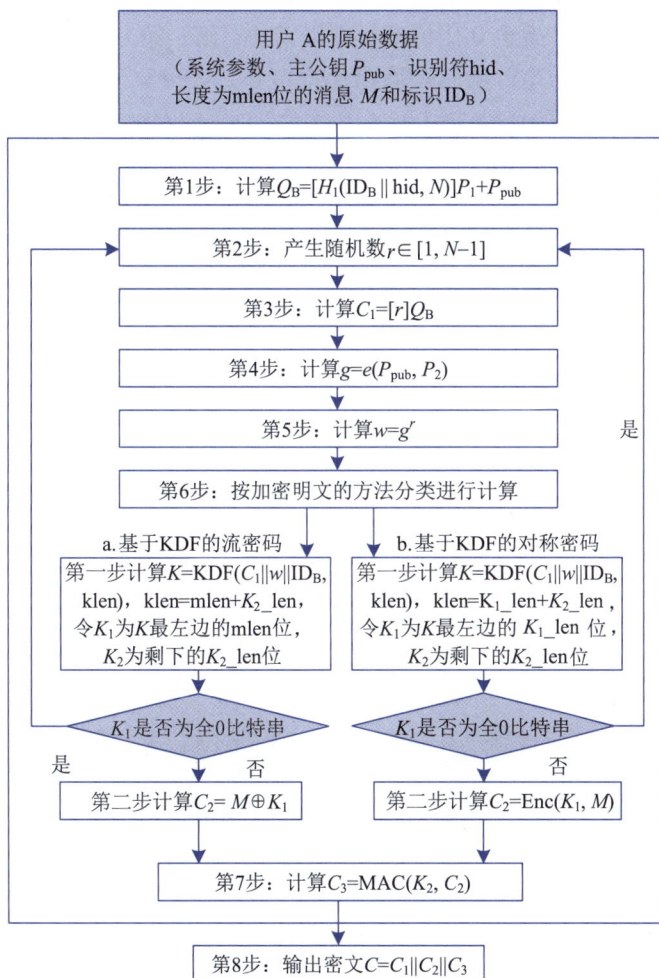

图1.10　加密算法流程图

② 解密算法及流程

设 mlen 为密文 $C$=$C_1 \parallel C_2 \parallel C_3$ 中 $C_2$ 的位长度，$K_1$_len 为对称密码算法中密钥 K1 的位长度，$K_2$_len 为函数 MAC($K_2$,$Z$) 中密钥 $K_2$ 的位长度。为了对 $C$ 进行解密，作为解密者的用户 B 应实现以下运算步骤。

B1：从 $C$ 中取出比特串 $C_1$，将 $C_1$ 的数据类型转换为椭圆曲线上的点，验证 $C_1 \in C_1$ 是否成立，若不成立则报错并退出。

B2：计算群 $C_T$ 中的元素 $w'=e(C_1,d_B)$，将 $w'$ 的数据类型转换为比特串。

B3：按加密明文的方法分类进行计算：

a. 如果加密明文的方法是基于密钥派生函数的流密码，则第一步计算整数 klen= mlen+$K_2$_len，然后计算 $K'$=KDF($C_1 \| w' \| ID_B$,klen)。令 $K_1'$ 为 $K'$ 最左边的 mlen 位，$K_2'$ 为剩下的 $K_2$_len 位。若 $K_1'$ 为全 0 比特串，则报错并退出。第二步计算 $M'=C_2 \oplus K_1'$。

b. 如果加密明文的方法是结合密钥派生函数的对称密码算法，则第一步计算整数 klen= $K_1$_len+$K_2$_len，然后计算 $K'$=KDF($C_1 \| w' \| ID_B$,klen)。令 $K_1'$ 为 $K'$ 最左边的 $K_1$_len 位，$K_2'$ 为剩下的 $K_2$_len 位。若 $K_1'$ 为全 0 比特串，则报错并退出。第二步计算 $M'=Dec(K_1',C_2)$。

B4：计算 $u=MAC(K_2',C_2)$，从 $C$ 中取出比特串 $C_3$，若 $u \neq C_3$，则报错并退出。

B5：输出明文 $M'$。

解密算法流程图如图 1.11 所示。

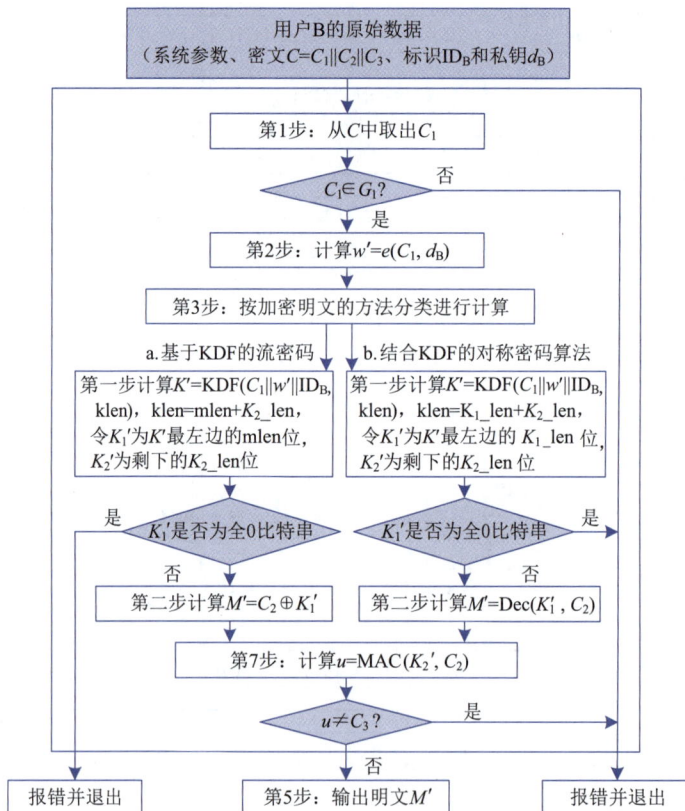

图1.11　解密算法流程图

（6）参数定义

SM9 算法的主要参数作如下定义。

SM9 算法使用 256 位的 BN 曲线。

① 椭圆曲线方程特例：$y^2=x^3+b$。

② 曲线参数。

基域 $q$：B6400000 02A3A6F1 D603AB4F F58EC745 21F2934B 1A7AEEDB E56F9B27 E351457D。

系数 $b$：05。

群的阶 $N$：B6400000 02A3A6F1 D603AB4F F58EC744 49F2934B 18EA8BEE E56EE19C D69ECF25。

余因子 cf：1。

嵌入次数 $k$：12。

扭曲线的参数：$\beta=\sqrt{-2}$，$d_1=1, d_2=2$。

曲线识别符 cid：12。

③ 群 $G_1$ 的生成元 $P_1=(x_{P1}, y_{P1})$。

坐标 $x_{P1}$：93DE051D 62BF718F F5ED0704 487D01D6
     E1E40869 09DC3280 E8C4E481 7C66DDDD。

坐标 $y_{P1}$：21FE8DDA 4F21E607 63106512 5C395BBC
     1C1C00CB FA602435 0C464CD7 0A3EA616。

④ 群 $G_2$ 的生成元 $P_2=(x_{P2}, y_{P2})$。

坐标 $x_{P2}$：(85AEF3D0 78640C98 597B6027 B441A01F
     F1DD2C19 0F5E93C4 54806C11 D8806141,
     37227552 92130B08 D2AAB97F D34EC120
     EE265948 D19C17AB F9B7213B AF82D65B)。

坐标 $y_{P2}$：(17509B09 2E845C12 66BA0D26 2CBEE6ED
     0736A96F A347C8BD 856DC76B 84EBEB96,
     A7CF28D5 19BE3DA6 5F317015 3D278FF2
     47EFBA98 A71A0811 6215BBA5 C999A7C7)。

对象识别符 eid：4。

⑤ $F_{q^{12}}$ 采用 1-2-4-12 塔式扩张：

$F_{q^2}[u]=F_q[u]/(u^2-\alpha), \alpha=-2$；

$F_{q^4}[v]=F_{q^2}[v]/(v^2-\xi), \xi=u$；

$F_{q^{12}}[w]=F_{q^4}[w]/(w^3-v), v^2=\xi$。

其中，

第一次进行二次扩张的约化多项式为：$x^2-\alpha, \alpha=-2$。

第二次进行二次扩张的约化多项式为：$x^2-u, u^2=\alpha, u=\sqrt{-2}$。

第三次进行三次扩张的约化多项式为：$x^3-v, v^2=u, v=\sqrt{\sqrt{-2}}$。

$u$ 属于 $F_{q^2}$，可表示为 (1,0)，左边是第 1 维（高维），右边是第 0 维（低维）。

$v$ 属于 $F_{q^4}$，可表示为 (0,1,0,0)，其中左边 (0,1) 是 $F_{q^4}$ 中元素以 $F_{q^2}$ 表示的第 1 维（高维），右边 (0,0) 是 $F_{q^4}$ 中元素以 $F_{q^2}$ 表示的第 0 维（低维）。

$F_{q^{12}}$ 中元素 $A$ 可用 $F_{q^4}$ 中元素表示为：

$A=aw^2-bw+c=(a,b,c)$ 其中 $a,b,c \in F_{q^4}$。

$a,b,c$ 可用 $F_{q^2}$ 中元素表示为：

$a=a_1v+a_0=(a_1,a_0)$；

$b=b_1v+b_0=(b_1,b_0)$；

$c=c_1v+c_0=(c_1,c_0)$；

$a_0,a_1,b_0,b_1,c_0,c_1 \in F_{q^2}$。

$F_{q^{12}}$ 中元素 $A$ 用 $F_{q^2}$ 中的元素可表示为：

$A=(a_1,a_0,b_1,b_0,c_1,c_0)$。

$a_0,a_1,b_0,b_1,c_0,c_1$ 可用基域 $F_q$ 中的元素表示为：

$a_0=a_{0,1}u+a_{0,0}=(a_{0,1},a_{0,0})$；

$a_1=a_{1,1}u+a_{1,0}=(a_{1,1},a_{1,0})$；

$b_0=b_{0,1}u+b_{0,0}=(b_{0,1},b_{0,0})$；

$b_1=b_{1,1}u+b_{1,0}=(b_{1,1},b_{1,0})$；

$c_0=c_{0,1}u+c_{0,0}=(c_{0,1},c_{0,0})$；

$c_1=c_{1,1}u+c_{1,0}=(c_{1,1},c_{1,0})$；

$a_{i,j},b_{i,j},c_{i,j} \in F_q$ 其中 $i=0,1$；$j=0,1$。

$F_{q^{12}}$ 中元素 $A$ 用基域 $F_q$ 中的元素可表示为：

$A=(a_{1,1},a_{1,0},a_{0,1},a_{0,0},b_{1,1},b_{1,0},b_{0,1},b_{0,0},c_{1,1},c_{1,0},c_{0,1},c_{0,0})$；$a_{i,j},b_{i,j},c_{i,j} \in F_q$ 其中 $i=0,1$；$j=0,1$。

$F_{q^2}$ 中单位元的表示为 $(0,1)$；

$F_{q^4}$ 中单位元的表示为 $(0,0,0,1)$；

$F_{q^{12}}$ 中单位元的表示为 $(0,0,0,0,0,0,0,0,0,0,0,1)$。

各种扩域中分量序为：左边是高维，右边是低维。

### 1.3.3 密码杂凑算法

密码杂凑算法在现代密码学中起着重要作用，它可以将任意长度的消息压缩成固定长度的摘要。密码杂凑算法主要用于数据的完整性校验、身份认证、数字签名、密钥推导、消息认证码和随机数生成器等。

密码杂凑算法需要满足三个基本属性：抗碰撞攻击、抗原像攻击和抗第二原像攻击。随着密码杂凑算法分析技术的进步，密码杂凑算法的安全属性不再局限于三个基本属性，还出现了许多其他属性，如抗长度扩展攻击、抗长消息的第二原像攻击和抗集群攻击等。

2004—2005 年我国密码学家王小云等人破解了国际通用系列密码杂凑算法，包括 MD5，SHA-1，RIPEMD 等算法，引起国际密码社会的强烈反响。为了应对 MD5 与 SHA-1 算法的破解，NIST 于 2007—2012 年开展了公开征集新一代密码杂凑算法标准 SHA-3 算法。至 2008 年，SHA-3 算法竞赛征集到了 64 个算法，选出的优秀候选算法各具特色，体现了很多新的设计理念。2010 年进入 SHA-3 算法最终轮的 5 个候选算法都采用了不同于 MD 结构的新型结构，KECCAK 采用海绵体结构，BLAKE 采用 HAIFA 结构，Skein 采用基于密文的唯一分组迭代链接模式，Grøstl 和 JH 采用的是基于宽管道的 MD 改进结构。在内部变换中，KECCAK 采用基于 3 维数组的比特级逻辑运算；BLAKE 和 Skein 基于加、循环移位和异或 (ARX) 运算；Grøstl 采用 AES 类的设计；JH 使用了扩展的多维 AES 结构。经过 5 年的遴选，KECCAK 凭借其精准的设计、足量的安全冗余、出色的整体表现、高效的硬件效率和适当的灵活性最终胜出成为 SHA-3 算法标准。

随着 SHA-3 算法竞赛的进行，各个国家都在设计相应的密码杂凑算法标准。2012 年，国家商用密码管理办公室公布了 SM3 算法为密码行业标准。2016 年，国家标准化委员会公布了 SM3 算法为国家标准。

SM3 算法采用 Merkle-Damgård 结构，消息分组长度为 512 位，摘要长度为 256 位。压缩函数状态为 256 位，共 64 步操作。本节给出了 SM3 算法的描述和特点。

### 1. SM3 算法描述

（1）SM3 算法的初始值

SM3 算法的初始值 **IV** 共 256 位，由 8 个 32 位字串联构成，具体值如下。

IV=7380166f　4914b2b9　172442d7　da8a0600
　　a96f30bc　163138aa　e38dee4d　b0fb0e4e

（2）SM3 算法的常量

SM3 算法的常量 $T_j$ 定义如下。

$$T_j=\begin{cases} \text{79cc4519} & 0 \leqslant j \leqslant 15 \\ \text{7a879d8a} & 16 \leqslant j \leqslant 63 \end{cases}$$

（3）SM3 算法的布尔函数

SM3 算法的布尔函数定义如下。

$$\text{FF}_j(X,Y,Z)=\begin{cases} X \oplus Y \oplus Z & 0 \leqslant j \leqslant 15 \\ (X \wedge Y) \vee (X \wedge Z) \vee (Y \wedge Z) & 16 \leqslant j \leqslant 63 \end{cases}$$

$$\text{GG}_j(X,Y,Z)=\begin{cases} X \oplus Y \oplus Z & 0 \leqslant j \leqslant 15 \\ (X \wedge Y) \vee (\neg X \wedge Z) & 16 \leqslant j \leqslant 63 \end{cases}$$

（4）SM3 算法的置换函数

SM3 算法的置换函数定义如下。

$P_0(X)=X \oplus (X<<<9) \oplus (X<<<17)$；$P_1(X)=X \oplus (X<<<15) \oplus (X<<<23)$

（5）SM3 算法的消息填充

对长度为 l($l<2^{64}$) 位的消息 $m$，SM3 算法首先将 "1" 添加到消息的末尾，再添加 $k$ 个 "0"，$k$ 是满足 $l+k+1\equiv448 \bmod 512$ 的最小非负整数。然后添加一个 64 位比特串，该比特串是长度 $l$ 的二进制表示。填充后的消息 $m'$ 的位长度为 512 的倍数。例如，对于消息 01100001 01100010 01100011，其长度 $l$=24，经填充得到的比特串如下。

$$\underset{}{01100001\ 01100010\ 01100011}\ \overset{423位}{1\overbrace{0\cdots0}}\ \overset{64位}{\underset{l的二进制表示}{0\underbrace{\cdots}011000}}$$

（6）SM3 算法的迭代压缩过程

将填充后的消息 $m'$ 按 512 位进行分组：$m'=B^{(0)}B^{(1)}\cdots B^{(n-1)}$，其中 $n=(l+k+65)/512$。对 $m'$ 按如下方式迭代。

FOR $i$=0 TO($n$–1)

　　$V^{(i+1)}$=CF($V^{(i)},B^{(i)}$)

ENDFOR

其中 CF 是压缩函数，$V^{(0)}$ 为 256 位初始值 **IV**，$B^{(i)}$ 为填充后的消息分组，迭代压缩的结果为 $V^{(n)}$。

（7）SM3 算法的压缩函数

SM3 算法的压缩函数由消息扩展过程和状态更新过程组成，具体描述如下。

① 消息扩展过程

将消息分组 $B^{(i)}$ 按以下方式拓扑生成 132 个字 $W_0,W_1,\cdots,W_{67},W_0',W_1',\cdots,W_{63}'$ 用于计算压缩函数 CF，SM3 算法扩展过程如图 1.12 所示。

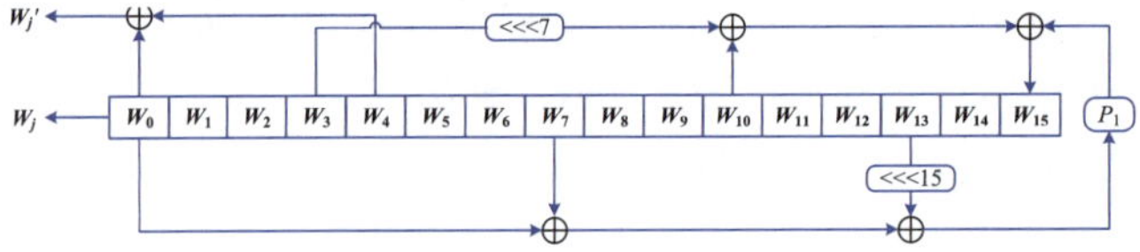

图1.12　SM3算法扩展过程

a. 将消息分组 $B^{(i)}$ 划分为 16 个字 $W_0,W_1,\cdots,W_{15}$。

将消息分组 $B^{(i)}$ 按如下方式迭代。

b.FOR $j$=16 TO 67

$W_j=P_1(W_{j-16} \oplus W_{j-9} \oplus (W_{j-3}<<<15) \oplus (W_{j-1}<<<7) \oplus W_{j-6}$

ENDFOR

将消息分组 $B^{(i)}$ 按如下方式迭代。

c.FOR $j$=0 TO 63

$W_j'=W_j \oplus W_{j+4}$

ENDFOR

② 状态更新过程

假定 $A,B,C,D,E,F,G,H$ 为寄存器，SS1,SS2,TT1,TT2 为中间变量，压缩函数 $V^{(i+1)}$=CF($V^{(i)},B^{(i)}$)，$0 \leq i \leq n-1$，SM3 算法状态更新过程描述如图 1.13 所示。迭代过程如下。

ABCDEFGH ← $V^{(i)}$

FOR $j$=0 TO 63

SS1 ← ($A$<<<12)+$E$+($T_j$<<<$j$)<<<7

SS2 ← SS1+($A$<<<12)

TT1 ← FF$_j(A,B,C)$+$D$+SS2+$W_j'$

TT2 ← GG$_j(A,B,C)$+$H$+SS1+$W_j$

$D$ ← $C$

$C \leftarrow B{<}{<}{<}9$

$B \leftarrow A$

$A \leftarrow \mathrm{TT1}$

$H \leftarrow G$

$G \leftarrow F{<}{<}{<}19$

$F \leftarrow E$

$E \leftarrow P_0(\mathrm{TT2})$

END FOR

$V^{(i+1)} \leftarrow \mathrm{ABCDEFGH} \oplus V^{(i)}$

③ 杂凑值处理

迭代过程为 $\mathrm{ABCDEFGH} \leftarrow \oplus V^{(n)}$，输出 256 位的杂凑值 $y=\mathrm{ABCDEFGH}$。

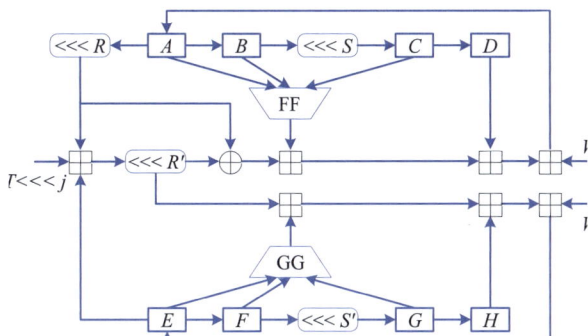

图1.13　SM3算法状态更新过程

### 2. SM3 算法的特点

SM3 算法压缩函数的整体结构与 SHA-256 算法相似，但是增加了多种新的设计技术，包括增加 16 步全异或操作、消息双字介入、增加快速雪崩效应的 $P$ 置换等。能够有效地避免高概率的局部碰撞，有效地抵抗强碰撞性的差分分析、弱碰撞性的线性分析和比特追踪法等密码分析。

SM3 算法合理使用字加运算，构成进位加 4 级流水，在不显著增加硬件开销的情况下，采用 $P$ 置换，加速了算法的雪崩效应，提高了运算效率。同时，SM3 算法采用了适合 32 位微处理器和 8 位智能卡实现的基本运算，具有跨平台实现的高效性和广泛的适用性。

## 1.4 密钥管理

密钥管理主要研究如何在具有某些不安全因素的环境中为用户分发密钥信息，使得密钥能够安全正确并有效地发挥作用。在对称密码体制中，用户之间的密钥协商一般都需要可信的第三方协助（Kerberos 方案）。此时密钥管理的概念非常恰如其分，因为每个通信实体的密钥都是中心进行管理的，包括密钥的生成、分发、销毁、备份、归档等。1976

年，Diffie 和 Hell man 首次公开提出了公钥密码算法概念、设计了 DH 密钥协商协议，1978 年 Rivest 和 Shamir 等设计了 RSA 公钥算法，此后密钥管理技术随密码技术一起进入了新的时代，出现了许多全新的技术方案。其中，公钥基础设施（Public Key Infrastructure，PKI）就是为大规模用户提供认证公钥信息的功能、并提供安全服务的解决方案。由于非对称算法的密钥可以由用户自己生成并管理，而中心不再干涉用户的秘密，仅提供公钥的证明，所以部分研究人员也称之为密钥认证。正是由于公钥密码学的特殊优点，PKI 已成为密钥管理技术中的重要内容。此外，针对各种不同的使用场景、条件环境和安全需求，也出现了多种密钥管理技术。

### 1.4.1　密钥生成周期管理

密钥生成周期管理对于保证密钥全生命周期的安全性是至关重要的，可以保证密钥（除公钥外）不被非授权的访问、使用、泄露、修改和替换，可以保证公钥不被非授权地修改和替换。信息系统的应用与数据层面的密钥体系由业务系统根据密码应用需求在密码应用方案中明确。GB/T 39786—2021《信息安全技术 信息系统密码应用基本要求》将密钥管理的环节分为：密钥产生、分发、存储、使用、更新、归档、撤销、备份、恢复和销毁等环节。

以下给出各个环节的使用建议。

（1）密钥产生：密钥可以以随机产生、协商产生等不同的方式产生。密钥在符合 GB/T 37092 的密码产品中产生是十分必要的，产生的同时可在密码产品中记录密钥关联信息，包括密钥种类、长度、拥有者、使用起始时间、使用终止时间等。

（2）密钥分发：密钥分发是密钥从一个密码产品传递到另一个密码产品的过程，分发时要注意抗截取、篡改、假冒等攻击，保证密钥的机密性、完整性及分发者、接收者身份的真实性等。

（3）密钥存储：密钥不以明文方式存储在密码产品外部是十分必要的，其采取严格的安全防护措施，防止密钥被非授权地访问或篡改。公钥是例外，可以以明文方式在密码产品外存储、传递和使用，但有必要采取安全防护措施，防止公钥被非授权、篡改。

（4）密钥使用：每个密钥一般只有单一的用途，明确用途并按用途正确使用是十分必要的。密钥使用环节需要注意的安全问题是：使用密钥前获得授权，使用公钥证书前对其进行有效性验证，采用安全措施防止密钥的泄露和替换等。另外，有必要为密钥设定更换周期，并采取有效措施保证密钥更换时的安全性。

（5）密钥更新：密钥更新发生在密钥超过使用期限、已泄露或存在泄露风险时，根据相应的更新策略进行更新。

（6）密钥归档：如果信息系统中有密钥归档需求，则根据实际安全需求采取有效的安全措施，保证归档密钥的安全性和正确性。需要注意的是，归档密钥只能用于解密该密钥加密的历史信息或验证该密钥签名的历史信息。如果执行密钥归档，则有必要生成审计信息，包括归档的密钥、归档的时间等。

（7）密钥撤销：密钥撤销一般针对公钥证书所对应的密钥。当证书到期后，密钥自然撤销；也可以按需进行密钥撤销，撤销后的密钥不再具备使用效力。

（8）密钥备份：对于需要备份的密钥，采用安全的备份机制对密钥进行备份是必要的，以确保备份密钥的机密性和完整性，这与密钥存储的要求是一致的。密钥备份行为是审计涉及的范围，有必要生成审计信息，包括备份的主体、备份的时间等。

（9）密钥恢复：密钥恢复可以支持用户密钥恢复和司法密钥恢复。密钥恢复是审计涉及的范围，有必要生成审计信息，包括恢复的主体、恢复的时间等。

（10）密钥销毁：密钥销毁要注意销毁过程是不可逆的，即无法从销毁结果中恢复原密钥。

## 1.4.2 公钥基础设施

公钥基础设施（Public Key Infrastructure，PKI）是一个用于管理公钥加密的系统，它包括密钥管理、证书管理、身份认证等多个方面。以下是 PKI 与密钥生成周期管理相关的几个关键点。

（1）密钥对生成：在 PKI 中，用户或实体会生成一对公钥和私钥。公钥可以公开分享，而私钥必须保密。

（2）证书管理：PKI 中的证书包含用户的公钥和身份信息，由 CA（证书颁发机构）签发。证书管理包括证书的生成、分发、更新和撤销。

（3）密钥分发：PKI 确保密钥能够安全地分发给需要它们的人或系统。这通常涉及使用证书验证公钥的真实性。

（4）密钥存储和保护：私钥的存储需要极高的安全性，以防止未授权的访问。PKI 提供了机制保护和备份私钥。

（5）密钥更新和轮换：为了保持安全性，PKI 中的密钥应定期更新。PKI 系统提供了更新密钥的机制，同时确保新旧密钥的平滑过渡。

（6）密钥撤销：如果密钥泄露或不再安全，PKI 提供撤销机制，将密钥从系统中移除，并通知所有依赖该密钥的服务。

（7）信任链管理：PKI 通过建立信任链管理不同实体间的信任关系，这通常涉及根 CA 和中间 CA 的证书层次结构。

（8）安全审计：PKI 系统提供安全审计功能，记录和跟踪密钥和证书的使用情况，以便及时发现和处理安全问题。

（9）加密和签名：PKI 使用公钥加密和数字签名技术确保数据的机密性、完整性和不可否认性。

（10）跨域信任：PKI 允许不同安全域之间建立信任关系，通过证书交换实现身份验证和数据加密。

PKI 的密钥生成周期管理是确保整个系统安全性的基础。自动化和标准化的密钥生成周期管理流程，使 PKI 大幅提高了密钥的安全性和生命周期管理的效率。

## 1.5 密码协议

密码协议，又叫做安全协议，是以密码算法为基础，在网络或分布式系统中，由两个或两个以上的参与者完成身份鉴别、密钥分配、信息传输保护等任务而采取的一系列步骤。密码协议自始至终是有序的过程，系列步骤必须依次执行，在前一步骤没有执行完之前，后面的步骤不能执行。密码协议至少需要两个参与者。执行密码协议必须能够完成某项任务。

密码协议按照完成的功能主要包含以下两种。

（1）密钥交换协议：指在参与协议的两个或者多个主体之间建立一个共享的密钥协议。这种密钥协议通常都是临时性的，只用于一次会话，在新的会话中共享的密钥都会被更新。通常使用基于公钥的算法实现密钥交换协议。

（2）实体鉴别协议：在密码协议中，实体鉴别协议是最基本的安全服务，是保障信息安全的基础。实体鉴别协议的过程包括标识和验证两个步骤，标识指主体对自己身份进行声明的过程，而验证指通信的另一方对主体声明的身份进行验证的过程。当某个主体声称自己的身份时，实体鉴别协议应保证通信另一方声称身份的真实性。

### 1.5.1 密钥交换协议

DH 协议是一种广泛使用的密钥交换协议，它允许两个通信方在不安全的通信通道上建立一个安全的共享密钥。该协议基于离散对数问题，被认为是在计算上难以解决的，因此提供了一种安全的密钥交换方法。

#### 1. 协议步骤

（1）参数协商：通信双方协商选择一个大素数 $p$ 和一个在模 $p$ 计算下的生成元 $g$。这些参数对所有通信方都是公开的。

（2）私钥生成：Alice 和 Bob 各自独立选择一个随机数作为私钥，分别记为 $a$ 和 $b$，并且保持这些数值的私密性。

（3）公钥生成：Alice 和 Bob 分别计算各自的公钥，Alice 的公钥为 $A=g^a \bmod p$,Bob 的公钥为 $B=g^b \bmod p$。

（4）密钥交换：Alice 将她的公钥 $A$ 发送给 Bob，Bob 将他的公钥 $B$ 发送给 Alice。

（5）共享密钥计算：Alice 使用 Bob 的公钥 $B$ 计算共享密钥 $s=B^a \bmod p$,Bob 使用 Alice 的公钥 $A$ 计算共享密钥 $s=A^b \bmod p$。由于幂运算的模拟性质，$s$ 是相同的，所以它成为双方的共享密钥。

（6）安全性：DH 协议的安全性依赖于离散对数问题，即给定 $g$、$p$、$A$ 和 $B$，计算出 $a$ 或 $b$ 是困难的。然而，DH 协议本身不提供通信双方的身份验证，因此容易受到中间人攻击。

#### 2. 中间人攻击

中间人攻击是一种攻击者截取并可能篡改双方之间通信的攻击。在 DH 协议的上下文中，攻击者可以截取并替换公钥，从而创建两个独立的加密通道，分别与 Alice 和 Bob 进行通信，而 Alice 和 Bob 却认为他们在相互通信。中间人攻击步骤如下。

（1）初始协商：Alice 和 Bob 在网络上宣布他们希望建立通信，并开始 DH 协议的密钥交换过程。

（2）公钥交换：Alice 生成她的公钥 A 发送给 Bob，但攻击者 Eve 截获了这个公钥，并没有将其转发给 Bob。

（3）中间人截获：Eve 分别与 Alice 和 Bob 建立通信，假设自己是另一方。Eve 生成两个私钥 $e1$ 和 $e2$，以及相应的公钥 $E1=g^{e1} \bmod p$ 和 $E2=g^{e2} \bmod p$。

（4）欺骗通信方：Eve 将公钥 $E1$ 发送给 Alice，假设这是 Bob 的公钥；将公钥 $E2$ 发送给 Bob，假设这是 Alice 的公钥。

（5）独立密钥计算：Alice 和 Bob 都认为他们正在与对方交换密钥，实际上他们分别与 Eve 交换密钥。Alice 计算 $s1=E1^{a} \bmod p$，Bob 计算 $s2=E2^{b} \bmod p$。

（6）密钥截获：Eve 能够独立地计算出 Alice 和 Bob 各自计算的密钥，因为他知道所有的公钥和自己的私钥。

### 3. 防御措施

为了防御中间人攻击，可以采用以下措施。

（1）数字证书：使用由可信的证书颁发机构签发的数字证书验证通信方的身份。

（2）TLS 握手：在 TLS 协议中，将 DH 协议的密钥交换与证书结合使用，以确保交换的密钥不会被篡改。

（3）预共享密钥：如果通信方之间有预先建立的信任关系，可以使用预共享密钥验证交换过程中的公钥。

通过这些措施，可以大幅增加密钥交换过程的安全性，抵御中间人攻击。

## 1.5.2 实体鉴别协议

实体鉴别协议是一种网络安全机制，它用于确认网络通信中参与方的身份。这种协议确保只有合法的用户或系统可以访问网络资源，并且通信双方可以相互验证对方的身份。实体鉴别协议是网络安全中的第一道防线，它通过一系列交互步骤实现身份的验证。

根据 GB/T 15843《信息技术 安全技术 实体鉴别》系列标准，实体鉴别协议可以通过不同的技术方法实现，目前用到的技术包括：采用对称密码算法的机制；采用数字签名技术的机制；采用密码校验函数的机制；使用零知识技术的机制；采用人工数据传递的机制。

以下以采用密码校验函数的机制为例，展示实体鉴别协议的过程。这里的密码检验函数，可以采用消息鉴别码。

在鉴别机制中，实体 A 和 B 在进行实体鉴别之前应共享一个密钥，或者两个单向密钥 $K_{AB}$ 和 $K_{BA}$。单向密钥 $K_{AB}$ 和 $K_{BA}$ 分别用于 B 对 A 的鉴别和 A 对 B 的鉴别。如无特别说明，也用 $K_{AB}$ 表示实体 A 和 B 共享的一个密钥。机制要求使用如时间戳、序号或随机数等时变参数，时变参数具有很难在鉴别密钥生命周期内重复使用的特性，用于实现密钥的唯一性或时效性。详细信息见 GB/T 15843.1—2017 的附录 B。如果验证方能够独立确定文本字段，如文本字段被提前获知，或以明文的方式发送，也许可以从这些途径中推断出来，则文本字段可以只包括在密码校验函数的输入中。

单向鉴别指使用该机制时两个实体中只有一方被鉴别。双向鉴别指两个通信实体运用该机制彼此进行鉴别。

### 1. 单向鉴别

（1）一次传递

在这种鉴别机制中，声称方 A 发起此过程并由验证方 B 对其进行鉴别，通过产生并检验时间戳或序号实现唯一性或时效性。

一次传递单向鉴别机制示意图如图 1.14 所示。

图1.14　一次传递单向鉴别机制示意图

声称方 A 发送给验证方 B 的令牌（TokenAB）形式如下。

$$\text{TokenAB} = \frac{T_A}{N_A} \| \text{Text2} \| f_{K_{AB}}(\frac{T_A}{N_A} \| B \| \text{Text1})$$

此处声称方使用序号 $N_A$ 或时间戳 $T_A$ 作为时变参数，具体选用哪一个取决于声称方与验证方的能力及环境；$B$ 是验证方的可区分标识符；Text1 和 Text2 是文本字段（见附录 B）。$f_K(X)$ 表示使用密码校验函数 $f$ 和密钥 $K$ 对数据 $X$ 计算得到的密码校验值。

TokenAB 中是否包含可区分标识符 $B$ 是可选的。

① A 产生并向 B 发送 TokenAB。

② 当收到包含 TokenAB 的消息后，B 检验时间戳或序号，进行如下计算。

$$f_{K_{AB}}(\frac{T_A}{N_A} \| B \| \text{Text1})$$

并将其与令牌中的密码校验值进行比较，验证可区分标识符 $B$（如果有）及时间戳或序号的正确性，从而验证 TokenAB。

（2）两次传递

在这种鉴别机制中，验证方 B 发起此过程并对声称方 A 进行鉴别，产生并检验随机数 $R_B$ 实现密钥的唯一性或时效性。

两次传递单向鉴别机制示意图如图 1.15 所示。

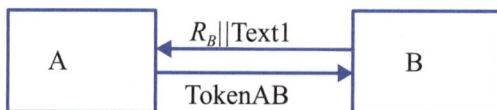

图1.15　两次传递单向鉴别机制示意图

由声称方 A 发送给验证方 B 的令牌（TokenAB）形式如下。

$$TokenAB=Text3 \parallel f_{K_{AB}}(R_B \parallel B \parallel Text2)$$

其中，Text2 和 Text3 是文本字段（见附录 B）；$R_B$ 是随机数；TokenAB 中是否包含可区分标识符 $B$ 是可选的。

① B 产生并向 A 发送一个随机数 $R_B$，还可选择发送一个文本字段 Text1。

② A 产生并向 B 发送 TokenAB。

③ 当收到包含 TokenAB 的消息后，对标识符 $B$ 进行计算，$f_{K_{AB}}(R_B \parallel B \parallel Text2)$，并将其与令牌的密码校验值进行比较，验证可区分标识符 $B$（如果有）的正确性及在步骤①中发送给 A 的随机数 $R_B$ 是否与 TokenAB 中所含的随机数相符，从而验证 TokenAB。

**2. 双向鉴别**

（1）两次传递

这种鉴别机制，通过产生并检验时间戳或序号实现唯一性或时效性。

两次传递双向鉴别机制示意图如图 1.16 所示。

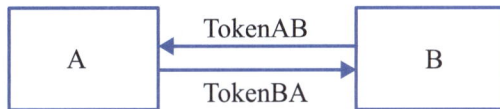

图1.16 两次传递双向鉴别机制示意图

由 A 发送给 B 的令牌（TokenAB）形式与 6.2.1 所规定的相同。

$$TokenAB= {T_A \atop N_A} \parallel Text2 \parallel f_{K_{AB}}({T_A \atop N_A} \parallel B \parallel Text1)$$

类似地，由 B 发送给 A 的令牌（TokenBA）形式为。

$$TokenBA= {T_B \atop N_B} \parallel Text4 \parallel f_{K_{AB}}({T_B \atop N_B} \parallel A \parallel Text3)$$

TokenAB 中是否包含可区分标识符 B，TokenBA 中是否包含可区分标识符 $A$，都是可选的。

在这种鉴别机制中，选择时间戳还是序号取决于声称方与验证方的能力及环境。

① A 产生并向 B 发送 TokenAB。

② 当收到包含 TokenAB 的消息后，B 进行如下计算。

$$f_{K_{AB}}({T_A \atop N_A} \parallel B \parallel Text1)$$

并将其与令牌的密码校验值进行比较，验证可区分标识符 $B$（如果有）及时间戳或序号的正确性，从而验证 TokenAB。

③ B 产生并向 A 发送 TokenAB。

④ 当收到包含 TokenAB 的消息后，A 进行如下计算。

$$f_{K_{AB}}({T_B \atop N_B} \parallel A \parallel Text3)$$

并将其与令牌的密码校验值进行比较，验证可区分标识符 $A$（如果有）及时间戳或序号的正确性，从而验证 TokenBA。

如果使用单向密钥，那么 TokenBA 中的密钥 $K_{BA}$ 用单向密钥 $K_{BA}$ 代替，并在步骤④使用相应的密钥。

（2）三次传递

这种双向鉴别机制，通过产生并检验随机数实现唯一性或者时效性。

三次传递双向鉴别机制示意图如图 1.17 所示。

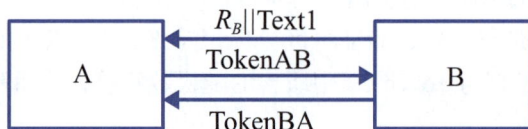

图1.17　三次传递双向鉴别机制示意图

令牌形式如下。

$$TokenAB = R_A \parallel Text3 \parallel f_{K_{AB}}(R_A \parallel R_B \parallel B \parallel Text2)$$
$$TokenBA = Text5 \parallel f_{K_{AB}}(R_B \parallel R_A \parallel Text4)$$

其中 Text2、Text3、Text4 和 Text5 是文本字段（见附录 B）；$R_A$ 和 $R_B$ 是随机数；TokenAB 中是否包含可区分标识符 $B$ 是可选的。

① B 产生并向 A 发送一个随机数 $R_B$，还可选择发送一个文本字段 Text1。

② A 产生随机数 $R_A$，产生并向 B 发送令牌 Token$AB$。

③ 当收到包含 TokenAB 的消息后，B 进行如下计算。

$$f_{K_{AB}}(R_A \parallel R_B \parallel B \parallel Text2)$$

并将其与令牌的密码校验值进行比较，验证可区分标识符 $B$（如果有）的正确性及在步骤①中发送给 A 的随机数 $R_B$ 是否与 TokenAB 中所含的随机数相符，从而验证 TokenAB。

④ B 产生并向 A 发送 TokenBA。

⑤ 当收到包含 TokenBA 的消息后，A 进行如下计算。

$$f_{K_{AB}}(R_B \parallel R_A \parallel Text4)$$

并将其与令牌的密码校验值进行比较，验证在步骤①中从 B 所接收的随机数 $R_B$ 是否与 TokenBA 中的随机数相符，及在步骤②中发给 B 的随机数 $R_A$ 是否与 TokenBA 中的随机数相符，从而验证 TokenBA。

如果使用单向密钥，那么 TokenBA 中的密钥 $K_{AB}$ 用单向密钥 $K_{BA}$ 代替，并在步骤⑤使用相应的密钥。

## 习题

1. 密码技术在商用密码领域中扮演什么角色？

2.《中华人民共和国密码法》将密码分为哪几类？

3. 密码技术的内容涵盖哪些方面？

4. 密码技术在日常生活中有哪些应用？

5. 密码技术发展经历了哪几个阶段？

6. 什么是公钥密码算法和对称密码算法？

7.SM2 算法的主要内容包括哪些部分？

8. 密码技术在商用密码技术框架中是如何分层的？

9. 什么是密码协议，它在密码技术中扮演什么角色？

10. 密码技术在保护国家安全和公民权益方面的重要性体现在哪些方面？

# 第2章
# 密码标准及产品

密码标准对保障密码产品和系统的质量和安全，以及规范密码技术的应用具有重要意义。本章介绍商用密码标准与产品应用，从技术维、管理维和应用维三个维度叙述商用密码标准框架，以及它们在商用密码标准体系中的具体体现和相互关系。常见的商用密码产品，包括产品概述、相关标准规范、标准与产品应用要点及商用密码产品检测的相关内容。

## 2.1 密码标准框架

对密码算法及相关技术进行标准化和规范化，是密码技术走向大规模商用的必然要求。科学的密码标准体系不仅是促进密码产业发展、保障密码产品质量、规范密码技术应用的重要保障，也是加强密码管理的重要手段。密码产品标准化是密码标准应用的重要体现。近年来，我国商用密码产业自主创新能力持续增强，产业支撑能力不断提升，已建成种类丰富、链条完整、安全适用的商用密码产品体系，部分产品性能指标已达到国际先进水平。

密码技术是网络安全的核心技术和基础支撑。针对公开的密码算法及相关技术进行标准化和规范化，是密码技术走向大规模商用的必然需求。

自 2012 年以来，国家密码管理局陆续发布了我国商用密码技术标准，范围涵盖密码算法、密码协议、密码设备、密码服务、密码应用等多个方面，已初步形成体系，基本能够满足我国社会各行业在构建信息安全保障体系时的应用需求。自 2015 年起，以全国信息安全标准化技术委员会 WG3 工作组为依托，具有通用性的密码行业标准陆续向国家标准升级。

### 2.1.1 密码标准框架的维度

密码标准体系框架从技术维、管理维和应用维三个维度对密码标准进行组织和刻画，如图 2.1 所示。

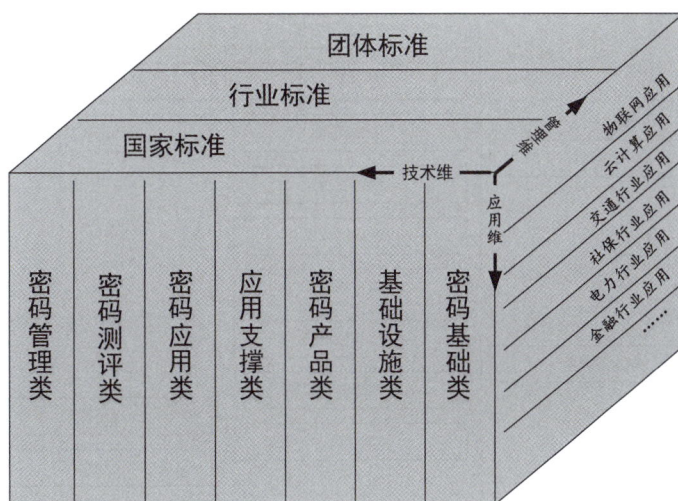

图2.1　密码标准体系框架

## 1. 技术维

技术维主要从标准所处技术层次的角度进行刻画，共有七大类，各大类之间的依赖关系如图 2.2 所示。

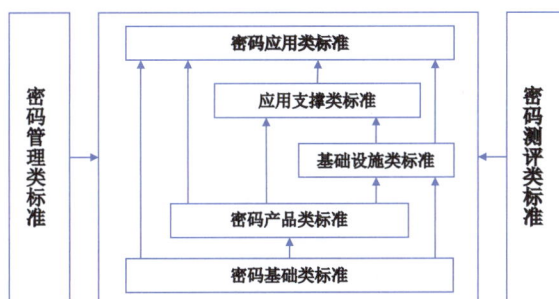

图2.2　各大类之间的依赖关系

各大类下分若干子类，密码标准体系由密码基础类标准、基础设施类标准、密码产品类标准、应用支撑类标准、密码应用类标准、密码测评类标准和密码管理类标准等七大类标准有机结合组成，密码标准技术层次结构如图 2.3 所示。标准体系的设计从上述体系框架出发，采取自上而下的方法进行设计，通过分层分类，将商用密码应用技术需求转化成不同的标准层次和标准类别，密码标准技术层次结构如图 2.2 所示，其中包括与具体的密码设备无关的密码基础类标准，规范密码机 / 密码卡等密码设备的密码产品类标准，可为上层应用提供完成特定密码应用功能的密码应用类标准，为规范密码基础设施安全支撑平台而制定的基础设施类标准，以及从管理和测评的角度定义的密码测评类标准和管理类标准。每一类标准均实现某类特定功能，上层标准通过接口、协议或服务的方法调用下层标准，下层标准以接口或服务的形式为上层标准提供支撑，从而形成相对独立、层次分明的有机标准体系。

| 密码基础类 | 密码术语与标识 | 对称密码算法 |
| | 密码算法 | 公钥密码算法 |
| | 算法使用 | 密码杂凑算法 |
| | 密钥管理 | |
| | 密码协议 | |
| | 体系框架 | |
| 基础设施类 | 公钥基础设施 | |
| | 标识密码基础设施 | |
| 密码产品类 | 安全性 | 通用要求 |
| | | 设计指南 |
| | 产品接口 | 应用编程接口 |
| | | 接口数据格式 |
| | 产品管理 | |
| | 产品技术规范 | |
| 应用支撑类 | 通用支撑 | |
| | 典型支撑 | |
| 密码应用类 | 应用要求 | |
| | 应用指南 | |
| | 应用规范 | |
| | 密码服务 | |
| 密码测评类 | 随机性检测 | |
| | 算法与协议检测 | |
| | 产品检测 | |
| | 应用系统测评 | |
| 密码管理类 | 标准管理 | |
| | 算法管理 | |
| | 产业管理 | |
| | 应用管理 | |
| | 服务管理 | |
| | 监查管理 | |
| | 测评管理 | |

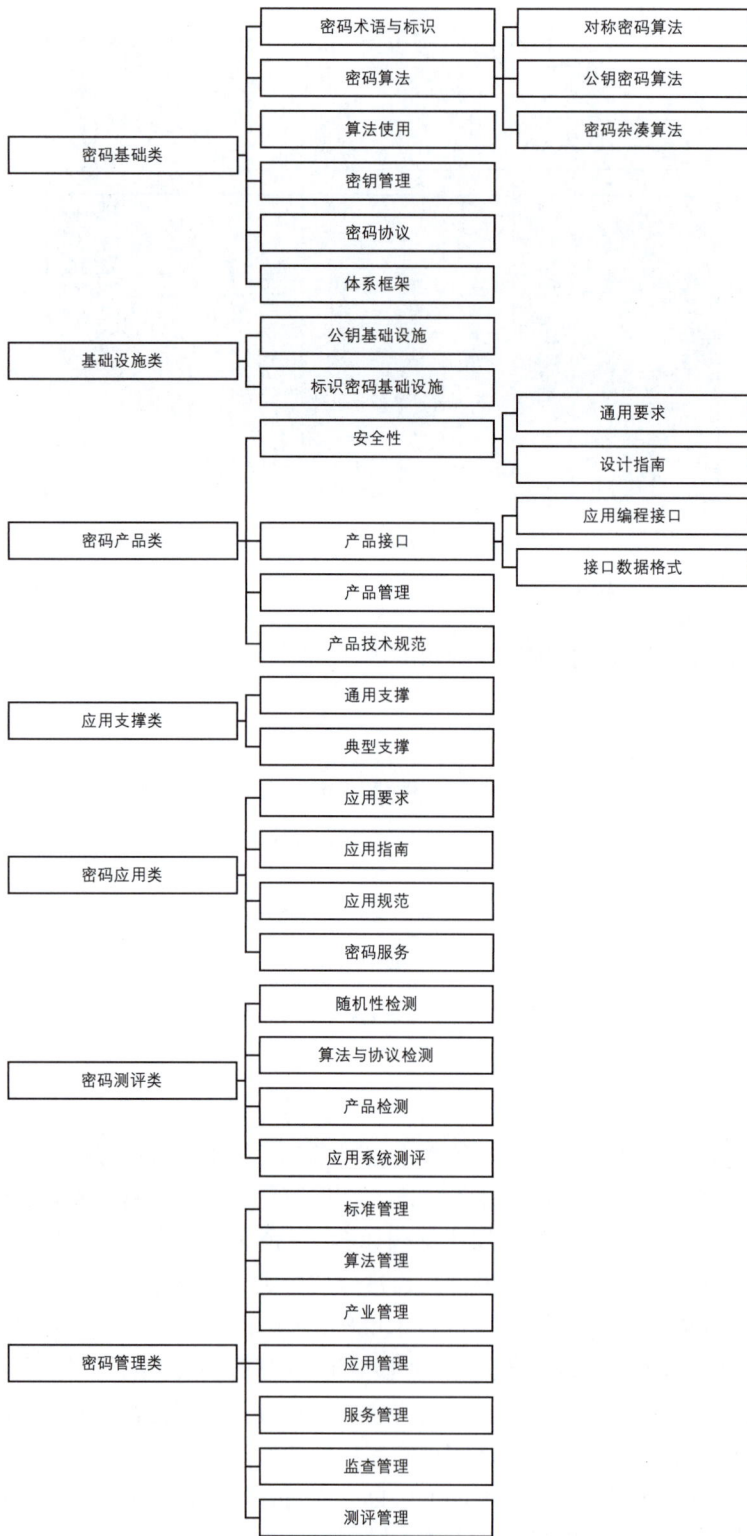

图2.3　密码标准技术层次结构

### 2. 管理维

《中华人民共和国标准化法》对国家标准、行业标准、团体标准等不同管理级别上的标准做了更为清晰的界定。当前已经颁布的密码标准涉及国家标准和行业标准，密码标准体系框架中引入管理维，以表达密码标准在管理层级和作用范围上的不同。

《中华人民共和国标准化法》第十一条规定："对满足基础通用、与强制性国家标准配套、对各有关行业起引领作用等需要的技术要求，可以制定推荐性国家标准"；第十二条规定："对没有推荐性国家标准、需要在全国某个行业范围内统一的技术要求，可以制定行业标准"；第十八条规定："国家鼓励学会、协会、商会、联合会、产业技术联盟等社会团体协调相关市场主体共同制定满足市场和创新需要的团体标准，由本团体成员约定采用或者按照本团体的规定供社会自愿采用"。据此，密码标准体系中对国家、行业、团体标准的界定原则如下。

（1）如果具体标准的使用者 / 遵循者广泛分布于全社会各行业、各领域，则适宜作为密码国家标准。

（2）如果具体标准的使用者 / 遵循者主要限于密码行业内，则适宜作为密码行业标准。

（3）如果具体标准的使用者 / 遵循者主要限于密码学会、密码协会等社会团体内部，则适宜作为密码团体标准。在潜在使用者 / 遵循者范围更广，但制定国家标准、行业标准时机尚不成熟时，密码团体标准也可作为先验性标准，在团体内部首先制定并探索使用，为国标、行标的制定积累实践经验。

### 3. 应用维

应用维从密码应用领域的视角刻画密码标准体系。"应用领域"既包括与社会行业相关的应用，如金融、电力、交通等；又包括与具体行业无关的应用领域，如物联网、云计算等。

如果以应用维上每个刻度为索引，则可以做出特定应用领域的密码标准体系切片，从而形成各应用领域的密码标准体系。从这个意义上理解，某具体应用领域不需要再设计自身独立的密码标准体系，只需引用本密码标准体系，并在其中纳入适用该应用领域的不同技术类别的国标、行标或团标即可。而所有应用领域密码标准体系的并集，即为全局性的密码标准体系。

本书后续章节将以密码标准框架组成为基础，将已经发布的密码国家标准和密码行业标准按照该框架归入到相应章节，并对其逐一展开描述。

## 2.1.2　密码标准简介

### 1. 密码基础类标准

密码基础类标准主要对通用性、基础性密码技术进行规范，包括密码术语与标识标准、密码算法标准、算法使用标准、密码协议标准、密钥管理标准等，特定密码标准框架也归类于密码基础类标准。

（1）密码术语与标识

GM/Z 4001 《密码术语》。

GB/T 33560 《信息安全技术 密码应用标识规范》。

（2）密码算法

① 对称密码算法

GB/T 33133 《信息安全技术 祖冲之序列密码算法》。

GB/T 32907 《信息安全技术 SM4 分组密码算法》。

② 公钥密码算法

GB/T 32918 《信息安全技术 SM2 椭圆曲线公钥密码算法》。

GB/T 38635 《信息安全技术 SM9 标识密码算法》。

③ 密码杂凑算法

GB/T 32905 《信息安全技术 SM3 密码杂凑算法》。

GB/T 18238 《信息技术 安全技术 散列函数》。

（3）算法使用

GB/T 17964 《信息安全技术 分组密码算法的工作模式》。

GB/T 31503 《信息安全技术 电子文档加密与签名消息语法》。

GB/T 35276 《信息安全技术 SM2 密码算法使用规范》。

GB/T 35275 《信息安全技术 SM2 密码算法加密签名消息语法规范》。

GB/T 41389 《信息安全技术 SM9 密码算法使用规范》。

GM/T 0081 《SM9 密码算法加密签名消息语法规范》。

GM/T 0125 《JSON Web 密码应用语法规范》。

（4）密钥管理

GB/T 17901 《信息技术 安全技术 密钥管理》。

GM/T 0091 《基于口令的密钥派生技术规范》。

（5）密码协议

GB/T 38636 《信息安全技术 传输层密码协议（TLCP）》。

GM/T 0110 《密钥管理互操作协议规范》。

（6）体系框架

GM/T 0094 《公钥密码应用技术体系框架规范》。

### 2. 基础设施类标准

基础设施类标准主要对密码基础设施进行规范，包括公钥基础设施类标准和标识密码基础设施类标准。

（1）公钥基础设施

GM/T 0014 《数字证书认证系统密码协议规范》。

GB/T 20518 《信息安全技术 公钥基础设施 数字证书格式》。

GB/T 25056 《信息安全技术 证书认证系统密码及其相关安全技术规范》。

GM/T 0089 《简单证书注册协议规范》。

GM/T 0092 《基于 SM2 算法的证书申请语法规范》。

GM/T 0093 《证书与密钥交换格式规范》。

（2）标识密码基础设施

GM/T 0085　《基于 SM9 标识密码算法的技术体系框架》。

GM/T 0086　《基于 SM9 标识密码算法的密钥管理系统技术规范》。

GM/T 0090　《标识密码应用标识格式规范》。

### 3. 密码产品类标准

密码产品类标准主要规定了各类密码产品的接口、规范及安全要求。目前包括密码产品的安全性通用要求和设计指南，以及各类密码产品接口、产品管理和产品技术规范等。

（1）安全性

① 通用要求

GB/T 37092　《信息安全技术　密码模块安全要求》。

② 设计指南

GM/T 0078　《密码随机数生成模块设计指南》。

GM/T 0082　《可信密码模块保护轮廓》。

GM/T 0083　《密码模块非入侵式攻击缓解技术指南》。

GM/T 0084　《密码模块物理攻击缓解技术指南》。

GM/T 0103　《随机数发生器总体框架》。

GM/T 0105　《软件随机数发生器设计指南》。

（2）产品接口

① 应用编程接口

GM/T 0012　《可信计算　可信密码模块接口规范》。

GB/T 35291　《信息安全技术　智能密码钥匙应用接口规范》。

GB/T 36322　《信息安全技术　密码设备应用接口规范》。

GM/T 0056　《多应用载体密码应用接口规范》。

GM/T 0058　《可信计算　TCM 服务模块接口规范》。

GM/T 0079　《可信计算平台直接匿名证明规范》。

GM/T 0087　《浏览器密码应用接口规范》。

GM/T 0118　《浏览器数字证书应用接口规范》。

② 接口数据格式

GM/T 0017　《智能密码钥匙密码应用接口数据格式规范》。

GM/T 0053　《密码设备管理　远程监控和合规性检验接口数据规范》。

（3）产品管理

GM/T 0050　《密码设备管理　设备管理技术规范》。

GM/T 0051　《密码设备管理　对称密钥管理技术规范》。

GM/T 0052　《密码设备管理　VPN 设备监察管理规范》。

GM/T 0088　《云服务器密码机管理接口规范》。

（4）产品技术规范

GB/T 38556　《信息安全技术　动态口令密码应用技术规范》。

GB/T 36968 《信息安全技术 IPSec VPN 技术规范》。

GM/T 0023 《IPSec VPN 网关产品规范》。

GM/T 0024 《SSL VPN 技术规范》。

GM/T 0025 《SSL VPN 网关产品规范》。

GM/T 0026 《安全认证网关产品规范》。

GM/T 0027 《智能密码钥匙技术规范》。

GB/T 38629 《信息安全技术 签名验签服务器技术规范》。

GM/T 0030 《服务器密码机技术规范》。

GB/T 38540 《信息安全技术 安全电子签章密码技术规范》。

GM/T 0045 《金融数据密码机技术规范》。

GM/T 0104 《云服务器密码机技术规范》。

GM/T 0106 《银行卡终端产品密码应用技术要求》。

GM/T 0107 《智能 IC 卡密钥管理系统基本技术要求》。

GM/T 0108 《诱骗态 BB84 量子密钥分配产品技术规范》。

### 4. 应用支撑类标准

应用支撑类标准针对应用系统调用密码功能的，与具体设备无关的交互报文、交互流程、调用接口等方面进行规范，包括通用支撑和典型支撑两类。通用支撑规范通过统一的接口为密码应用提供加解密、签名验签等通用密码功能，典型支撑类标准是基于密码技术实现的与应用无关的安全机制、安全协议和服务接口。

（1）通用支撑

GM/T 0019 《通用密码服务接口规范》。

GM/T 0020 《证书应用综合服务接口规范》。

（2）典型支撑

GB/T 29829 《信息安全技术 可信计算密码支撑平台功能与接口规范》。

GM/T 0032 《基于角色的授权管理与访问控制技术规范》。

GM/T 0033 《时间戳接口规范》。

GM/T 0057 《基于 IBC 技术的身份鉴别规范》。

GM/T 0067 《基于数字证书的身份鉴别接口规范》。

GM/T 0068 《开放的第三方资源授权协议框架》。

GM/T 0069 《开放的身份鉴别框架》。

GM/T 0113 《在线快捷身份鉴别协议》。

### 5. 密码应用类标准

密码应用类标准是对使用密码技术实现某种安全功能的应用系统提出的要求及规范，包括应用要求类、应用指南类、应用规范类和密码服务类等子类。应用要求旨在规范各行业应用系统对密码技术的合规使用。应用指南用于指导各行业信息系统设计使用符合密码应用要求标准的密码系统。应用规范既定义了具体的密码应用技术规程，也定义了其他行业标准机构制定的与行业密切相关的标准。密码应用类标准面向公众或特定领域，以提供各类密码服务技术要求或指南。

（1）应用要求

GB/T 37033 《信息安全技术 射频识别系统密码应用技术要求》。

GB/T 39786 《信息安全技术 信息系统密码应用基本要求》。

GM/T 0070 《电子保单密码应用技术要求》。

GM/T 0072 《远程移动支付密码应用技术要求》。

GM/T 0073 《手机银行信息系统密码应用技术要求》。

GM/T 0074 《网上银行密码应用技术要求》。

GM/T 0075 《银行信贷信息系统密码应用技术要求》。

GM/T 0076 《银行卡信息系统密码应用技术要求》。

GM/T 0077 《银行核心信息系统密码应用技术要求》。

GM/T 0095 《电子招投标密码应用技术要求》。

GM/T 0100 《人工确权型数字签名密码应用技术要求》。

GM/T 0111 《区块链密码应用技术要求》。

GM/T 0112 《PDF 格式文档的密码应用技术要求》。

（2）应用指南

GM/T 0036 《采用非接触卡的门禁系统密码应用技术指南》。

GB/T 32922 《信息安全技术 IPSec VPN 安全接入基本要求与实施指南》。

GB/T 38541 《信息安全技术 电子文件密码应用指南》。

GM/T 0096 《射频识别防伪系统密码应用指南》。

（3）应用规范

GM/T 0055 《电子文件密码应用技术规范》。

GM/T 0097 《射频识别电子标签统一名称解析服务安全技术规范》。

GM/T 0098 《基于 IP 网络的加密语音通信密码技术规范》。

GM/T 0099 《开放式版式文档密码应用技术规范》。

GB/T 40650 《信息安全技术 可信计算规范 可信平台控制模块》。

GM/T 0119 《PLC 控制系统及 PLC 控制器密码应用技术规范》。

（4）密码服务

GM/T 0109 《基于云计算的电子签名服务技术要求》。

GM/T 0117 《网络身份服务密码应用技术要求》。

GM/T 0120 《基于云计算的电子签名服务技术实施指南》。

### 6. 密码测评类标准

密码测评类标准是对标准体系所确定的基础、产品和应用等类型的标准出台对应检测标准，如针对随机性、算法与协议、产品和应用系统测评等方面的检测规范。其中，对于产品的功能检测，针对不同的密码产品分别定义检测规范。对于应用系统的测评则基于统一的准则执行。

（1）随机性检测

GB/T 32915 《信息安全技术 二元序列随机性检测方法》。

GM/T 0005 《随机性检测规范》。

GM/T 0062 《密码产品随机数检测要求》。

（2）算法与协议检测

GM/T 0042 《三元对等密码安全协议测试规范》。

GM/T 0043 《数字证书互操作检测规范》。

GM/T 0101 《近场通信密码安全协议检测规范》。

（3）产品检测

GM/T 0008 《安全芯片密码检测准则》。

GM/T 0013 《可信计算 可信密码模块接口符合性测试规范》。

GM/T 0037 《证书认证系统检测规范》。

GM/T 0038 《证书认证密钥管理系统检测规范》。

GB/T 38625 《信息安全技术 密码模块安全检测要求》。

GM/T 0040 《射频识别标签模块密码检测准则》。

GM/T 0041 《智能 IC 卡密码检测规范》。

GM/T 0046 《金融数据密码机检测规范》。

GM/T 0047 《安全电子签章密码检测规范》。

GM/T 0048 《智能密码钥匙密码检测规范》。

GM/T 0049 《密码键盘密码检测规范》。

GM/T 0059 《服务器密码机检测规范》。

GM/T 0060 《签名验签服务器检测规范》。

GM/T 0061 《动态口令密码应用检测规范》。

GM/T 0063 《智能密码钥匙密码应用接口检测规范》。

GM/T 0064 《限域通信 (RCC) 密码检测要求》。

GM/T 0102 《密码设备应用接口符合性检测规范》。

GM/T 0114 《诱骗态 BB84 量子密钥分配产品检测规范》。

GM/T 0121 《密码卡检测规范》。

GM/T 0122 《区块链密码检测规范》。

GM/T 0123 《时间戳服务器密码检测规范》。

GM/T 0124 《安全隔离与信息交换产品密码检测规范》。

（4）应用系统测评

GM/T 0115 《信息系统密码应用测评要求》。

GM/T 0116 《信息系统密码应用测评过程指南》。

## 7. 密码管理类标准

密码管理类标准主要包括国家密码管理部门在标准管理、算法管理、产业管理、应用管理、服务管理、监查管理、测评管理等方面的管理规程和实施指南。

GM/T 0065　《商用密码产品生产和保障能力建设规范》。
GM/T 0066　《商用密码产品生产和保障能力建设实施指南》。

## 2.2　商用密码产品

　　商用密码产品指实现密码运算、密钥管理等密码相关功能的硬件、软件、固件或它们的组合。商用密码产品根据其形态和功能在信息系统中有着不同的部署位置，主要可以分为基础设施产品、服务器产品、客户端产品、网络边界产品等。典型的商用密码产品应用场景如图 2.4 所示：

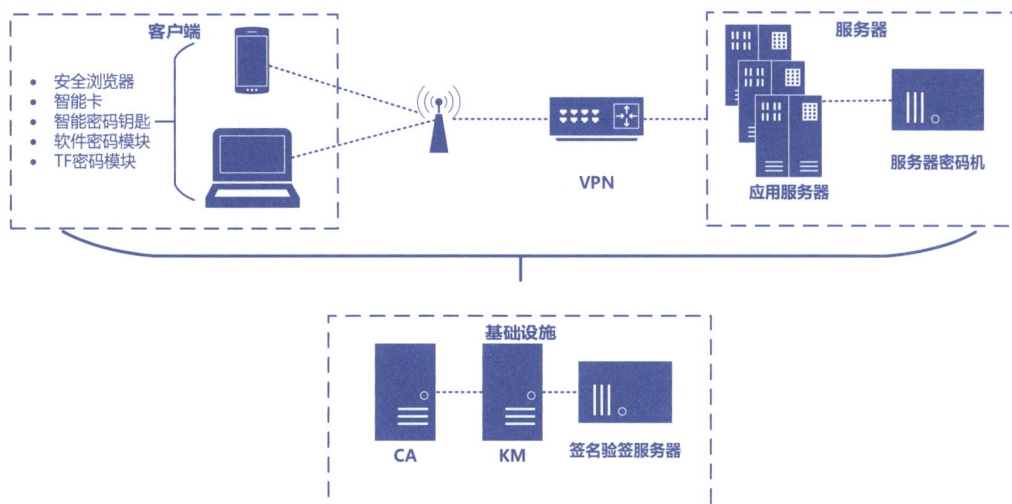

图2.4　典型的商用密码产品应用场景

　　（1）基础设施：商用密码产品中目前所涉及的基础设施主要指数字证书认证系统。数字证书认证系统为用户在机密性、数据完整性、数据起源鉴别、身份鉴别和不可否认方面提供服务的设备，众多密码技术都依赖于此。数字证书认证系统等同时服务于服务器产品、客户端产品和网络边界产品，是信息系统中的信任基础。

　　（2）服务器：部署在服务器中，主要包括服务器密码机、金融数据密码机、签名验证服务器、时间戳服务器等服务器都部署于信息系统的服务器，为应用服务提供密钥管理、密码计算服务。由于一般部署在机房，它们的功耗、体积一般偏大，但同时也拥有着强大的密码计算性能和大容量的密钥管理能力，可为大规模的应用服务处理提供强大的密码服务保障。

　　（3）客户端：客户端产品为个人用户提供密码计算和密钥管理的设备，由于各类业务不同的场景及出于用户体验的考虑，其形态呈现多样化，包括硬件形态（智能卡、智能密码钥匙、TF 密码卡等）和软件形态（移动终端软件密码模块、安全浏览器等），其体积和功耗一般较小或者以软件形态运行在个人设备中。

（4）网络边界：网络边界产品主要指 VPN、安全认证网关等，主要在网络边界上实现接入用户和设备身份的认证、通信数据的机密性和完整性保护。

接下来将分别对数字证书认证系统、服务器密码机、VPN、智能卡 / 智能密码钥匙、密码模块等相关标准和产品应用进行阐述、介绍，并从应用的角度，列举一些典型的密码产品，简要介绍其实现机制和产品形态。

## 2.2.1 商用密码产品认证目录

2020 年 5 月 9 日和 2022 年 7 月 10 日，市场监管总局、国家密码管理局分别发布实施了《商用密码产品认证目录（第一批）》《商用密码产品认证规则》和《商用密码产品认证目录（第二批）》，纳入认证的商用密码产品达到 28 类，如表 2.1 和表 2.2 所示。

表2.1　商用密码产品认证目录（第一批）

| 序号 | 产品种类 | 产品描述 | 认证依据 |
|---|---|---|---|
| 1 | 智能密码钥匙 | 实现密码运算、密钥管理功能的终端密码设备，一般使用 USB 接口形态 | GM/T 0027《智能密码钥匙技术规范》<br>GM/T 0028《密码模块安全技术要求》 |
| 2 | 智能 IC 卡 | 实现密码运算和密钥管理功能的含 CPU（中央处理器）的集成电路卡，包括应用于金融等行业领域的智能 IC 卡 | GM/T 0041《智能 IC 卡密码检测规范》<br>GM/T 0028《密码模块安全技术要求》 |
| 3 | POS 密码应用系统、ATM 密码应用系统、多功能密码应用互联网终端 | 为金融终端设备提供密码服务的密码应用系统 | GM/T 0028《密码模块安全技术要求》<br>JR/T 0025.7—2018《中国金融集成电路（IC）卡规范第 7 部分：借记 / 贷记应用安全规范》 |
| 4 | PCI-E/PCI 密码卡 | 具有密码运算功能和自身安全保护功能的 PCI 硬件板卡设备 | GM/T 0018《密码设备应用接口规范》<br>GM/T 0028《密码模块安全技术要求》 |
| 5 | IPSec VPN 产品 / 安全网关 | 基于 IPSec 协议，在通信网络中构建安全通道的设备 | IPSec VPN 产品：<br>GM/T 0022《IPSec VPN 技术规范》<br>GM/T 0028《密码模块安全技术要求》<br>IPSec VPN 安全网关：<br>GM/T 0023《IPSec VPN 网关产品规范》<br>GM/T 0028《密码模块安全技术要求》 |
| 6 | SSL VPN 产品 / 安全网关 | 基于 SSL/TLS 协议，在通信网络中构建安全通道的设备 | SSL VPN 产品：<br>GM/T 0024《SSL VPN 技术规范》<br>GM/T 0028《密码模块安全技术要求》<br>SSL VPN 产品：<br>GM/T 0024《SSL VPN 技术规范》<br>GM/T 0028《密码模块安全技术要求》 |
| 7 | 安全认证网关 | 采用数字证书为应用系统提供用户管理、身份鉴别、单点登录、传输加密、访问控制和安全审计服务的设备 | GM/T 0026《安全认证网关产品规范》<br>GM/T 0028《密码模块安全技术要求》 |
| 8 | 密码键盘 | 用于保护 PIN 输入安全并对 PIN 进行加密的独立式密码模块。包括 POS 主机等设备的外接加密密码键盘和无人值守（自助）终端的加密 PIN 键盘 | GM/T 0049《密码键盘密码检测规范》<br>GM/T 0028《密码模块安全技术要求》 |

（续表）

| 序号 | 产品种类 | 产品描述 | 认证依据 |
|---|---|---|---|
| 9 | 金融数据密码机 | 用于确保金融数据安全，并符合金融磁条卡、IC 卡业务特点的，主要实现 PIN 加密、PIN 转加密、MAC 产生和校验、数据加解密、签名验证及密钥管理等密码服务功能的密码设备 | GM/T 0045《金融数据密码机技术规范》<br>GM/T 0028《密码模块安全技术要求》 |
| 10 | 服务器密码机 | 能独立或并行为多个应用实体提供密码运算、密钥管理等功能的设备 | GM/T 0030《服务器密码机技术规范》<br>GM/T 0028《密码模块安全技术要求》 |
| 11 | 签名验签服务器 | 用于服务器的，为应用实体提供基于 PKI 体系和数字证书的数字签名、验证签名等运算功能的服务器 | GM/T 0029《签名验签服务器技术规范》<br>GMI/T 0028《密码模块安全技术要求》 |
| 12 | 时间戳服务器 | 基于公钥密码基础设施应用技术体系框架内的时间戳服务相关设备 | GMT 0033《时间戳接口规范》<br>GM/T 0028《密码模块安全技术要求》 |
| 13 | 安全门禁系统 | 采用密码技术，确定用户身份和用户权限的门禁控制系统 | GM/T 0036《采用非接触卡的门禁系统密码应用技术指南》 |
| 14 | 动态令牌<br>动态令牌认证系统 | 动态令牌：生成并显示动态口令的载体<br>动态令牌认证系统：对动态口令进行认证，对动态令牌进行管理的系统 | 动态令牌：<br>GM/T 0021《动态口令密码应用技术规范》<br>GM/T 0028《密码模块安全技术要求》<br>动态令牌认证系统：<br>GM/T 0021《动态口令密码应用技术规范》 |
| 15 | 安全电子签章系统 | 提供电子印章管理、电子签章 / 验章等功能的密码应用系统 | GM/T 0031《安全电子签章密码技术规范》 |
| 16 | 电子文件密码应用系统 | 在电子文件创建、修改、授权、阅读、签批、盖章、打印、添加水印、流转、存档和销毁等操作中提供密码运算、密钥管理等功能的应用系统 | GM/T 0055《电子文件密码应用技术规范》 |
| 17 | 可信计算密码支撑平台 | 采取密码技术，为可信计算平台自身的完整性、身份可信性和数据安全性提供密码支持。其产品形态主要表现为可信密码模块和可信密码服务模块 | GM/T 0011《可信计算密码支撑平台功能与接口规范》<br>GM/T 0012《可信计算可信密码模块接口规范》<br>GM/T 0058《可信计算 TCM 服务模块接口规范》<br>GM/T 0028《密码模块安全技术要求》 |
| 18 | 证书认证系统证书认证密钥管理系统 | 证书认证系统：对数字证书的签发、发布、更新、撤销等数字证书全生命周期进行管理的系统<br>证书认证密钥管理系统是一个对证书生命周期内的加密证书密钥进行全过程管理的系统 | GM/T 0034《基于 SM2 密码算法的证书认证系统密码及其相关安全技术规范》 |
| 19 | 对称密钥管理产品 | 为密码应用系统生产、分发和管理对称密钥的系统及设备 | GM/T 0051《密码设备管理对称密钥管理技术规范》 |
| 20 | 安全芯片 | 包含密码算法、安全功能，可实现密钥管理机制的集成电路芯片 | GM/T 0008《安全芯片密码检测准则》 |
| 21 | 电子标签芯片 | 采用密码技术，载有与预期应用相关的电子识别信息，用于射频识别的芯片 | GM/T 0035.2《射频识别系统密码应用技术要求第 2 部分：电子标签芯片密码应用技术要求》 |

（续表）

| 序号 | 产品种类 | 产品描述 | 认证依据 |
|---|---|---|---|
| 22 | 其他密码模块 | 实现密码运算、密钥管理等安全功能的软件、硬件、固件及其组合，包括软件密码模块、硬件密码模块等 | GM/T 0028《密码模块安全技术要求》 |

表2.2　商用密码产品认证目录（第二批）

| 序号 | 产品种类 | 产品描述 | 认证依据 |
|---|---|---|---|
| 1 | 可信密码模块 | 可信计算密码支撑平台的硬件模块，为可信计算平台提供密码运算功能，具有受保护的存储空间 | GM/T 0012《可信计算可信密码模块接口规范》 GM/T 0028《密码模块安全技术要求》 |
| 2 | 智能IC卡密钥管理系统 | 针对智能IC卡应用所需的密钥生命周期统一管理系统，为使用密钥的智能IC卡相关业务系统提供密钥服务功能 | GM/T 0107《智能IC卡密钥管理系统基本技术要求》 |
| 3 | 云服务器密码机 | 在云计算环境下，采用虚拟化技术，以网络形式，为多个租户的应用系统提供密码服务的服务器密码机 | GM/T 0104《云服务器密码机技术规范》 GM/T 0028《密码模块安全技术要求》 |
| 4 | 随机数发生器 | 软件随机数发生器：产生随机二元序列的程序 | 软件随机数发生器： GM/T 0103《随机数发生器总体框架》 GM/T 0105《软件随机数发生器设计指南》 GM/T 0028《密码模块安全技术要求》 |
| | | 硬件随机数发生器：产生随机二元序列的器件 | 硬件随机数发生器： GM/T 0078《密码随机数生成模块设计指南》 GM/T 0103《随机数发生器总体框架》 GM/T 0028《密码模块安全技术要求》 |
| 5 | 区块链密码模块 | 以区块链技术为核心，用于用户安全、共识安全、账本保护、对等网络安全、计算和存储安全、隐私保护、身份认证和管理等的密码模块 | GM/T 0111《区块链密码应用技术要求》 GM/T 0028《密码模块安全技术要求》 |
| 6 | 安全浏览器密码模块 | 具有由浏览器内核、浏览器界面、密码算法/传输层密码协议逻辑运算模块等组成的浏览器密码模块 | GM/T 0087《浏览器密码应用接口规范》 GM/T 0028《密码模块安全技术要求》 GB/T 38636《信息安全技术传输层密码协议（TLCP）》 |

## 2.2.2　智能IC卡

随着计算机技术、互联网信息系统的发展与普及，除真实世界中的物理身份外，智能IC卡也出现在计算机网络世界中拥有了"数字身份"的概念。相应地，用户证明自己身份的过程，即身份识别，作为计算机信息系统应用的基石，也扩展到对用户数字身份的识别，并衍生出身份鉴别（确定物理身份与数字身份的对应）的体系。

在真实世界中，用户的身份识别原理包括以下几种：根据"所知道的信息"（"what you know"）识别身份，如口令；根据"所拥有的东西"（"what you have"）识别身份，如令牌；根据个人独一无二的生理特征识别身份，如指纹、虹膜等。在计算机网络世界中，一切信息包括用户的身份信息都是用数据表示的，因此，需要使用一种存储介质存储身份识别所用到的数字化信息。

智能卡与智能密码钥匙是目前两种被广泛使用的身份识别介质。数字身份容易被复制和伪造，对身份识别机制提出了挑战，由此诞生了挑战 - 响应、数字签名应用的身份识别技术。随着集成电路等技术的发展，智能卡作为身份识别介质与智能密码钥匙也不再只局限于存储身份识别信息，逐步具备了运算功能，成为可以生成身份识别凭据、执行用户身份鉴别的载体。

一般说来，智能卡基于对称密钥体系完成用户身份识别，而智能密码钥匙是从智能卡技术发展而来的，一般基于非对称密钥体系完成用户身份识别。智能卡与智能密码钥匙两种身份识别载体，已经广泛地应用到不同的网络用户身份识别场景中，形成了相应的标准规范。

智能卡作为计算机网络信息系统的安全性载体之一，随着信息安全要求的日益提高，得到了很大的发展。智能卡目前已经广泛应用于金融、电信、社保、公安、税务、交通、公用事业和电子政务等多个领域。近年来，智能卡功能不断提升，生产规模的扩大促使其价格不断下降，产品性价比不断提高。接下来，本节首先对智能卡进行简单介绍，然后介绍与智能卡相关的标准规范，最后着重介绍智能卡的典型产品应用 —— 门禁卡。

### 1. 智能卡简介

智能卡（Smart Card）又称集成电路卡（IC 卡）。对 IC 卡的定义比较通用的描述是：将一个或者多个集成电路芯片嵌装于塑料基片上制成的卡片，卡内的集成电路具有数据存储和运算、判断功能，并能与外部交换数据。智能卡可以封装成卡式，或者是射频标签、纽扣、钥匙、饰物等特殊形状。

智能卡中包含的集成电路芯片具备微处理器及大容量存储器，具有存储、加密和数据处理能力，可以被认为是世界上最小的个人计算机。与普通的磁条卡相比，智能卡具有安全性高、存储容量大等优点，并能与终端结合进行复杂的计算。目前基于智能卡的应用之间也逐渐融合，一卡多用的需求也越来越多，多样性的需求对智能卡在安全性、开放性和可移植性等方面提出了更高的要求。

智能卡的概念最初是由法国人罗兰·莫雷诺（Roland Moreno）在 1972 年提出的。法国布尔（Bull）公司在 1976 年首先研制出了世界首枚由双晶片（微处理器和存储器）组成的智能卡，在 1978 年又研制出了单晶片智能卡并取得了技术专利。1984 年，法国的 PTT 公司将智能卡用于电话卡，由于智能卡的良好安全性以及可靠性，获得了意想不到的成功。

中国智能卡的发展，从 20 世纪 90 年代中期开始起步，近年来增长速度迅猛。2005 年开始发行的第二代居民身份证采用非接触式 IC 卡，集成了个人数据的安全存储和数字防伪技术，具有高安全性和可读性，目前已累计发行十几亿张。中国的电子护照是继第二代身份证后最大的法定证件智能卡应用项目，截至 2017 年 4 月，全国公安机关出入境管理部门就已累计签发电子普通护照近一亿本。在金融领域，近年来在中国人民银行的指导下，金融智能 IC 卡作为芯片化迁移的重要载体，凭借更高的便捷性与安全性，正在逐步取代磁条卡。根据中国人民银行公布的数据，截至 2017 年上半年，金融智能 IC 卡累计发行达 35.35 亿张，发卡数量持续增加。其他智能卡应用也在逐渐扩大规模，如中国各地的市政公交一卡通采用统一发行的非接触式智能卡，社保卡、校园卡、门禁卡等。

### 2. 智能卡应用系统

智能卡由芯片和固化在芯片中的智能卡嵌入式片上操作系统（COS）及应用软件组成。智能卡芯片的片上操作系统 COS 管理着智能卡的硬件资源，数据执行的安全存取，以及与外部接口设备通信的监控软件。智能卡 COS 系统针对数据的安全存储和授权访问涉及多种安全算法，如 RSA、椭圆曲线 ECC 等非对称密码算法，DES、AES 等对称密码算法。

智能卡应用系统如图 2.5 所示，最基本的构件包括：智能卡、智能卡接口设备（读卡器）、PC，较大的系统还包括通信网络和服务器等。智能卡与读卡器之间的数据通过应用协议数据单元（APDU）进行封装传输，读卡器与后台管理系统进行数据交换处理命令。

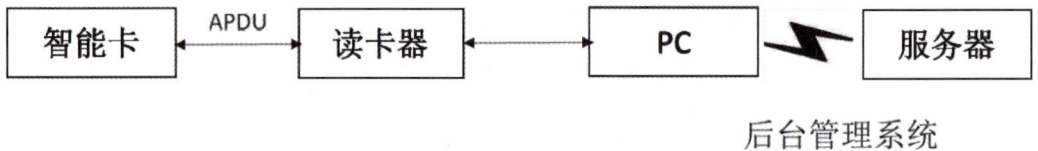

图2.5 智能卡应用系统

在构建智能卡应用系统过程中，定义卡中的应用类型及其数据信息，并将信息写入卡中，以便应用于系统中进行交易是一个重要环节。这一环节通常称为卡片个人化。卡片个人化既可以在专门的设备机器上进行，以便于对大批量的智能卡进行个人化，也可以在 PC 上通过连接智能卡读卡器进行，以便于对小批量的卡片进行个人化。不管硬件设备如何，都必须设计一套程序软件进行个人化，这个程序软件通常称为发卡程序。

智能卡发卡过程大体可分为三个组成部分：①卡的结构建立；②密钥写入；③个人化数据的写入。当然，为确保正确发卡，程序设计过程中最好采用一边建立卡的结构，一边写入密钥和个人化数据。

发卡前的准备工作，需要重新建立发卡结构。一般智能卡供应商提供智能 CPU 卡时，已经对卡进行过初始化（主要用于对智能卡进行测试），也就是卡上已经建立了主文件（Master File，MF）及主密钥文件（MF 下的 KeyFile 文件），主密钥文件中也已写入了初始智能卡主控密钥。因此，在对智能卡建立特定的卡结构及写入密钥和数据之前，程序设计中的第一步应该对智能卡进行外部认证，外部认证所使用的密钥正是初始卡主控密钥。

当完成外部认证后，接下来最好是擦除智能卡上已有的卡结构，然后再开始重新建立卡结构。需要注意的是，许多发卡程序在设计过程中，没有擦除智能卡上已有的卡结构，而是在完成外部认证后直接改写智能卡的原有主密钥文件中的卡主控密钥。常见问题是由于原有主密钥文件创建时的空间大小不足，而发卡程序试图写入除卡主控密钥外，再向主密钥文件中写入卡维护密钥时，势必造成写入空间不够而导致写入失败。

随着一卡多用的普及，一张智能卡中可能支持多个应用，为了独立地管理一张卡上不同应用之间的安全问题，智能卡中的每一个应用都放在一个单独的应用专用文件中

（Application Dedicated File，ADF）中。各个 ADF 及其下属各文件数据的访问（包括改写、读取）只能应用该 ADF 下的密钥文件中的密钥数值。假设只有一个 ADF，用户卡结构中主要存在以下两个密钥文件及相应的几个密钥。

①MF 下的密钥文件（KMF），其装载的密钥是智能卡主控密钥（CCK）。

②ADF 下的密钥文件（KADF），其装载的密钥有应用主控密钥（ACK），应用维护密钥（AMK），及其他应用密钥。

③其他密钥，如口令密钥 PIN，口令解锁密钥，DES 运算密钥等。

各个密钥文件的创建在建立时必须慎重考虑两个要素：①文件大小的分配；②有关权限和密钥使用后的后续状态值的规定。密钥文件的大小分配取决于要装载的密钥个数。在发卡程序设计过程中，常常会出现因为密钥文件的大小分配不够而造成后面的密钥无法写入的情况。密钥文件建立过程中的有关权限和密钥使用后的后续状态值的规定一方面起到对密钥文件本身的安全维护作用，另一方面也将决定对 CPU 卡操作的流程。

密钥值的写入关键是要弄清楚该密钥要求以何种形式写入。通常有以下几种。

①以明文形式写入（常见的如口令密钥 PIN 的写入）。

②以完整性保护的形式写入。

③以对密钥值进行加密后的密文形式写入。

④以对密钥值进行加密和完整性保护的形式写入。

如果密钥值的写入要求加密和完整性保护，则密钥值写入时需对该密钥值进行加密和计算 MAC 值后，以密文形式写入。完整性保护的目的是防止密钥值在写入的过程中被劫取。

在发卡程序设计过程中，尤其要注意智能卡主控密钥、应用主控密钥、应用维护密钥及其他密钥之间的关系及其写入要求。智能卡主控密钥是对整个智能卡的访问起控制作用的密钥，由智能卡生产商写入，由发卡方替换为发卡方的智能卡主控密钥。在发卡程序设计过程中，在对智能卡进行任何操作之前必须使用智能卡主控密钥进行外部认证。一般地，发卡方替换智能卡的主控密钥之后，为验证替换工作正确，再用新的智能卡主控密钥做一次外部认证。应用主控密钥是应用的控制密钥，在 CPU 卡主控密钥的控制下写入。

（1）智能卡应用系统密钥体系

智能卡应用系统一般基于对称加密体系。在建立起密钥体系时，最重要的过程是系统根密钥的生成和密钥的分散。

①根密钥的生成：管理系统生成的密码设备生成智能卡应用系统的根密钥，并安全导入到密码模块中。

②密钥分散：智能卡的发卡通过管理系统使用对称密码算法对系统根密钥进行密钥分散，利用根密钥、加密卡 UID 等得到卡片密钥，实现一卡一密，即为每个卡片生成唯一的卡片密钥。

智能卡应用系统的密钥体系如图 2.6 所示，会话密钥是在执行身份鉴别、数据加密等过程中产生的，用完即消失。

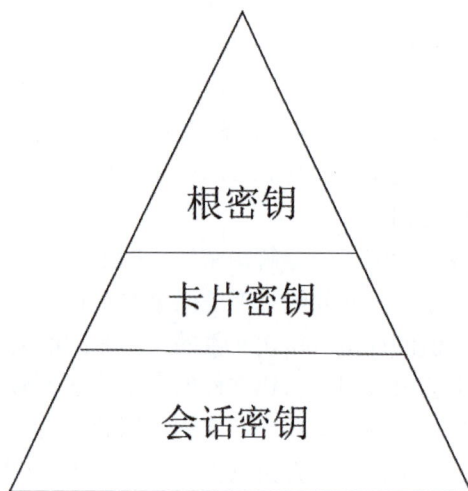

图2.6　智能卡应用系统的密钥体系

（2）智能卡的认证方式

认证是智能卡和外部系统之间进行身份验证的最重要的一种方式，双方之间的认证最终是通过对被认证一方是否正确拥有一个密钥或者其他私有特征的验证完成的。认证按认证对象的不同，主要有以下认证方法。

① 对持卡人已知的秘密或者特征（口令、个人识别码 PIN、密钥和生物特征等）进行的认证。

② 对读卡器和智能卡的认证，验证读卡器和智能卡是否拥有某个密钥。认证包括外部认证、内部认证和相互认证。外部认证是智能卡对外部系统的认证，外部认证的结果会影响卡片相应的安全状态。内部认证是外部系统对智能卡的认证，内部认证的结果不影响卡片相应的安全状态。相互认证则是智能卡和外部系统之间相互认证的过程。

卡对持卡人的认证主要通过 PIN 码，即个人识别码进行，通常以口令的方式存在。用户将 PIN 码输入终端，终端通过读卡器将 PIN 码发送到智能卡中，智能卡把输入的 PIN 码和卡内存储的 PIN 码进行比较：如果相同，则验证过程通过，卡片改变内部安全状态；如果不同，则验证过程失败，卡片将重试计数器递减，如果重试计数器减至为 0，则卡片锁住，无法再次使用。常见的银行卡 ATM 多用此方式，如果 PIN 验证失败三次，则 ATM 吞入该卡，防止卡片 PIN 码被恶意攻击。

外部认证用于智能卡对外部接口设备的认证。检测读卡器是否是合法的外部设备。外部认证有两种认证方式：基于对称密钥的外部认证模式和基于非对称密钥的外部认证模式。

① 基于对称密钥的外部认证模式工作流程如下。首先，读卡器向智能卡发送取随机数指令，智能卡产生随机数后发送给读卡器。然后，由读卡器用对称密钥对随机数进行加密，以外部认证命令的形式将密文发送给智能卡。最后，智能卡执行该命令时将密文解密，密钥与读卡器加密时用的密钥相同，并将解密后的明文与原随机数比较。若两者一致，则

证明读卡器是合法的，否则证明读卡器是非法的。在 EMV 规范、PBOC 2.0 规范和电子护照 DOC9303 等规范中，均采用对称密钥认证方式。

②基于非对称密钥的外部认证模式工作流程如下。首先，读卡器向智能卡发送取随机数指令，智能卡产生随机数后发送给读卡器。然后，由读卡器用私钥对随机数进行签名，以外部认证命令的形式将签名发送给智能卡。最后，智能卡执行该命令时，用读卡器的公钥验证签名，并将得到的明文与原随机数比较。若两者一致，则证明读卡器是合法的，否则证明读卡器是非法的。

两种外部认证模式都可以验证读卡器的合法性，但是它们各自有自己的优缺点。对称密钥的长度短，在卡片中存储方便，但安全性差。非对称密钥的长度较长，并且不同的读卡器具有不同的公私密钥对，而智能卡上的非易失性存储器容量有限，无法存储过多的公钥，所以在通常情况下，外部认证一般采用对称密钥的模式。

内部认证是指对智能卡进行真伪性认证的过程，利用智能卡唯一的密钥进行验证，伪造的智能卡片无法具有相同的密钥。目前内部认证按照密钥类型也可分成两种方式：基于对称密钥的内部认证模式和基于非对称密钥的内部认证模式。

①基于对称密钥的内部认证模式工作流程如下。首先，读卡器产生随机数，并以内部认证命令的形式将随机数发送给智能卡。然后，由智能卡用对称密钥对随机数进行加密，并将加密后的随机数发给读卡器。最后，读卡器收到密文，将密文解密，用的密钥与读卡器加密用的密钥相同，并将解密后的明文与原随机数比较，以此鉴别智能卡的真伪。

②基于非对称密钥的内部认证模式工作流程如下。首先，读卡器产生随机数，并以内部认证命令的形式将随机数发送给智能卡。然后，智能卡用自己的私钥对随机数进行签名，并将签名结果发给读卡器；最后，读卡器收到签名，用智能卡的公钥认证签名。在电子护照 DOC 9303 规范中内部认证采用非对称密钥的方式进行。电子护照接收接口设备发来的数据，利用自身存储的相关私有密钥进行签名后返回接口设备，设备利用公钥进行认证，查看护照是否是合法的护照。

相互认证过程是智能卡和外部读卡器之间相互认证的过程，可采用外部认证和内部认证结合执行。很多应用中，相互认证除了外部认证和内部认证功能，还兼有产生会话密钥、进行密钥保护的辅助功能。

（3）应用协议数据单元

应用协议数据单元（Application Protocol Data Unit，APDU）是智能卡与读卡器之间的应用层数据传输协议，应用协议中的一个步骤由发送命令、接收实体处理及发回的响应组成。特定的响应对应于特定的命令，称为命令响应对。

APDU 包含命令报文或响应报文，它从接口设备发送到卡，或者由卡发送到接口设备，因此 APDU 数据有两种结构。

①读卡器发送给智能卡使用的 APDU 结构称为命令 APDU（Command APDU）。

②智能卡返回给读卡器使用的 APDU 结构称为响应 APDU（Response APDU）。

在国际标准 ISO/IEC 7816-4 中定义了该协议的结构格式。命令 APDU 的结构如表 2.3 所示，命令 APDU 包括必备的 4 字节首标（CLA,INS,P1,P2），以及有条件的可变长度主体。

表2.3　命令APDU的结构

| 首标 | 主体 |
|---|---|
| CLA INS P1 P2 | ［Lc字段］［数据字段］［Le字段］ |

命令 APDU 的内容有命令首标、数据字段和响应尾标的长度，以及含义如表 2.4 所示。

表2.4　命令APDU的内容

| 命令首标 | 数据字段 | 响应尾标的长度 | 含义 |
|---|---|---|---|
| CLA | 类别 | 1 | 指令的类别 |
| INS | 指令 | 1 | 指令代码 |
| P1 | 参数1 | 1 | 指令参数1 |
| P2 | 参数2 | 1 | 指令参数2 |
| Lc字段 | 长度 | 变量1或3 | 在命令的数据字段中呈现的字节数 |
| 数据字段 | 数据 | 变量=Lc | 在命令的数据字段中发送的字节串 |
| Le字段 | 长度 | 变量≤3 | 在向命令响应的数据字段中期望的字节最大数 |

在命令 APDU 的数据字段中呈现的字节数用 Lc 字段表示，在响应 APDU 的数据字段中期望的最大字节数用 Le 字段（期望数据的长度）表示。当 Le 字段只包含 0 时，则要求有效数据字节的最大数。

在国际标准 ISO/IEC 7816-4 中定义了接触式 IC 卡的组织、安全和用于交换的基本指令；在 ISO/IEC 7816-8 中定义了接触式 IC 卡的与安全相关的指令；在 ISO/IEC 7816-9 中定义了接触式 IC 卡的卡管理命令；在 ISO/IEC 7816-13 中定义了在多应用环境中用于应用管理命令。

同样地，上述针对接触式 IC 卡的国际标准（ISO/IEC 7816-4、ISO/IEC 7816-8、ISO/IEC 7816-9、ISO/IEC 7816-13）中定义的指令也适用于非接触式 IC 卡。在针对非接触式 IC 卡的国际标准 ISO/IEC 14443 中也规定了非接触式 IC 卡的相关指令。

响应 APDU 的结构如表 2.5 所示，响应 APDU 由有条件的可变长度主体，以及必备的 2 字节尾标（SW1、SW2）组成。

表2.5　响应APDU的结构

| 主体 | 尾标 |
|---|---|
| ［数据字段］ | SW1　SW2 |

响应 APDU 的内容如表 2.6 所示，在响应 APDU 的数据字段中呈现的字节数用 Lr 表示，响应的状态字节 SW1、SW2 表示了卡内的处理状态，ISO/IEC 7816-4 给出了 SW1、SW2 定义的值的结构方案（0X9000 代表命令正确处理）。

表2.6　响应APDU内容

| 代码 | 名称 | 长度 | 描述 |
|---|---|---|---|
| 数据字段 | 数据 | 变量=Lr | 在响应的数据字段中收到的字节串 |

（续表）

| 代码 | 名称 | 长度 | 描述 |
| --- | --- | --- | --- |
| SW1 | 状态字节1 | 1 | 命令处理状态 |
| SW2 | 状态字节2 | 1 | 命令处理受限字符 |

3. 智能卡的相关标准规范

智能卡作为电子身份识别、经济交易等的重要手段，必须能够在国内甚至全球范围内通用，因此制定国际和国家智能卡标准是推进智能卡产业应用的迫切需要。接触式智能卡的应用相对较早，其国际标准制定的时间更早，相对非接触式智能卡标准也更加完善。

（1）智能卡国际标准

随着智能卡的普及、发展，国际标准化组织（ISO）与国际电工委员会（IEC）的联合技术委员会（JTC1）制定了一系列的国际标准、规范，极大地推动了智能卡的研究和发展。

接触式 IC 卡遵循的是 ISO/IEC 7816 国际标准，该标准的标题是识别卡 - 集成电路卡，包括以下内容。

① ISO/IEC 7816-1：接触式卡的物理特性。

② ISO/IEC 7816-2：触点尺寸和位置。

③ ISO/IEC 7816-3：异步卡的电接口和传输协议。

④ ISO/IEC 7816-4：组织、安全和用于交换的命令。

⑤ ISO/IEC 7816-5：应用提供者的注册。

⑥ ISO/IEC 7816-6：用于交换的数据元。

⑦ ISO/IEC 7816-7：结构化卡查询命令语言。

⑧ ISO/IEC 7816-8：安全操作命令。

⑨ ISO/IEC 7816-9：卡管理命令。

⑩ ISO/IEC 7816-10：同步卡的电接口和复位应答。

⑪ ISO/IEC 7816-11：个人验证的生物识别方法。

⑫ ISO/IEC 7816-12：USB 卡的电接口和操作过程。

⑬ ISO/IEC 7816-13：在多应用环境中用于应用管理的命令。

⑭ ISO/IEC 7816-15：密码信息应用。

与 ISO/IEC 7816 等同的接触式 IC 卡国家标准是 GB/T 16649 系列标准，此外还有针对接触式 IC 卡读卡器的一系列国家标准，包括 GB/T 18239、GB/T 4943、GB/T 9254、GB/T 17618 等，涉及 IC 卡读卡器的功能、电源适应能力、可靠性和电磁兼容等 20 多项内容。

根据非接触式 IC 卡操作时与读卡器发射表面的距离不同，可以分为 CICC 卡（Close-coupled IC 卡），PICC 卡（Proximity IC 卡），VICC 卡（Vicinity IC 卡）。

虽然 ISO/IEC 7816 中的大部分内容也适用于非接触式 IC 卡，但是针对非接触式 IC 卡目前国际上还没有统一的标准，目前已有的国际标准为非接触式 IC 卡 10536（基本不用）、

ISO/IEC 14443、ISO/IEC 15693 等，各种非接触式 IC 卡及对应国际标准如表 2.7 所示。

表2.7　非接触式IC卡及对应国际标准

| IC卡 | 国际标准 | 读写距离 |
|---|---|---|
| CICC | ISO/IEC 10536 | 紧靠 |
| PICC | ISO/IEC 14443 | 小于10 cm |
| VICC | ISO/IEC 15693 | 小于50 cm |

非接触式 IC 卡的国际标准应用最多的是 ISO/IEC 14443 标准，其标题是识别卡 - 非接触式集成电路卡 - 接近式卡，包括以下内容。

① ISO/IEC 14443-1：物理特性。

② ISO/IEC 14443-2：射频能量和信号接口。

③ ISO/IEC 14443-3：初始化和防冲突。

④ ISO/IEC 14443-4：传输协议。

（2）GM/T 0041—2015 IC 卡密码检测规范

本标准规定了 IC 卡产品的检测项目和检测方法，适用于智能 IC 卡产品的密码检测，也可用于指导 IC 卡产品的研发。IC 卡产品包括但不限于金融 IC 卡、公交 IC 卡等。本标准规定的 IC 卡产品的检测项目和检测方法包括以下内容。

① COS 安全管理功能检测。

② COS 安全机制检测。

③ 密钥的素性检测。

④ 随机数质量检测。

⑤ 密码算法实现正确性检测。

⑥ 密码算法实现性能检测。

⑦ 设备安全性测试。

COS 安全管理功能检测的目的是测试 IC 卡各项安全功能的运行情况，并检验其实现的正确性。COS 安全管理功能检测包括下列 7 个方面的测试：外部认证测试、内部认证测试、PIN 码测试（认证、修改、重装、解锁）、应用测试（锁定、解锁）、非对称密钥密码算法公钥导入及导出测试、非对称密钥密码算法解密私钥导入测试（解密私钥不能导出）、非对称密钥密码算法产生和打开数字信封测试（数字信封是一种数据结构，包含用对称密钥加密的密文和用公钥加密的对称密钥）。

COS 的安全机制检测的目的是测试 IC 卡 COS，为了实现安全管理而采取的手段和方法的正确性及有效性。COS 安全机制检测包括下列 4 个方面的测试：报文安全传送测试、密钥安全传送测试、安全状态和访问权限测试、应用防火墙测试。

需要注意的是，送检的 IC 卡产品中至少使用一种经国家密码管理主管部门批准的密码算法。如果送检产品有为测试独立开放的测试接口指令，需要在 IC 卡的送检文档中加以明确说明，并在检测完毕后予以失效。独立开放的测试接口只用于检测使用，不提供应用密码服务。

（3）JR/T 0025—2013 中国金融集成电路（IC）卡规范（PBOC 3.0）

金融 IC 卡是智能卡应用的一个重要领域，是取代磁条卡的新一代银行卡。金融 IC 卡具备不可复制、支持多应用及存储容量大等优点，大幅增强了银行卡各类应用的安全性。金融 IC 卡是指采用集成电路（IC）技术和金融行业标准，具有消费信贷、转账结算和现金存取等功能的金融支付工具。

我国金融 IC 卡工作起步较早，中国人民银行于 1997 年就制定并颁布了《中国金融集成电路（IC）卡规范》（V1.0），即 PBOC 1.0，并组织了联合试点。PBOC 1.0 的颁布和实施标志着我国金融 IC 卡开始进入统一规范的时代，为建立全国统一的 IC 卡技术体系奠定了基础。2005 年 3 月，为应对国际 EMV 迁移，中国人民银行颁布《中国金融集成电路（IC）卡规范》（2005 版），即 PBOC 2.0。PBOC 2.0 规范从 PBOC 1.0 的电子钱包 / 电子存折功能扩展到了借记 / 贷记应用，并初步明确了与应用无关的非接触式发展技术路线，PBOC 2.0 的颁布为磁条卡平稳过渡到金融 IC 卡提供了技术解决方案。中国人民银行在 2010 年 5 月颁布实施 PBOC 2.0 规范 2010 版，该版本的规范在完全符合原借记 / 贷记应用的基础上，很好地支持了非接触应用和小额支付应用。

2013 年 2 月，为推动国密算法与国产芯片在金融 IC 卡中的应用，实现行业扩展、创新支付与跨境使用等需求，中国人民银行发布了 JR/T 0025—2013《中国金融集成电路（IC）卡规范》，即 PBOC 3.0，分为以下部分（现已废止）。

第 1 部分：电子钱包 / 电子存折应用卡片规范；第 2 部分：电子钱包 / 电子存折应用规范；第 3 部分：与应用无关的 IC 卡与终端接口规范；第 4 部分：借记 / 贷记应用规范；第 5 部分：借记 / 贷记应用卡片规范；第 6 部分：借记 / 贷记应用终端规范；第 7 部分：借记 / 贷记应用安全规范；第 8 部分：与应用无关的非接触式规范；第 9 部分：电子钱包扩展应用指南；第 10 部分：借记 / 贷记应用个人化指南；第 11 部分：非接触式 IC 卡通讯规范；第 12 部分：非接触式 IC 卡支付规范；第 13 部分：基于借记 / 贷记应用的小额支付规范；第 14 部分：非接触式 IC 卡小额支付扩展应用规范；第 15 部分：电子现金双币支付应用规范；第 16 部分：IC 卡互联网终端规范；第 17 部分：借记 / 贷记应用安全增强规范。

JR/T 0025—2013 定义了金融 IC 卡各类应用的业务流程及终端与卡之间的交互命令。JR/T 0025—2013 没有显式定义密码运算的独立接口，所有涉及的密码运算都包含在业务流程之中。

JR/T 0025—2013 第 17 部分主要规定、描述了基于 SM2、SM3、SM4 算法的借记 / 贷记应用安全功能方面的要求及为实现这些安全功能所涉及的安全机制和获准使用的加密算法，包括：基于 SM2、SM3 的 IC 卡脱机数据认证方法，基于 SM4 的 IC 卡和发卡行之间的通信安全及为实现这些安全功能所涉及的安全机制和加密算法的规范。适用于由银行发行或受理的金融借记 / 贷记 IC 卡应用与安全有关的设备、卡片、终端机及管理等。具体地，JR/T 0025—2013 第 17 部分对金融 IC 卡借记 / 贷记应用、基于借记 / 贷记应用的小额支付（电子现金）和快速借记 / 贷记应用（qPBOC）和中的国产密码算法的使用做出了定义。这三类金融 IC 卡应用的业务流程定义分别见 JR/T 0025.4、JR/T 0025.13 和 JR/T 0025.12。各类业务流程中涉及密码运算的步骤是相同的，只是运算时使用明文数据或使用的交互命令不同。各类应用的业务流程中，密码运算均集中在以下几个步骤：个人化、应用选择、脱机数据认证、应用密文生成和发卡行认证（仅在需联机授权的业务流程中出现）。

### 4. 智能卡典型产品应用

门禁系统是智能卡应用的一个重要领域，密码标准 GM/T 0036—2014《采用非接触卡的门禁系统密码应用技术指南》针对采用非接触式卡的门禁系统，规定了采用密码安全技术时系统中使用的密码设备、密码算法、密码协议和密钥管理的相关要求，适用于指导采用非接触卡的门禁系统相关产品的研制、使用和管理。

非接触式智能卡的门禁系统基于对称加密体系，其密码应用涉及三个部分：应用系统、密钥管理及发卡系统，如图 2.7 所示。

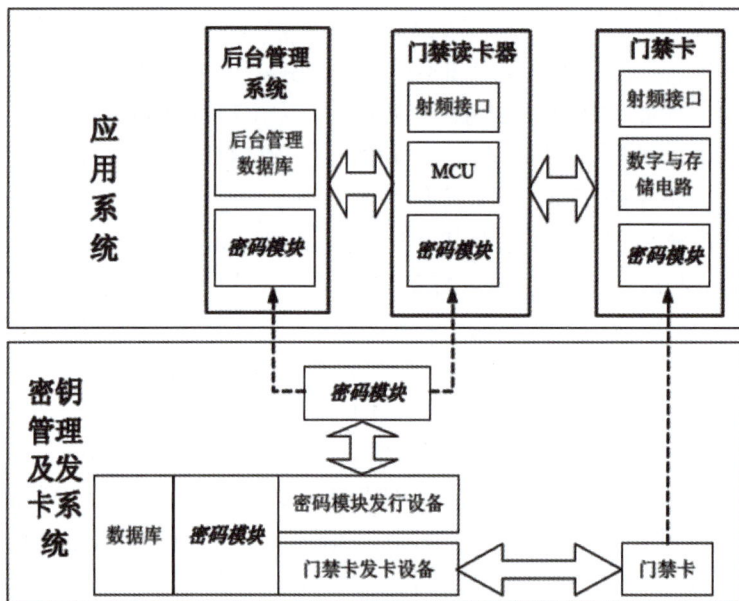

图2.7　门禁系统中密码应用结构图

在应用系统中，一般由门禁卡、门禁读卡器和后台管理系统构成，通过各设备内的密码模块对系统提供密码安全保护。

门禁卡内的密码模块：用于门禁读卡器或后台管理系统对门禁卡进行身份鉴别时（鉴别门禁卡是否合法）提供密码服务（计算鉴别码）。门禁读卡器/后台管理系统内的密码模块：用于对门禁卡进行身份鉴别时提供密码服务（密钥分散、验证鉴别码等）。在门禁系统的具体方案设计时，可选择在门禁读卡器或后台管理系统内配置密码模块。

密钥管理及发卡系统分为密钥管理子系统和发卡子系统。密钥管理子系统的功能是为门禁系统的密码应用生成密钥，并通过密码模块发行设备发行（初始化和注入密钥）密码模块。发卡子系统的功能是通过门禁卡发卡设备对门禁卡进行发卡（初始化、注入密钥和写入应用信息）。密钥管理及发卡系统中的密码设备提供密钥生成、密钥分散及对门禁卡发卡时的身份鉴别等密码服务。

### 2.2.3　智能密码钥匙与产品应用

智能密码钥匙是一种可实现密码运算、密码管理功能、提供密码服务的终端密码设备，一般使用 USB 接口，因此也被称作 USB token 或者 USB Key。

#### 1. 智能密码钥匙简介

智能密码钥匙应用系统一般基于非对称加密体系，其主要作用是存储用户秘密信息（私钥、数字证书等）和识别用户身份，完成数据加解密、数据完整性认证、数字签名、访问控制等功能，是公认的较为安全的身份认证技术。智能密码钥匙主要是由加密锁技术和智能卡技术发展而来的。

智能密码钥匙技术是在加密锁和智能体技术的基础上形成的。加密锁是一种用来防止盗版软件的硬件产品，其外形跟普通 U 盘类似，也是通过 USB 接口与主机进行交互。加密锁的使用方式是在被保护软件的代码中融入了检测加密锁是否存在、利用加密锁进行加密相关运算等代码，这样就使得被保护的软件一旦脱离加密锁就无法正常使用，实现被保护软件不被盗版的目的。智能密码钥匙与智能卡也有很多类似之处，如智能卡领域的大量技术及标准被智能密码钥匙产品所使用；两者的处理器芯片基本是相同的，业内通称为智能卡芯片；智能卡国际标准 ISO/IEC 7816-4 所定义的 APDU 也同样是智能密码钥匙产品所广泛使用的指令格式，智能密码钥匙只是将 APDU 指令又封装在了 USB 协议中，因此，智能密码钥匙在大多数情况下可以看成是"智能卡"和"读卡器"的结合，无须读卡器就可实现与计算机通信。智能密码钥匙兼具加密锁轻巧便携的优势，同时具有智能卡高强度的密码运算能力。

随着云计算等技术的发展，软件开发商越来越多地通过网络服务的模式提供服务，同时 PKI 应用逐渐兴起，数字证书成为确认用户身份和保护用户数据的有效手段。数字证书实质上表现为带有用户信息和密钥的一个数据文件，因此如何存储、保护数字证书是 PKI 体系中的重要问题。在此大背景下，尤其是随着数字证书在网上银行的普及推广，专门用于存储秘密信息的智能密码钥匙成为数字证书的最佳载体，智能密码钥匙技术也因此得到了迅速发展。

随着物联网技术的发展，应用环境不断变化，基于传统的 USB 接口的智能密码钥匙不适用于在 IoT 设备中推广，以至于影响了数字证书在物联网中的普及应用。因此，以可视按键型智能密码钥匙为基础，出现了多种基于各种移动终端通信方式的新形态的智能密码钥匙，如 SD、Wi-Fi、蓝牙、音频、Lightning、NFC、红外等，这些智能密码钥匙虽然接口不同，但所具备的功能是类似的。

#### 2. 智能密码钥匙的硬件组成

智能密码钥匙的硬件组成主要包括：智能芯片、存储器芯片、外部接口（一般为

USB 接口）、电源管理芯片等外围电路。智能芯片 RAM 中固化片上存在操作系统（COS），COS 管理着智能密码钥匙上的硬件资源，完成密钥生成、数字签名等功能，并负责身份鉴别、权限控制、密钥管理、文件管理等功能。智能芯片还兼具读卡器芯片的功能（或者是具有单独的读卡器芯片），使得计算机可以将智能密码钥匙当作"智能卡与智能卡读卡器"的组合。存储器芯片（EEPROM 或 FLASH），用于存储数字证书等用户数据。

典型的智能密码钥匙的外形与普通 U 盘类似，其特征主要包括：使用 USB 接口，内置安全智能芯片；有一定的存储空间（一般是从几 KB 到几十 KB 不等），可以存储用户私钥及数字证书等数据；具备密码运算能力，能够完成密钥生成和安全存储、数据加密和数字签名等功能；用户身份鉴别机制，通常采用个人识别码（PIN）；配有供其他应用程序调用的软件接口的程序及驱动。

有的智能密码钥匙产品中不仅配有智能卡芯片，还配有 USB 控制芯片，也就是说在智能密码钥匙功能的基础上，增加了大容量移动存储的功能，但是目前基于低成本安全芯片的智能密码钥匙仍是市场主流产品。

### 3. 智能密码钥匙应用系统密钥体系

智能密码钥匙应用系统一般基于非对称密钥机制。智能密码钥匙最常见的用途是作为数字证书载体使用。

一个智能密码钥匙设备中存在设备认证密钥和多个应用，应用之间相互独立。应用由管理员 PIN、用户 PIN、文件和容器组成，可以存在多个文件和多个容器。每个应用都维护各自的与管理员 PIN 和用户 PIN 相关的权限状态。

容器中存放加密密钥对、签名密钥对和会话密钥。其中加密密钥对用于保护会话密钥，签名密钥对用于数字签名和验证，会话密钥用于数据加解密和 MAC 运算。容器中也可以存放与加密密钥对应的加密数字证书和与签名密钥对应的签名数字证书。其中，签名密钥对由内部产生，加密密钥对由外部产生并安全导入，会话密钥可由内部产生或者由外部产生并安全导入。智能密码钥匙应用逻辑结构图如图 2.8 所示，该图清晰地表明了智能密码钥匙中的密钥体系结构。

在智能密码钥匙发行阶段，需要从证书认证系统将数字证书下载到智能密码钥匙中。密码行业标准 GM/T 0034—2014《基于 SM2 密码算法的证书认证系统密码及其相关安全技术规范》规定：证书认证系统采用双证书机制。每个用户拥有两张数字证书，一张用于数字签名，另一张用于数据加密。用于数字签名的密钥对可以由用户利用具有密码运算功能的证书载体产生；用于数据加密的密钥对由密钥管理中心产生并负责安全管理。签名证书和加密证书一起保存在用户的证书载体中。

密码行业标准 GM/T 0027—2014《智能密码钥匙技术规范》对智能密码钥匙的初始化、密码运算功能要求、密钥管理、设备管理等进行了详细的规定。

智能密码钥匙的初始化包括出厂初始化和应用初始化。出厂初始化时需对设备认证密钥进行初始化。应用初始化是在应用提供商对设备进行发行时，需对设备认证密钥进行修改，并建立相应的应用（需设置的参数包含管理员口令、用户口令、应用中容器个数、应用中密钥对最大个数、应用需求支持的最大证书个数、应用可创建的最大容器个数等）。

智能密码钥匙对于密码运算功能的要求是智能密码钥匙必须支持 SM2、SM3 和 SM4 分组密码算法。分组密码算法的工作模式至少应包括电子密码本（ECB）和密码分组链接（CBC）两种模式。

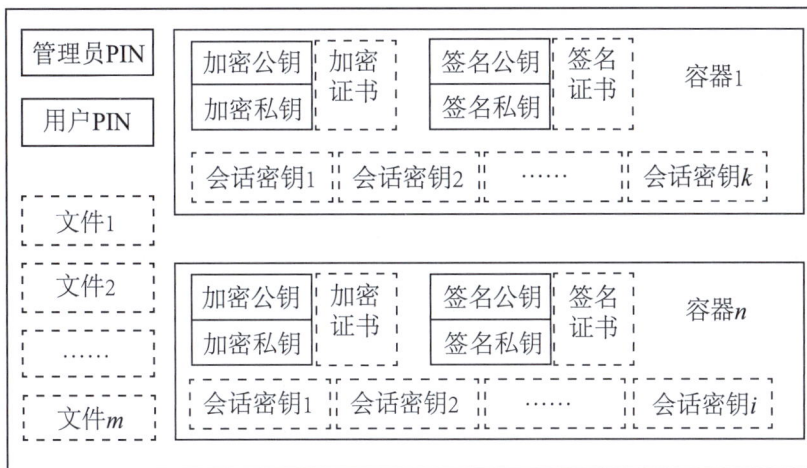

图2.8　智能密码钥匙应用逻辑结构图

智能密码钥匙必须至少支持三种密钥：设备认证密钥、用户密钥、会话密钥。设备认证密钥用于终端管理程序与设备之间的相互认证，以获得终端对设备上的应用进行管理的权限。用户密钥指用于签名和签名验证、加密和解密的非对称密钥对。会话密钥是指临时从外部密文导入或内部临时生成的对称密钥，使用完毕或设备掉电后即消失。

智能密码钥匙应具有对用户密钥和会话密钥的产生、存储、使用、导入、导出、协商等功能。智能密码钥匙的密钥空间必须能够至少保存 2 对 RSA 密钥对、2 对 SM2 密钥对和 2 个对称密钥（包含 1 个设备认证密钥和 1 个会话密钥的空间）。智能密码钥匙中密钥必须安全存储。所有私钥都不可导出，对称密钥也不可以明文导出。

智能密码钥匙在密钥管理方面，应满足以下要求。

（1）设备发行时，必须对设备认证密钥进行修改。

（2）应保证口令和对称密钥的存储和使用安全：口令长度应不小于 6 个字符，使用错误口令登录的次数限制应不超过 10 次；采用安全的方式存储和访问口令，存储在智能密码钥匙内部的口令不能以任何形式输出；在管理终端和智能密码钥匙之间传输的所有口令和密钥均应加密传输，并保证在传输过程中能够防范重放攻击。

（3）应保证私钥在生成、存储和使用阶段的安全：签名私钥应在智能密码钥匙内部生成，且不能以任何形式输出；加密私钥必须以密文方式导入，且不能导出；应保证私钥的唯一性，不得固化密钥对和用于生成密钥对的素数；私钥的存储和访问应采用安全的方式，使用过程中不能以任何形式泄露私钥；智能密码钥匙每次执行签名等敏感操作前均应经过客户身份鉴别，每次执行签名等敏感操作后均应立即清除相应身份鉴别权限。

#### 4. 智能密码钥匙相关标准规范

密码行业标准中发布了多个关于智能密码钥匙的标准：GM/T 0016-2012《智能密码钥匙应用接口规范》；GM/T 0017-2012《智能密码钥匙密码应用接口格式规范》；GM/T 0027-2014《智能密码钥匙技术规范》；GM/T 0048-2016《智能密码钥匙密码检测规范》。

GM/T 0016—2012《智能密码钥匙应用接口规范》中规定了基于 PKI 密码体制的智能密码钥匙密码应用接口，描述了密码应用接口的函数、数据类型、参数的定义和设备的安全要求。接口函数具体包括设备管理、访问控制、应用管理、文件管理、容器管理和密码服务。其中密码服务函数提供对称算法运算、非对称算法运算、密码杂凑运算、密钥管理、消息鉴别码计算等功能。

GM/T 0016 在应用层为智能密码钥匙的使用提供了统一的技术标准和接口规范，为了更好地解决接口规范与不同设备提供商的产品兼容性问题，GM/T 0017—2012《智能密码钥匙密码应用接口格式规范》在设备访问层提供了统一的接口数据格式，从数据类型、数据格式、参数描述和定义、安全性要求等方面给出了具体规定。

GM/T 0027—2014《智能密码钥匙技术规范》标准详细描述了智能密码钥匙的功能要求、硬件要求、软件要求、性能要求、安全要求、环境适应性要求和可靠性要求等有关内容。该标准既适用于智能密码钥匙的研制、使用，也可用于指导智能密码钥匙的检测。

GM/T 0048—2016《智能密码钥匙密码检测规范》规定了智能密码钥匙密码检测环境、检测内容和检测方法。

#### 5 智能密码钥匙典型产品应用

网上银行是智能密码钥匙的典型应用产品。网上银行（网银）指银行通过互联网向客户提供开户、销户、查询、对账、行内转账、跨行转账、信贷、网上证券、投资理财等一系列传统服务项目，使客户可以足不出户就能够实现安全便捷地管理活期和定期存款、支票、信用卡及个人投资等。

随着互联网技术的日渐成熟，越来越多的商业银行开通网银，用户数及交易量高速增长。中国金融认证中心发布的《2017 年中国电子银行调查报告》数据显示，2017 年，在地级以上城市 13 岁及以上常住人口中，网银用户比例和手机银行用户比例均为 51%。由于网银采用了智能密码钥匙、电子令牌等安全手段，个人电子银行用户对网上银行的安全感评价明显高于手机银行等其他电子银行渠道。

基于 PKI 的身份认证机制是保障网上银行安全的重要手段。智能密码钥匙是当前最常用的存储私钥及数字证书的安全介质之一。智能密码钥匙应用于网上银行的基本结构如图 2.9 所示。

（1）在智能密码钥匙发行阶段，用户向 CA 服务器提供自己的用户信息及签名公钥。

（2）CA 服务器用自己的私钥对用户信息及签名公钥进行签名，得到用户的数字证书，并下发给用户，安全存储到用户的智能密码钥匙中。

（3）用户登录网上银行系统，选择需要进行的银行服务（转账等）。用户确认交易信息后，输入 PIN 码（智能密码钥匙的硬件和 PIN 码构成了可以使用数字证书的两个必要因素）。PIN 码验证正确后，用户将用自己签名私钥签名的交易信息、数字证书发送给网银服务器。

（4）网银服务器可以通过 CA 服务器验证所收到的数字证书的有效性。然后，网银服务器用预置的根证书验证用户所发送的数字证书，并利用用户的签名公钥验证用户签名的交易信息。

（5）若验证通过，执行交易，返回交易成功。

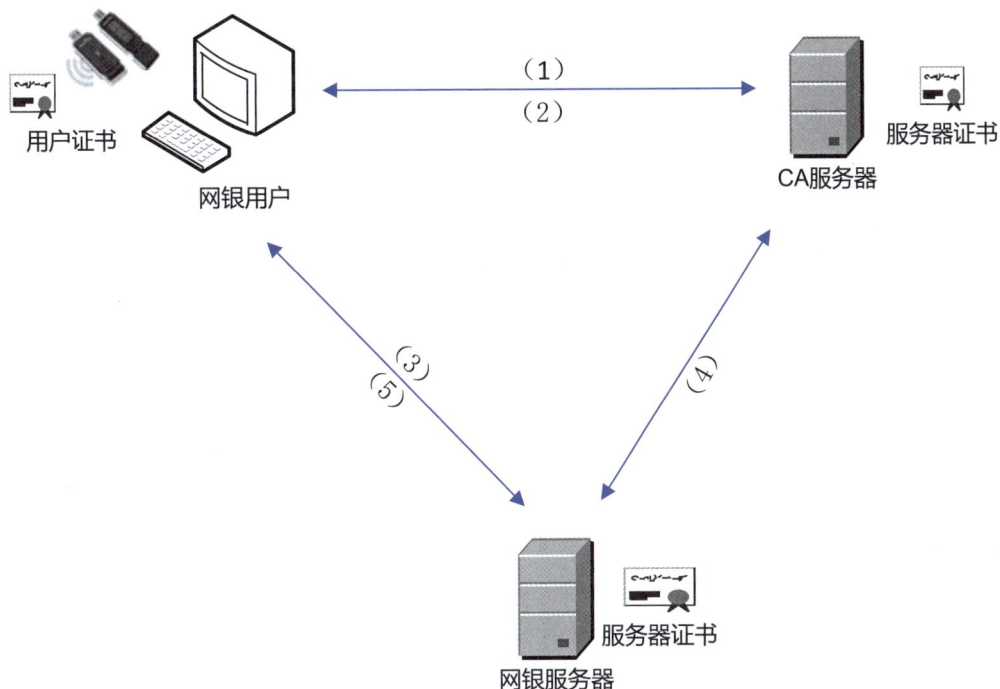

图2.9　智能密码钥匙基于的网上银行的基本结构

## 2.2.4　密码机标准与产品应用

密码机是指以整机形态出现，具备完整密码功能的产品，通常实现数据加解密、签名 /验证、密钥管理、随机数生成等功能。它可供各类应用系统调用，为其提供数据加解密、签名 / 验证等密码服务。其外部形态与一般的服务器、工控机等没有太大区别，可以与服务器等一同部署于机架中。

目前国内的密码机主要分为以下三大类：通用型的服务器密码机；应用于数字证书认证系统的签名验签服务器；应用于金融行业的金融数据密码机。

其中签名验签服务器、金融数据密码机等硬件组成和通用型服务器密码机并无区别，主要是针对特定应用场景，在通用型的服务器密码机基础上，进一步封装了特定接口，以便于应用调用。在密钥管理和密钥安全方面上，主要是依据 GM/T 0028—2014《密码模块安全要求》及自身标准规范的相关要求。以上这些不同类型的密码机需要遵循特定的标准规范，不同类型密码机需要遵循的接口规范如表 2.8 所示。

表2.8　不同类型密码机所要遵循的接口规范

| 密码机类型 | 接口规范 | 具体安全要求 | 通用安全要求 |
|---|---|---|---|
| 服务器密码机 | 《GM/T 0018-2012 密码设备应用接口规范》 | 《GM/T 0030-2014 服务器密码机技术规范》 | 《GM/T 0028-2014 密码模块安全要求》 |
| 签名验证服务器 | 《GM/T 0020-2012 证书应用综合服务接口规范》 | 《GM/T 0029-2014 签名验签服务器技术规范》 | |
| 金融数据密码机 | 《GM/T 0045-2016 金融数据密码机技术规范》 | 《GM/T 0045-2016 金融数据密码机技术规范》 | |

随着移动互联网、云计算、大数据、物联网等新应用、新业态、新模式的发展，以及用户与数据规模海量化、应用复杂化的态势，密码机的整体技术水平不断提高，性价比、成熟度、可靠性持续提升，部分产品在性能指标、安全防护能力等方面达到国际先进水平或处于国际领先水平。例如，国内的密码机产品在算法性能上获得巨大突破，SM3、SM4算法处理速率可达 10 Gbps，SM2 算法签名速率可达 150 万次 / 秒；为适应云计算应用环境需求，有些厂家研制了云服务器密码机，利用密码服务的虚拟化、密码资源的虚拟化的方式实现对于云计算应用环境的支撑。

### 1. 服务器密码机

服务器密码机是最为基础和通用的密码机产品，其服务接口遵循 GM/T 0018—2012《密码设备应用接口规范》，其功能要求、硬件要求、软件要求、安全性要求等遵循 GM/T 0030—2014《服务器密码机技术规范》，主要为应用提供最为基础和底层的密钥管理和密码计算服务。

在硬件组成上，服务器密码机最为常见的是"工控机与 PCI/PCI-E 密码卡"的结构。PCI/PCI-E 密码卡用于进行实际的密钥管理和密码计算，集成在工控机上供其调用。为了进一步提高集成度和稳定性，有的服务器密码机采取硬件自主设计的技术路线，即将计算机主板的功能和密码芯片集成到一个板卡上。

在软件组成上，工控机上一般运行经过剪裁的 Linux 操作系统，并在操作系统上调用 PCI/PCI-E 密码卡的密钥管理和密码计算功能，并进行进一步封装，通过网络等接口对外提供服务，以满足各类应用的需求。当然，服务器密码机未必一定包括传统意义上的操作系统。事实上，有些高安全服务器密码机通常只运行那些自己设计实现的代码，以保证只提供必需的功能。服务器密码机典型软硬件架构如图 2.10 所示。

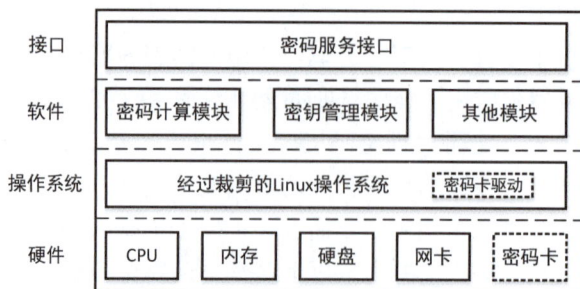

图2.10　服务器密码机典型软硬件架构

下面简要介绍服务器密码机的密钥架构和服务接口。

（1）密钥架构和管理要求

服务器密码机必须至少支持三层密钥结构：管理密钥、用户密钥 / 设备密钥 / 密钥加密密钥、会话密钥，服务器密码机密钥架构如图 2.11 所示。

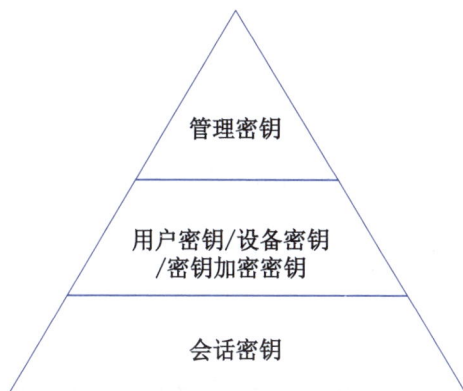

图2.11　服务器密码机密钥架构

① 管理密钥：管理密钥主要是用于保护服务器密码机中密钥和敏感信息安全的密钥，它一般与设备的直接应用无关，而与设备制造商的安全性设计相关。管理密钥包括但不限于：管理员密钥、与管理工具建立安全管理通道的密钥、保护其他各层次密钥的密钥加密密钥、保护设备固件完整性的密钥、保护设备日志完整性等的密钥。管理密钥与设备本身的安全性设计相关，与外部应用没有关联，它的使用不对应用系统开放。

② 用户密钥：用户密钥与设备密钥类似，也包括签名密钥对和加密密钥对。签名密钥对由服务器密码机生成或安装，用于实现用户签名、验证、身份认证和协商等，代表用户或应用者的身份；而加密密钥对则由密钥管理系统下发到设备中，主要用于会话密钥的保护和数据的加解密等。用户密钥存储在服务器密码机内部的安全存储区域，用户密钥的索引号从 1 开始。

③ 设备密钥：设备密钥是服务器密码机的身份密钥，包括签名密钥对和加密密钥对，用于设备管理，代表服务器密码机的身份。设备密钥的签名密钥对在设备初始化时使用管理工具生成或者安装，加密密钥由密钥管理系统下发到设备中，设备密钥对存储在服务器密码机内部的安全存储区域。事实上，设备密钥和用户密钥存储在同一区域，设备密钥的索引号为 0，用户密钥的索引号从 1 开始，设备密钥可以视作表征设备身份的特殊"用户密钥"。

④ 密钥加密密钥：密钥加密密钥是定期更换的对称密钥，用于在预分配密钥情况下，对会话密钥的保护。密钥加密密钥通过密码设备管理工具生成或安装，与用户密钥和设备密钥存储在不同的存储区，密钥加密密钥的密钥索引号从 1 开始。

⑤ 会话密钥：会话密钥是对称密钥，一般直接用于数据的加解密。会话密钥使用服务器密码机的接口生成或导入，使用时利用句柄检索。为了保证会话密钥的安全，它不能以明文形态进出密码机，服务器与密码机的接口采用数字信封、密钥加密传输或者密钥协

商等方式进行会话密钥的导入与导出。

服务器密码机除了需要满足 GM/T 0028—2014《密码模块安全要求》的相关要求，还应满足以下要求：除公钥外，所有密钥均不能以明文形式出现在服务器密码机外；服务器密码机内部存储的密钥应具备防止解剖、探测和非法读取有效的密钥保护机制；服务器密码机内部存储的密钥应具备防止非法使用和导出的权限控制机制。

（2）服务器密码机接口

服务器密码机的服务接口遵循 GM/T 0018—2012《密码设备应用接口规范》，基础密码服务包括密钥生成、单一的密码运算、文件管理等的服务。接口以 C 语言 API 形式呈现，利用密钥时不传入密钥明文，而是利用密钥句柄使用密钥。相关接口类型包括。

① 设备管理类：主要是对于密码设备、会话、私钥权限的管理，包括打开/关闭设备、创建/关闭会话、获取/释放私钥使用权限等。

② 密钥管理类：主要涉及会话密钥生成、密钥的导入与导出、密钥销毁等密钥生命周期管理。

③ 非对称算法运算类函数：主要包括数字签名的计算和公钥加解密操作。

④ 对称算法运算类函数：主要包括对称加解密和 MAC 的计算。

⑤ 杂凑运算类函数：主要支持杂凑的多包运算。

⑥ 文件类函数：对内存存储的文件进行管理。

需要注意的是，服务器密码机的接口使用是一个有状态的过程，需要遵循一定的顺序，并且需要维持上下文。以下介绍典型的服务器密码机的使用方法。

客户端调用服务器密码机存储的用户密钥进行签名的一般顺序为 SDF_OpenDevice：利用 SDF_ 打开设备，获得设备句柄；SDF_OpenSession：创建会话，获得会话句柄；SDF_GetPrivateKeyAccessRight：获取内部私钥使用权限；SDF_InternalSign_ECC：使用内部存储的私钥进行签名；SDF_ReleasePrivateKeyAccessRight：释放私钥权限；SDF_CloseSession：关闭会话，销毁会话句柄；SDF_CloseDevice：关闭设备，销毁设备句柄；完成签名后，其他应用可以使用对应的公钥/公钥证书验证签名的正确性。

客户端调用服务器密码机利用会话密钥的一般顺序为 SDF_OpenDevice：打开设备，获得设备句柄；SDF_OpenSession：创建会话，获得会话句柄；SDF_GenerateKeyWithEPK_ECC：生成会话密钥，并利用外部公钥加密形成数字信封；SDF_Encrypt：利用会话密钥加密数据；SDF_CloseSession：关闭会话，销毁会话句柄；SDF_CloseDevice：关闭设备，销毁设备句柄；完成数据加密后，持有外部公钥所对应私钥的用户可以打开数字信封获得明文的会话密钥，并利用该会话密钥解密获得数据明文。

### 2. 签名验签服务器

签名验签服务器是为应用实体提供基于 PKI 体系和数字证书的数字签名、验证签名等运算功能的服务器，可以保证关键业务信息的真实性、完整性和不可否认性，主要用于数字证书认证系统中。

签名验签服务器在软硬件组成上与服务器密码机基本类似，主要是调用密码设备满足 GM/T 0018—2012《密码设备应用接口规范》的接口，进行进一步的封装。其功能要求、硬件要求、软件要求、安全性要求等遵循 GM/T 0029—2014《签名验签服务器技术规范》，其服务接口遵循 GM/T 0029—2014《签名验签服务器技术规范》的附录 A《消息协议语法规范》、附录 B《基于 HTTP 的签名消息协议语法规范》或 GM/T 0020《证书应用综合服务接口规范》，为应用实体提供有格式和无格式的数字签名服务、有格式和无格式的数字签名验证服务、数字证书的验证服务等。

签名验签服务器可以通过三种方式提供服务。

（1）API 调用方式：用户通过 GM/T 0020—2012《证书应用综合服务接口规范》中规定的 API 接口访问签名验签服务器。

（2）请求响应方式：通过 GM/T 0029—2014《签名验签服务器技术规范》的附录 A《消息协议语法规范》中规定的协议，请求者将数字签名、验证数字签名等请求发送给签名验签服务器，由签名验签服务器完成签名验签服务并返回结果。

（3）WEB 方式：其工作原理与请求响应模式类似，不同的是将消息格式从二进制的 ASN.1 格式，转换为易于在 WEB 应用和 HTTP 协议中传递的文本格式。通过 GM/T 0029-2014《签名验签服务器技术规范》的附录 B《基于 HTTP 的签名消息协议语法规范》的 HTTP 请求发送给签名验签服务器，由签名验签服务器完成签名验签服务并返回结果。

为了更好地适配于数字认证系统，除了最为基本的签名验签和数字证书验证服务，签名验签服务器还需要支持与 CA 基础设施的连接（主要是支持 CRL 连接配置、OCSP 连接配置）、应用管理、证书管理（应用实体的密钥产生、证书申请、用户证书导入和存储、应用实体的证书更新）等功能。

### 3. 金融数据密码机

金融数据密码机是在金融领域内，用于确保金融数据安全，并符合金融磁条卡、IC 卡业务特点的，并提供金融业务相关的密码计算和密钥管理功能的密码设备。

金融数据密码机在软硬件组成上与服务器密码机基本类似，其功能要求、硬件要求、业务要求、安全性要求等遵循 GM/T 0045—2016《金融数据密码机技术规范》，主要提供 PIN 加密、PIN 转加密、MAC 产生和校验、数据加解密、签名验证及密钥管理等功能。

根据金融业务系统的需求，金融数据密码机采用基于对称密码体制的三层密钥机制，分别为主密钥、次主密钥和数据密钥。金融数据密码机中的密钥采用"自上向下逐层保护"的分层保护原则，即主密钥保护次主密钥，次主密钥保护数据密钥。所有的密钥都不能以明文形态出现在金融数据密码机外部，必须采用加密或者分片的形式。

（1）主密钥是一种密钥加密密钥，其主要作用是保护其下层密钥的安全传输和存储。主密钥的存储必须采用强安全措施，不能以明文方式出现在密码机外。主密钥可采用加密存储或微电保护存储方式。采用微电保护存储方式时，密钥可以明文方式存储，但需要设计有销毁密钥的触发装置，当触发装置被触发时，销毁存储的所有密钥。

（2）次主密钥也是一种密钥加密密钥，其主要作用是保护数据密钥的安全传输、分发和存储。次主密钥用于密码机之间及密码机和终端之间的数据密钥的安全传输。由于采用的是对称密码体制，所以一般需要通过密钥注入的方式进行密钥的共享。

（3）数据密钥是实际保护金融业务数据安全的密钥，直接用于加密或校验各类应用数据，包括 PIN 密钥和 MAC 密钥等。数据密钥一般不在密码机中长期存储，多台密码机在共享次、主密钥的基础上，利用次、主密钥保护各类数据密钥的安全传输以完成数据密钥的共享。数据密钥的使用最为频繁，一般需要按时更新。

金融数据密码机的接口不同于设备接口规范的 API 接口形式，而直接以网络数据包格式的形式定义，可利用 SoCKET 编程直接调用。其接口主要分为几大类。

① 磁条卡接口：主要支持各类密钥的生成、注入、合成、转加密等。

② IC 卡接口：主要支持数据加解密、数据转加密、脚本加解密、MAC 计算等。

③ 基础密码运算服务接口：提供了最基本的各类密码计算服务，包括 SM2 签名验签、加密解密、SM1/SM4 加密解密、SM3 消息摘要等。

其中，为了确保所有密钥不以明文形式出现在金融数据密码机外，金融数据密码机的接口采用两种形式对涉及的具体密钥进行调用。如果密钥是在密码机中加密保存的，通过密钥序号访问密钥，或者传入由主密钥加密的密钥，密码机利用自身保存的主密钥解密后使用该密钥。

### 4. 产品应用

服务器密码机作为最为基本的密码机产品，提供基础的密码计算和密钥管理服务，厂商一般在 GM/T 0018—2012《密码设备应用接口规范》的基础上进一步封装，可以满足大部分应用系统对于密码计算和密钥管理的要求。

签名验签服务器主要用于数字证书认证系统，但由于其本身提供了基本的签名和验签服务功能，也可以用于电子银行、电子商务、电子政务等基于 PKI 的业务系统，为这类业务系统提供数字证书认证验证和数字签名的验证服务。

金融数据密码机除了用于金融行业实际业务,包括: 银行卡发卡、业务数据加密和认证、密钥全生命周期管理等，还可以提供基本的密码算法服务，为通用业务提供密码计算服务，如电子商务行业数字签名的生成和验证，动态令牌、时间戳服务器的数字签名生成等。

## 2.2.5  VPN标准与产品应用

### 1. VPN 概述

虚拟专用网（virtual private network，VPN）是指依靠网络服务提供商，在公共网络上建立临时的、安全的逻辑专用网络的技术。它将互联网上多个分散的企业内网或个人终端，通过一条专有的通信线路连接，采用特定的安全协议保护通信数据的安全，从而达到远程安全接入的目的。因此，VPN 适用于分支机构遍布各地的企业，尤其是跨国企业，可以通过该技术接入总部内网。

VPN 的核心思想是在公共网络上建立虚拟内网，实现物理分散、逻辑一体。在 VPN 中，其任意两个通信节点之间的连接并非传统网络中端到端所需的物理链路，换句话说也就是免去了网络中的物理设备（路由器、交换机）和介质（光缆、电缆）等，而是利用现有的公共网络资源搭建，从而节省了企业租用网络运营商跨省、跨海专线的费用。

可以看出，VPN 有以下特点。

① 节省费用：利用现有的公共网络资源，不需要使用专门的物理链路，相比于物理网络的搭建更为节省开销。

② 方便灵活：由于不需要搭建物理网络，分散在各地的分支机构或个人可以通过在网络节点处架设 VPN 设备，完成动态逻辑网络的搭建，进而访问内网资源。

③ 通信安全：通信过程受到安全协议等密码技术保护，确保通信数据的机密性、完整性、数据起源鉴别（实体）等。

### 2. 两种典型的 VPN 技术

IPSec VPN 和 SSL VPN 是目前两种常见的 VPN 技术，而它们又分别采用两种不同的安全协议实现相似的安全功能。

（1）IPSec VPN：是指采用 IPSec 协议实现远程接入的一种 VPN 技术，工作在网络层。IPSec（IP Security）协议则是当前为实现 VPN 功能最为常用的安全协议。

（2）SSL VPN：是指采用 SSL 协议实现远程接入的一种 VPN 技术，工作在应用层和 TCP 层之间。而 SSL 协议同样是互联网上实现数据安全传输的一种通用协议，采用浏览器 / 服务器（B/S）结构。

从整体的安全性来看，这两种 VPN 技术都能够提供安全的远程接入。相对而言，IPSec VPN 技术被设计成用于连接保护在信任网络（CA 证书认证服务的网络信任域、金融专网应用服务系统）中的数据，因此更适合为不同区域的网络提供通信安全保障；SSL VPN 则更适合应用于远程分散移动用户终端对于信任网络的安全接入。也正是由于二者在设计上的差异，使得它们存在以下一些典型的区别。IPSec VPN 与 SSL VPN 技术的比较如表 2.9 所示。

表2.9　IPSec VPN与SSL VPN技术的比较

| 比较点 | IPSec VPN | SSL VPN |
| --- | --- | --- |
| 部署难度 | 需要在网络通信设备上修改IP栈内核，安装客户端 | 网络通信设备使用浏览器即可 |
| 连接双方 | 多用于网-网，即固定的网络拓扑结构 | 多用于PC-网，即灵活多变的网络拓扑结构 |
| 适用对象 | 跨国总部和分支机构 | 单一用户和内网 |

简单介绍安全认证网关的基本概念，它是目前实现 VPN 技术的主要载体。安全认证网关是用户进入信任网络前的接入和访问控制设备，其安全功能有 VPN 功能、身份认证和访问控制等。

目前，绝大多数的安全认证网关产品是基于 IPSec/SSL VPN 技术开发的，接下来主要讲解 IPSec/SSL VPN 技术。

### 3. IPSec/SSL VPN 技术和安全认证网关标准要求

下面介绍基于这两种安全协议所实现的 IPSec VPN 和 SSL VPN 产品、安全认证网关产品的相关标准要求。侧重点将集中在与商用密码应用安全性评估相关的内容上，也就是如何合规、正确、有效地在安全产品中使用密码技术。

值得注意的是，由于这些网络安全产品，尤其是 IPSec VPN 和 SSL VPN，在安全功能和所使用的密码技术（密码算法、密钥管理等）上十分相似，二者只是在协议执行过程中所采取的具体方法不太相同。因此，讲到 VPN 产品的标准要求时，会将相似点放在一起进行梳理，对于相异点则进行比对说明。

从标准层面看，GM/T 0023—2014《IPSec VPN 网关产品规范》、GM/T 0025—2014《SSL VPN 网关产品规范》和 GM/T 0026—2014《安全认证网关产品规范》这三个产品规范是以 GM/T 0022—2014《IPSec VPN 技术规范》和 GM/T 0024—2014《SSL VPN 技术规范》这两个协议以技术规范为依据制定的，在此基础上增加了对产品的功能、性能和管理及检测的相关规定。而对于 IPSec/SSL 协议的应用，又以 IPSec VPN 和 SSL VPN 更为全面。因此，从本节组织结构来看，将着重讲解 IPSec VPN 和 SSL VPN 中的标准要求。首先，对相关标准规范进行简要介绍。其次，对 VPN 标准中密码算法、密钥要求及这些密码技术在 VPN 产品中的应用进行讲解。讲解密码技术在产品中实现和应用的要求，将有助于了解在 VPN 建立过程中是如何通过 IPSec 或 SSL 中的密码技术保证安全性的。从密码的角度而言，密码算法和密钥体系是保障 IPSec VPN 和 SSL VPN 安全性的重要手段，而密码算法的使用在 VPN 产品中可根据实际需要进行单独配置，不会影响协议执行，所以为了便于理解 VPN 产品在通信过程中所提供的安全性和相应要求，VPN 标准中对密码技术的讲解则放在首位。最后，对 VPN 产品相关标准中，有关产品功能、安全管理方面的要求进行介绍和讲解。

对于 IPSec VPN 标准要求的讲解内容，参考了相关行业标准 GM/T 0022—2014《IPSec VPN 技术规范》、GM/T 0023—2014《IPSec VPN 网关产品规范》；而对于 SSL VPN 标准要求的讲解内容，则是参考了 GM/T 0024—2014《SSL VPN 技术规范》、GM/T 0025—2014《SSL VPN 网关产品规范》。

（1）密码算法要求

IPSec/SSL VPN 产品需使用国家密码管理局批准的非对称密码算法、对称密码算法、密码杂凑算法和随机数生成算法。

①非对称密码算法：应使用 ECC 椭圆曲线密码算法 SM2 和 2048 位及以上 RSA 算法，用于 IPSec 的 IKE 阶段或 SSL 的握手协议中的实体认证、数字签名和数字信封等，在 SSL VPN 中，还可使用 IBC 标识密码算法 SM9。

② 对称密码算法：应使用 SM1 或 SM4 分组密码算法，用于 IPSec 的 IKE 阶段或 SSL 的握手协议中的密钥交换数据，以及通信过程中对报文数据的加密保护。算法工作模式使用 CBC 模式。

③ 密码杂凑算法：应使用 SM3 或 SHA-1 密码杂凑算法，用于 IPSec 的 IKE 阶段或 SSL 的握手协议，以及通信过程中对报文数据的完整性校验。

④ 随机数生成算法：生成的随机数应能通过 GM/T 0005—2012 规定的检测，用于密钥的生成。

可以看出，对密码算法的要求，标准中给出了明确规定。商用密码应用安全性评估中应使用国产算法，由于存在与国际算法不兼容问题，产品也可以支持安全强度相符的国际算法，但在评估中不推荐产品使用国际算法。分组算法中，SM4 算法已成为推广对象，并广泛使用到产品中。对于 SM1 算法的使用应只能以硬件方式实现在产品中，如芯片、IC 卡、加密机等。

a.IPSec VPN 中密码算法属性值

标准 GM/T 0022—2014 中，对 IPSec VPN 中密码算法的属性值给出规定，加密算法的属性值定义如表 2.10 所示、密码杂凑算法属性值定义如表 2.11 所示和公钥算法或鉴别方式的属性值定义如表 2.12 所示。通过对 IPSec 协议在 IKE 阶段的报文数据进行解析，可以查看算法属性值，进而判断用到的具体算法。

表2.10　IPSec VPN中加密算法的属性值定义

| 可选择算法的名称 | 描述 | 值 |
| --- | --- | --- |
| ENC_ALG_SM1 | SM1分组密码算法 | 128 |
| ENC_ALG_SM4 | SM4分组密码算法 | 129 |

表2.11　IPSec VPN中密码杂凑算法的属性值定义

| 可选择算法的名称 | 描述 | 值 |
| --- | --- | --- |
| HASH_ALG_SM3 | SM3密码杂凑算法或基于SM3算法的HMAC | 20 |
| HASH_ALG_SHA | SHA-1密码杂凑算法或基于SM1算法的HMAC | 2 |

表2.12　IPSec VPN中公钥算法或鉴别方式的属性值定义

| 可选择算法的名称 | 描述 | 值 |
| --- | --- | --- |
| ASYMMETRIC_SM2 | SM2椭圆曲线密码算法 | 2 |
| ASYMMETRIC_RSA | RSA 公钥密码算法 | 1 |
| AUTH_METHOD_DE | 公钥数字信封鉴别方式 | 10 |

b.SSL VPN 中密码套件列表和属性值

标准 GM/T 0024—2014 中，对 SSL VPN 产品支持的密码套件列表和属性值进行了规定。属性值定义如表 2.13 所示。通过对 SSL 协议在握手阶段的报文数据进行解析，可以查看密码套件属性值，进而判断用到的具体算法组合。

表2.13　SSL VPN中密码套件的属性值定义

| 序号 | 名称 | 值 |
| --- | --- | --- |
| 1 | ECDHE_SM1_SM3 | {0xe0,0x01} |
| 2 | ECC_SM1_SM3 | {0xe0,0x03} |

（续表）

| 序号 | 名称 | 值 |
|------|------|------|
| 3 | IBSDH_SMl_SM3 | {0xe0,0x05} |
| 4 | IBC_SMl_SM3 | {0xe0,0x07} |
| 5 | RSA_SMl_SM3 | {0xe0,0x09} |
| 6 | RSA_SMl_SHAl | {0xe0,0x0a} |
| 7 | ECDHE_SM4_SM3 | {0xe0,0x11} |
| 8 | ECC_SM4_SM3 | {0xe0,0x13} |
| 9 | IBSDH_SM4_SM3 | {0xe0,0x15} |
| 10 | IBC_SM4_SM3 | {0xe0,0x17} |
| 11 | IBC_SM4_SM3 | {0xe0,0x19} |
| 12 | RSA_SM4_SM3 | {0xe0,0x1a} |

在本规范中，实现 ECC 和 ECDHE 的算法为 SM2；实现 IBC 和 IBSDH 的算法为 SM9。

（2）密钥体系要求

密钥体系的讲解分为两部分，一是介绍密钥体系的层次，也就是这类网络安全产品被设计成几层密钥保护，密钥之间的关系又如何；二是说明密钥的生命周期，换句话说密钥是由谁产生的（安全模块内部还是外部导入）、如何存储的、用于保护谁、是否在不安全情况下能够及时被销毁。讲解密钥的体系和生命周期，对了解安全产品中所用到的密码技术非常有帮助。

① IPSec VPN 密钥体系要求

IPSec VPN 中密钥体系的层次。在标准 GM/T 0022—2014《IPSec VPN 技术规范》中要求，IPSec VPN 的密钥体系应分为三层，这三层密钥体系如图 2.12 所示，分别为设备密钥、工作密钥和会话密钥。

a. 设备密钥：非对称密钥对，包括签名密钥对和加密密钥对，用于实体认证、数字签名和数字信封等。其中，用于签名的设备密钥对在 IKE 第一阶段提供基于签名的身份认证服务；用于加密的设备密钥对在 IKE 第一阶段对交换数据提供机密性。

b. 工作密钥：对称密钥，在 IKE 第一阶段经密钥协商派生得到，用于会话密钥交换过程的保护。其中，用于加密的工作密钥为 IKE 第二阶段交换的数据提供机密性保护；用于完整性校验的工作密钥为 IKE 第二阶段传输的数据提供完整性保护及数据源的身份认证。

c. 会话密钥：对称密钥，在 IKE 第二阶段经密钥协商派生得到，用于数据报文及报文 MAC 的加密和完整性保护。其中，用于加密的会话密钥为通信数据和 MAC 值提供机密性保护；用于完整性校验的会话密钥为通信数据提供完整性保护。

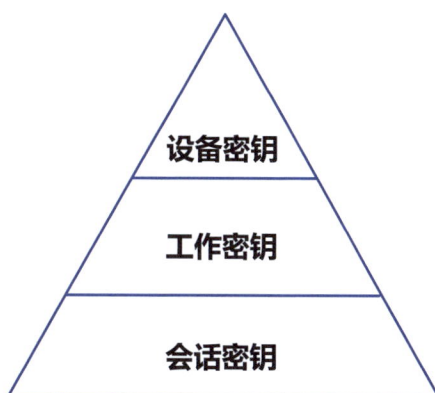

图2.12　IPSec VPN的三层密钥体系

② SSL VPN 密钥体系要求

SSL VPN 中密钥体系的层次在标准 GM/T 0024—2014《SSL VPN 技术规范》中被要求分为三层，这三层密钥体系如图 2.13 所示，分别是用于管理的设备密钥，用于生成工作密钥的预主密钥和主密钥，用于保护通信数据的工作密钥。

a. 设备密钥：非对称密钥对，包括签名密钥对和加密密钥对。其中，签名密钥对用于握手协议中通信双方的身份鉴别；加密密钥对用于预主密钥协商时所用交换参数的机密性保护。

b. 预主密钥、主密钥：对称密钥，其中预主密钥是双方协商通过伪随机函数（PRF）生成的密钥素材，用于生成主密钥；主密钥由预主密钥、双方随机数等交换参数，经 PRF 计算生成的密钥素材，用于生成工作密钥。

c. 工作密钥：对称密钥，对通信数据安全性提供保护。其中，数据加密密钥用于数据的加密和解密；校验密钥用于数据的完整性计算和校验。在标准 GM/T 0024—2014 中规定，发送方使用的工作密钥称为写密钥，接收方使用的工作密钥称为读密钥。

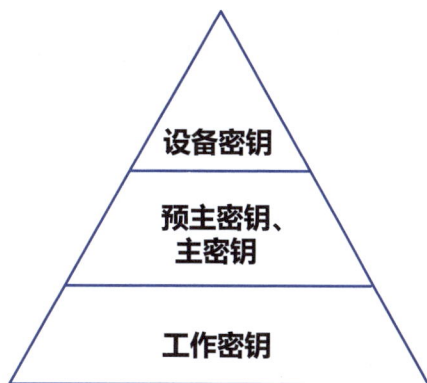

图2.13　SSL VPN的三层密钥体系

## 4. 产品应用

在标准《信息系统密码应用基本要求》中，单独用一个安全域规定了信息系统中网络与通信部分对密码应用的基本要求，足见网络与通信安全对于维护信息系统的安全十分重要。下面介绍基于安全技术实现的网络安全产品的安全功能和应用场景。

（1）PSec VPN 的应用场景

IPSec VPN 的应用场景分为 3 种。

① 网关到网关（站 - 站，Site-to-Site）：多个分支机构位于不同地方，各使用一个安全网关相互建立的 VPN 隧道，企业内网（若干 PC）之间的数据通过这些网关建立的 IPSec 隧道实现安全互联。

② PC 到网关（端 - 站，End-to-Site）：两个 PC 之间的通信由网关和异地 PC 之间的 IPSec 进行保护。

③ PC 到 PC（端 - 端，End-to-End）：两个 PC 之间的通信由两个 PC 之间的 IPSec 会话保护。

根据 IPSec 协议对 IP 数据包封装模式的不同，又会分别对应上述三种不同的应用场景。IPSec 协议的封装模式分为两种：传输模式和隧道模式。传输模式主要为上层协议提供保护，也就是说该模式下偏向于对 IP 报头后面的信息（包括上层协议和数据报文）保护，而 IP 报头属于网络上的外部地址。因此，传输模式下较为常见的应用场景是端 - 端的通信，或端 - 站的通信。隧道模式可以对整个 IP 数据包提供保护，为了达成这一点，整个 IP 包和通过 IPSec 协议所产生的安全域会作为一个新 IP 包的载荷，而保护该局域网的网关 IP 会被分配给这个新 IP 包。由于网关 IP 为网络上的外部地址，因此，隧道模式下较为常见的应用场景是站 - 站的通信。

（2）SSL VPN 的应用场景

由于 SSL 协议被设计为服务于 B/S 架构的网络拓扑，所以采用 SSL 协议保护的网络，以 PC 终端访问信任网络的形式为主，只要这些 PC 终端安装了内嵌 SSL 协议的浏览器即可，而无须安装客户端。至于两个信任子网间进行安全通信的情形，由于 SSL VPN 部署起来相对 IPSec VPN 要更为复杂，涉及多层网络层次的配置（从传输层到网络层），所以很少选用 SSL VPN 部署。在实际应用场景中，SSL VPN 产品通常部署在企业内网的安全网关 / 服务端上。当远程用户（个人 PC 或分支机构信任子网）访问内网时，首先经过边界防火墙做一个地址转换，随后访问 SSL VPN 产品，进而建立安全通道以访问企业内网中的资源。同时，远程用户无须专门安装客户端。

## 2.3 密码产品检测

### 2.3.1 密码产品检测框架

商用密码产品提供的安全功能是保障重要网络与信息系统安全的基础。商用密码产品检测是对商用密码产品进行安全功能核验的有效手段，也是产品获得证书的前提。随着系列密码产品技术和检测标准规范的出台，商用密码产品检测工作的科学化、规范化水平不断提升。

商用密码产品检测框架如图 2.14 所示，分为安全等级符合性检测和功能标准符合性检测两个方面。其中，系统类产品只进行功能标准符合性检测。安全等级符合性检测针对商用密码产品申报的安全等级，对该安全等级的敏感安全参数管理、接口安全、自测试、攻击缓解、生命周期保障等方面进行符合性检测，即进行安全等级的核定；功能标准符合性检测对算法合规性、功能、密钥管理、接口、性能等具体产品标准要求的内容进行符合性检测。其中，除了包含对密码算法实现的正确性测试，算法合规性检测还包含对随机数生成方式的检测，如通过统计测试标准对生成随机数的统计特性进行测试。

根据产品形态的不同，安全等级符合性检测分为对密码模块的检测和对安全芯片的检测，相关标准对安全等级进行了划分。GM/T 0028—2014《密码模块安全技术要求》将密码模块安全分为 4 个安全等级，GM/T 0008—2012《安全芯片密码检测准则》将安全芯片分为 3 个安全等级。功能标准符合性检测是按照不同产品各自的标准分别开展的，如智能 IC 卡按照 GM/T 0041—2015《智能 IC 卡密码检测规范》进行检测。

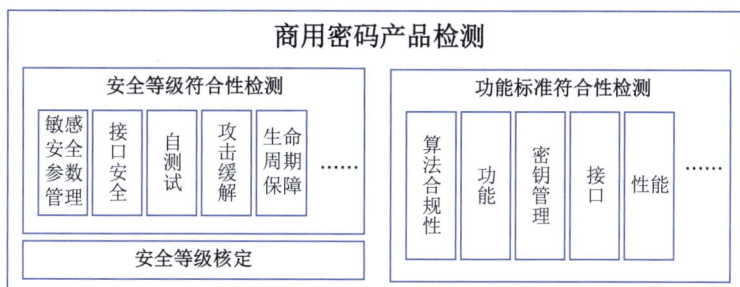

图2.14 商用密码产品检测框架

根据《国家密码管理局关于进一步加强商用密码产品管理工作的通知》（国密局字〔2018〕419 号），国家密码管理局已全面实施申报商用密码产品品种和型号标准合规性检测工作，既对送检产品满足的技术规范进行合规性检测，同时对该产品申报的安全芯片的安全等级或密码模块安全等级进行符合性检测。对申请到期换证的，若该产品相关技术标准没有发生变化，只对该产品申报的安全芯片的安全等级或密码模块安全等级进行符合性检测。

对于不同安全等级密码产品的选用，应考虑以下两个方面。

（1）运行环境提供的安全防护能力。密码产品及其运行的环境共同构成了密码安全防护系统。运行环境的防护能力越低，环境中存在的安全风险就越高；而防护能力越高，则安全风险也会随之降低。因此，在低安全防护能力的运行环境中，需选用高安全等级的密码产品才可能达到较高的安全防护效果；而在高安全防护能力的运行环境中，也可选用较低安全等级的密码产品。

（2）所保护信息资产的重要程度。信息资产包括数据、系统提供的服务及相关的各类资源，其重要程度与所在的行业、业务场景及影响范围有很大关系。以电子银行系统为例，后台系统与银行账户资金直接相关，用户终端仅影响单一账户资金安全，资产的重要程度有所不同。信息资产重要程度的界定由用户机构或其主管机构负责，可参考标准GB/T 22240—2020《信息安全技术 信息系统安全保护等级定级指南》和 GB/T 20984—

2022《信息安全技术 信息安全风险评估规范》。此外，重要信息系统中密码产品的选用还要符合其业务主管部门及相关标准规范的要求。

选择合适的安全等级后，密码产品在部署时还应当按要求进行配置和使用，以切实地发挥密码产品所能提供的安全防护能力。对于密码模块，用户应当参考每个密码模块的安全策略文件，明确模块适用的环境及厂商规则要求等，确保模块被正确地配置和使用。对于安全芯片，开发者需要参照安全芯片用户指南所规定的芯片配置策略和函数使用方法，以保证安全芯片可以安全可靠地工作。

### 2.3.2 密码模块检测

密码模块是指实现密码运算、密钥管理等功能的硬件、软件、固件或者其组合。FIPS 140-3 和 GB/T 37092 密码模块安全标准适用于保护计算机与信息系统内敏感信息所使用的密码模块。该标准规定了 4 个要求递增的安全等级，高安全等级在低安全等级的基础上进一步提高了安全性，从高到低分别为安全一级至安全四级。

#### 1. 密码模块的基本概念

密码模块是向信息系统提供密码服务（加密、解密、数字签名、签名验证和密钥管理等）的核心部件，是信息安全的基础保证。根据 GM/T 0028—2014《密码模块安全技术要求》的定义，密码模块是硬件、软件、固件，或它们之间组合的集合，该集合至少使用一个核准的密码算法、安全功能或过程实现一项密码服务，并且包含在定义的密码边界内。简单来说，密码模块实现了核准的安全功能的硬件、软件、固件的集合，并且被包含在密码边界内。

#### 2. 安全功能

这里的安全功能，与传统理解上的安全功能如入侵检测、防火墙等有所不同，并非通过恶意行为监控和检测对系统提供防护，而是特指与密码相关的运算，如加密、解密、哈希、数字签名、密钥管理等。商用密码应用与安全性评估要求，密码模块必须满足 GM/T 0028—2014《密码模块安全技术要求》，而该标准规范对核心的安全功能做了限定，包括分组密码、流密码、非对称密钥、消息鉴别码、杂凑函数、实体鉴别、密钥建立和随机数生成器，其中除了消息鉴别码、密钥管理和随机数生成器，都给出了安全功能应该遵循的标准规范。

#### 3. 密码边界

密码模块的另一个非常重要的概念，即"密码边界"。密码模块是一个嵌套的概念，即一个密码模块产品有可能包含另一个规模更小的密码模块。例如，一块实现复杂密码服务功能的加密机，其本身可定义为一个密码模块，而该密码机内部可能包含了一个或多个密码卡，而密码卡本身也可以作为另一个独立的密码模块定义。在商用密码应用与安全性评估过程中，需要通过"密码边界"的确定对所用到的密码模块进行清晰的识别。根据 GM/T 0028—2014《密码模块安全技术要求》的定义，密码边界是由定义明确的边线（硬件、软件、固件部件的集合）组成，该边线建立了密码模块所有部件的边界。密码边界应当至少包含密码模块内所有与安全相关的算法、安全功能、进程和部件。非安全相关的算法、安全功能、进程和部件也可以包含在密码边界内。密码边界内的某些硬件、软件、固件部件可以从《密码模块安全技术要求》标准的要求中排除，但被排除的硬件、软件、固件部件的实现应当不干扰或破坏密码模块核准的安全操作。根据密码模块存在形态的不同，对密码边界的规定也有所区别。总体来说，可以将密码模块分为软件模块、硬件模块、固件模块、软 / 固件混合模块，不同类型的密码边界确定原则如下。

（1）硬件模块：密码边界规定为硬件边界，在硬件边界内可以包含固件、软件，其中还可以包括操作系统。具体来说，包括在部件之间提供互联的物理配线的物理结构，如电路板、基板或其他表面贴装；有效电阻器元件，如半集成、定制集成或通用集成的电路、处理器、内存、电源、转换器等；封套、灌封或封装材料、连接器和接口之类的物理结构；固件，可以包含操作系统；上面未列出的其他部件类型。

（2）软件模块：密码边界为执行在可修改的运行环境中的纯软件部件（可以是一个或多个软件部件）。软件密码模块的运行环境所包含的计算平台和操作系统，在定义的密码边界之外。可修改运行环境指能够对系统功能进行增加、删除和修改等操作的可配置运行环境，如 Windows/Linux/MAC/Android/iOS 等通用操作系统。

（3）固件模块：密码边界为执行在受限的或不可修改的运行环境中的纯固件部件划定界限。固件密码模块的运行环境所包含的计算平台和操作系统，在定义的密码边界之外，但是与固件模块明确绑定。受限运行环境指允许受控更改的软件或者固件模块，如 Java 卡中的 Java 虚拟机等；不可修改的运行环境指不可编程的固件模块或者硬件模块。

（4）软 / 固件混合模块：密码边界为软 / 固件部件和分离的硬件部件（软 / 固件部件不在硬件模块边界中）的集合划定界限。软 / 固件运行的环境所包含的计算平台和操作系统，在定义的软 / 固件混合模块边界之外。具体来说，包括由模块硬件部件的边界及分离的软 / 固件部件的边界构成；每个部件包含所有端口和接口的集合；除了分离的软 / 固件部件，硬件部件可能还包含嵌入式的软 / 固件。

对于宏观上的同一款产品，由于划定的边界不同，则其模块类型也会有所不同。下面是一些密码模块边界定义的实例。对于使用 Javacard 技术的智能卡产品，产品中使用的安全芯片硬件及其底层驱动程序、基础算法库等可以定义为一个硬件模块；其中的 Javacard 虚拟机、运行时环境和 API 等组件集合可以定义为一个固件模块；而针对具体应用领域开发的 applet 也可以定义为一个固件模块。对于采用 Native 技术的智能密码钥匙产品，在外壳边界之内的硬件和固件部分可以定义为一个硬件模块；而如果将智能密码钥匙依赖的上位机中间件（国密接口、CSP/PKCS11 接口等）包含在边界之内，则可以将其定义为一个软件混合模块。对于服务器密码机产品，一般定义密码机外壳及以内的硬件和软件组成的整体为一个硬件模块；若包含调用密码机上主机的接口库等，则可定义为一个软件混合模块。

#### 4. 密码模块安全分级

（1）安全一级

安全一级提供了最低等级的安全要求。安全一级阐明了密码模块的基本安全要求。例如，密码模块应使用至少一个核准的安全功能或核准的敏感安全参数建立方法。软件或固件密码模块可以运行在不可修改的、受限的或可修改的运行环境中。硬件密码模块除了需要达到产品级部件的基本要求外，没有其他特殊的物理安全机制要求。密码模块实现的针对非入侵式攻击或其他攻击的缓解方法需要有文档记录。

当密码模块外部的应用系统已经配置了物理安全、网络安全及管理过程等控制措施时，安全一级的密码模块就非常适用，虽然其本身安全强度较低，但是通过对于外围进行必要的安全控制，可以使得整体的安全性得以保障。

（2）安全二级

安全二级在安全一级的基础上增加了拆卸证据的要求，如使用拆卸存迹的涂层或封条，或者在封盖或门上加防撬锁等手段以提供拆卸证据。拆卸存迹的封条或防撬锁应安装在封盖或门上，以防止非授权的物理访问。当物理访问密码模块内的安全参数时，密码模块上拆卸存迹的涂层或封条就应破碎。

安全二级还要求基于角色的鉴别。密码模块需要鉴别并验证操作员的角色，以确定其是否有权执行对应的服务。安全二级的软件密码模块可以运行在可修改的环境中，该环境应实现基于角色的访问控制或自主访问控制，但自主访问控制应能定义新的组，通过访问控制列表（ACL）分配权限，以及将一个用户分配给多个组。访问控制措施应防止非授权地执行、修改及读取实现该软件密码模块。

（3）安全三级

除安全二级中要求的拆卸存迹物理安全机制外，安全三级还要求更强的物理安全机制，以进一步防止对密码模块内敏感安全参数的非授权访问。这些物理安全机制应该能够以很高的概率检测到以下行为并做出响应，这些行为包括：直接物理访问、密码模块的使用或修改，以及通过通风孔或缝隙对密码模块的探测。上述物理安全机制可以包括坚固的外壳、拆卸检测装置及响应电路。当密码模块的封盖/门被打开时，响应电路应将所有的关键安全参数置零。

安全三级要求基于身份的鉴别机制，以提高安全二级中基于角色的鉴别机制的安全性。密码模块需要鉴别操作员的身份，并验证经鉴别的操作员是否被授权担任特定的角色及是否能够执行相应的服务。安全三级要求手动建立的明文关键安全参数是经过加密的、使用可信通道或使用知识拆分输入或输出的。

安全三级的密码模块应有效防止电压、温度超出密码模块正常运行范围及对密码模块安全性的破坏。攻击者可以故意让密码模块的环境参数偏离正常运行范围，从而绕过密码模块的防护措施。密码模块应设计环境保护特性，用以检测环境异常并置零关键安全参数，或者能够通过环境失效测试提供一个合理的保障，确保不会因环境异常破坏密码模块的安全性。

安全三级的密码模块应提供非入侵式攻击缓解技术的有效性证据和检测方法。对于软件密码模块，并没有在本标准的所有条款中给出安全三级的要求。因此，软件密码模块能够达到的最大整体安全等级限定为安全二级。安全三级的密码模块增加了生命周期保障的要求，如自动配置管理、详细设计、底层测试及基于厂商所提供的鉴别信息的操作员鉴别。

（4）安全四级

安全四级是本标准中的最高安全等级。该等级包括较低等级中所有的安全特性，以及一些扩展特性。安全四级的物理安全机制应在密码模块周围提供完整的封套保护，其目的是无论外部电源是否供电，当密码模块包含敏感安全参数时，检测并响应所有非授权的物理访问。从任何方向穿透密码模块的外壳都会以很高的概率被检测到，并将导致所有未受保护的敏感安全参数立刻被置零。由于安全四级的密码模块自身具有较高的安全机制，所以它特别适用于无物理保护的环境。

安全四级要求对操作员进行多因素鉴别。在最低限度下，要求使用下列因素中的两个：已知某物，如秘密口令；拥有某物，如物理钥匙或令牌；具有某属性，如生物特征。

安全四级的密码模块应有效防止电压、温度超出密码模块正常运行范围对密码模块安全性的破坏。密码模块应设计有环境保护特性，专门用以检测环境异常并置零关键安全参数，从而提供一个合理的保障，确保不会因环境异常破坏密码模块的安全性。

同时需要非入侵式攻击缓解检测指标，以及检测密码模块中实现的针对非入侵式攻击的缓解方法。安全四级要求密码模块的设计应通过一致性验证，即验证前置和后置条件与功能规格之间的一致性。

### 5. 密码模块安全域

参照 GM/T 0028 的 [02.04]、[02.05] 和 [02.06] 条款要求，不同密码模块类型的安全域选取参考如表 2.14 所示。

（1）密码模块规格：说明密码模块的组成和边界，说明所支持的密码算法功能（核准的安全功能）。

（2）密码模块接口：提出各种接口的安全要求，包括数据输入/输出接口、控制输入/输出接口、状态输出接口及电源输入接口。

（3）角色、服务和鉴别：定义密码模块的不同角色和每个服务对应的角色，说明不同操作员的鉴别机制要求。

（4）软/固件安全：定义密码模块的软固件的完整性和起源鉴别要求。

（5）运行环境：说明密码模块运行所需要的操作系统及虚拟化环境和运行时环境的安全要求，尤其对于可修改的运行环境，包括运行环境的进程隔离机制、访问控制机制、身份鉴别机制、审计机制，以及各种进程对密码模块的软件、数据和状态的执行、修改和读取等操作的控制。

（6）物理安全：采用物理安全机制，限制非授权的物理访问。

（7）非入侵式安全：针对无物理破坏而获取密钥等关键安全参数的非入侵式攻击，实施缓解措施。常见的非入侵式攻击是在密码计算运行时窃取密钥的侧信道攻击。

（8）敏感安全参数管理：密钥数据和随机数发生器等关键安全参数的生命周期安全要求，防止非授权的访问、使用、泄露、修改和替换；公钥和数字证书等公开安全参数的生命周期安全要求，防止非授权的修改和替换。

（9）自测试：提供密码算法功能服务之前，密码模块自测试、确保没有故障；或者周期性、条件性的自测试。

（10）生命周期保障：规范生产厂商在密码模块的设计、开发、操作和终止期间的各种实践方法。

（11）对其他攻击的缓解：未定义的其他攻击的缓解。

表2.14　不同密码模块类型的安全域选取参考

| | （1）密码模块规格 | （2）密码模块接口 | （3）角色、服务和鉴别 | （4）软件/固件安全 | （5）运行环境 | （6）物理安全 | （7）非入侵式安全 | （8）敏感安全参数管理 | （9）自测试 | （10）生命周期保障 | （11）对其他攻击的缓解 |
|---|---|---|---|---|---|---|---|---|---|---|---|
| 硬件密码模块 | √ | √ | √ | √* | √# | √ | √ | √ | √ | √ | 可选 |
| 软件密码模块 | √ | √ | √ | √ | √ | 可选 | √** | √ | √ | √ | 可选 |
| 固件密码模块 | √ | √ | √ | √ | √# | √ | √ | √ | √ | √ | 可选 |
| 混合软件密码模块 | √ | √ | √ | √ | √# | √ | √ | √ | √ | √ | 可选 |
| 混合固件密码模块 | √ | √ | √ | √ | √# | √ | √ | √ | √ | √ | 可选 |

\* 完全由硬件实现的密码模块不需选取"软件/固件安全"
\*\* 软件密码模块宜至少提供对于计时攻击的缓解措施
# 对于安全二、三、四级别的模块，如果运行环境为受限或不可修改，运行环境无额外要求

密码模块应针对各个域的要求进行检测。密码模块应在每个域中独立地进行评级。上述11个安全域中，有些域随着安全等级的递增，安全要求也相应增加。密码模块在这些域中获得的评级反映了密码模块在该域中所能达到的最高安全等级，即密码模块应满足该域针对该等级的所有安全要求。另外一些域的安全要求不分安全等级，那么密码模块在这些域中将获得与整体评级相当的评级。

除在每个安全域中获得独立的评级外，密码模块还将获得一个整体评级。整体评级设定为11个安全域所获得的最低评级。

### 6. 密码模块的安全策略文件

每个密码模块都有一个安全策略文件，该文件对密码模块进行了较为详细的说明，包括对密码模块在11个安全域的安全等级及所达到的整体安全等级的说明；针对11个安全域进行详细说明，如密码模块的存在形式、整体架构、密码边界、所支持的算法、密钥结构、运行环境、物理安全等，以及对满足特定安全等级的密码模块的使用说明，如环境如何配置、物理安全如何保证等。此外，任何密码协议、密码设备都是需要一定的安全假设（或者称为安全前提），安全策略文件也明确说明了密码模块运行应遵循的安全规则，包含了从密码模块安全要求标准导出的规则及厂商要求的规则。

对于实际使用密码模块的用户来说，安全策略为是否选用该密码模块的重要考量依据，因为密码模块的安全策略可能并不适用于用户的实际使用环境和应用需求。密码模块规定的安全等级，需要通过密码模块产品和安全策略的配合保证。如果不按照安全策略使用密码模块，则认为未使用密码模块或使用的是不合规的密码模块，因为在这种情况下，密码模块失去基本安全假设的支持，各类敏感参数都直接暴露在威胁之下。当然安全策略的制

定不能随心所欲，还受到标准的约束。一般而言，安全等级越高，其安全策略越简单，即安全等级高的密码模块可以运行在不是很安全的环境下。

### 2.3.3 安全芯片检测

安全芯片是指实现了一种或多种密码算法，直接或间接地使用密码技术保护密钥和敏感信息的集成电路芯片。与算法芯片不同，安全芯片是在实现密码算法的基础上，增加了密钥和敏感信息存储等安全功能。实现的算法包括分组密码、公钥密码、杂凑密码、序列密码、随机数生成等。另外，安全芯片能提供针对密码算法运算和敏感数据的防护保障，如物理防护、存储保护、工作环境条件监控等，保证密码运算安全可靠地运行。

安全芯片自身具有极高安全等级，能够保护内部存储的密钥和敏感数据不被非法读取和篡改，可作为密码板卡或模块的主控芯片。安全芯片具有 CPU，可以运行固件、片上操作系统及各类应用程序，因而可以被应用于智能卡产品中。商用密码算法（SM2、SM4算法）为身份鉴别服务的智能卡提供安全平台载体，安全芯片能够提供电路和固件层级的安全防护。GM/T 0008—2012《安全芯片密码检测准则》从安全防护能力角度，将安全芯片划分为安全性依次递增的三个安全等级，具有高安全等级已经成为安全芯片在重要领域应用的硬性要求。

近年来，在电子证照、金融支付、社会保障、网络认证、移动支付、电信等行业领域中，安全芯片广泛应用于身份证、电子护照、社保卡、银行卡、SIM 卡等多种安全芯片产品。安全芯片的安全性受到了国内各安全芯片厂商、应用服务商、政府机构、银行等的高度重视。

GM/T 0008—2012《安全芯片密码检测准则》在密码算法、安全芯片接口、密钥管理、敏感信息保护、安全芯片固件安全、自检、审计、攻击的削弱与防护和生命周期保证等九个领域考察安全芯片的安全能力，对每个领域的安全能力划分为安全性依次递增的三个安全等级，并对每个安全等级提出了安全性要求。安全芯片的安全等级定为该安全芯片所具有的各领域安全能力的最低安全等级。

该标准可以为选择满足应用与环境安全要求的适用安全等级的安全芯片提供依据，亦可为安全芯片的研制提供指导。

为了对安全芯片的安全等级有个更简洁清晰的了解，下面按照逐级增强的方式对安全一级到三级的安全芯片安全要求进行对比阐述。

#### 1. 安全一级

安全一级要求安全芯片对密钥和敏感信息提供基本的保护措施，是安全芯片的安全能力需满足的最低要求。安全一级的安全芯片对内部密码算法、敏感信息保护、密钥管理、固件安全等提供较弱的保护。安全一级的安全芯片可以应用在安全芯片所部署的外部运行环境中，能够保障安全芯片自身物理安全和输入 / 输出信息安全的应用场合。

安全一级的安全芯片通常具备对常用密码算法的支持，明确规定了安全芯片应具有的2 个独立的物理随机源，能够产生符合要求的随机数，能够正确地进行密钥管理和敏感信息保护，能够进行密码算法上电及复位自检并生成自检状态，应具有唯一标识，不对攻击的削弱与防护做特定要求。

### 2. 安全二级

安全二级规定了安全芯片的安全能力所能达到的中等安全等级要求，对内部密码算法、敏感信息保护、密钥管理、固件安全等提供中等的保护。安全二级的安全芯片可以应用于安全芯片所部署的外部环境，不能保障安全芯片自身物理安全和输入/输出信息安全的应用场合，在该环境下安全芯片具有对各种风险基本的防护能力。

安全二级在安全一级的基础上增加了对安全芯片物理随机源数量的要求，明确规定二级安全芯片应具有 4 个独立物理随机源。另外还增加了密码算法核心运算需要采用的专用硬件实现的要求。安全二级的安全芯片应能够对密钥和敏感信息进行保护，具有对抗攻击的逻辑、物理的防护措施。安全芯片应支持带校验的密钥存储，并为密钥提供可控且专用的存储区域，同时具有相应的权限管理机制。敏感信息应以密文形式存储。达到安全二级的安全芯片还应具有较全面的生命周期保障。

符合安全二级要求的安全芯片对攻击的削弱与防护有了全面而具体的要求。安全芯片及算法实现应当具备对抗常见的侧通道攻击及故障注入攻击等的能力。从安全二级开始，要求送检单位能够对相应防御措施进行有效性的说明，即对送检安全芯片的防御措施方案和具体安全设计进行功能和实现的阐述，将防御措施与具体实现进行对照说明。

### 3. 安全三级

安全三级规定了安全芯片的安全能力所能达到的高安全等级要求，对内部密码算法、敏感信息保护、密钥管理、固件安全等提供高安全等级的保护。安全三级的安全芯片可以应用于安全芯片所部署的外部环境，不能保障安全芯片自身物理安全和输入/输出信息安全的应用场合，在该环境下安全芯片对各种风险具有全面的防护能力。

安全三级在安全二级的基础上进一步增加了对安全芯片物理随机源数量的要求：应具有八个相互独立且分散布局的物理随机源。物理随机源应至少采用两种设计原理实现。安全三级明确要求密码算法全部采用专用硬件实现。

安全三级要求安全芯片能够对密钥和敏感信息提供高级保护，要求安全芯片具有逻辑/物理安全机制，能够对密钥和敏感信息提供完整的保护。密钥应以密文形式进行存储，同时还规定了固件应以密文形式进行存储。

针对攻击的削弱与防护，要求安全芯片能够防御标准 GM/T 0008—2012 指定的所有攻击。安全芯片应具有主动的屏蔽层进行物理版图的保护，并提出了送检单位要能够证明相关防御措施有效性的要求。

## 习题

1. 密码标准框架的维度有哪些？

2. 密码标准体系框架中的技术维包含哪些大类？它们之间有何关系？

3. 密码基础类标准包括哪几种标准？

4. 简要介绍《商用密码产品认证目录》中两种常用密码产品的功能和认证依据？

5.《中华人民共和国密码法》发布之前的商用密码产品类别是如何划分的？

6. 智能卡的分类有哪些？它们在安全性上有何差异？

7. 智能密码钥匙应用系统密钥体系包括哪些密钥？

8. 服务器密码机、金融数据密码机和签名验签服务器在功能上有何不同之处？

9. 客户端调用服务器密码机存储的用户密钥进行签名的一般顺序是什么？

10. 客户端调用服务器密码机利用会话密钥的一般顺序是什么？

11.IPSec VPN 和 SSL VPN 有何区别？

12. 商用密码产品检测框架包括哪些方面？

13.GM/T 0028-2014 将密码模块划分为几个级别？划分了哪些安全域？请简要介绍。

14. 信息系统密码应用测评标准体系包括哪些标准和文件？

# 第 3 章

# 传输保护

本章阐述密码技术在 TCP/IP 协议栈的各个层次的安全应用，包括数据链路层、网络层、传输层直至应用层。从数据链路层的保护技术开始，逐步深入到网络层的 IPsec 协议，这一协议为网络层的数据传输提供了坚实的保密性和完整性保障。讨论传输层的安全机制，特别是 SSL/TLS 协议，它通过端到端的加密技术，确保了数据传输的安全性和可靠性。在应用层，介绍一系列典型的安全协议，如 S/MIME、PGP、SSH 等，为应用程序提供了安全的通信保障。

## 3.1 数据链路层安全机制

传输保护是实现网络安全的核心一环，该领域涵盖了多种协议和技术，其目标是保障数据在传输中不受未经授权的访问、窃取或篡改。密码技术是保护传输安全的重要支撑技术，通过应用先进的密码学原理和协议可以有效防范黑客攻击、中间人攻击，维护通信双方的身份验证和数据传输的可信度。

数据链路层安全机制在网络通信中扮演着至关重要的角色，因为它负责在物理媒介上建立直接的通信连接，并确保传输的数据在局域网（LAN）或广域网（WAN）中的完整性和保密性。这一层次的安全措施可以防止数据在传输过程中被未授权访问或篡改，从而保护网络不受内部和外部威胁的影响。PPPoE（基于以太网的点对点通信协议）是一种典型的数据链路层安全协议，能够为宽带接入网络提供一个安全的封装和传输机制。通过PPPoE，可以在以太网帧中封装 PPP 帧，并利用 PPP 协议内建的鉴别和加密功能，为用户数据提供安全保障。PPPoE 支持用户级别的鉴别，允许 ISP（互联网服务提供商）对用户进行身份验证，并根据用户身份提供定制化的服务。此外，PPPoE 还能够与以太网现有的基础设施无缝集成，便于部署和管理，同时支持多种网络层协议，提供了一种灵活且高效的数据链路层安全解决方案。

### 3.1.1 PPPoE网络架构

PPPoE 网络架构如图 3.1 所示，PPPoE 协议采用客户端 / 服务器模式，包括 PPPoE 客户端，PPPoE 服务器，以及远程鉴别拨号用户服务（RADIUS）设备。

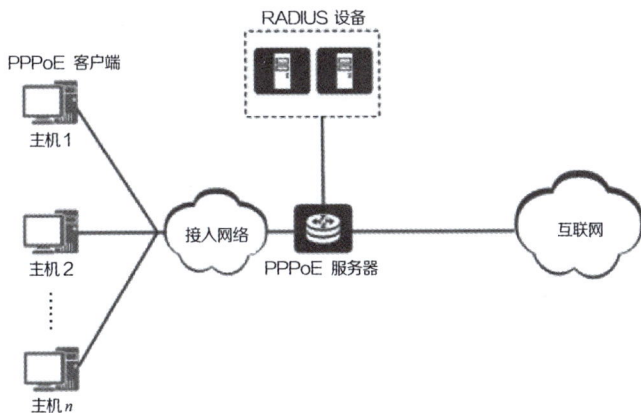

图3.1 PPPoE网络架构

（1）PPPoE 客户端是位于用户设备（计算机或路由器）上的软件或硬件实体，负责发起 PPPoE 连接。在建立连接时，PPPoE 客户端负责发起 PPPoE 会话请求，与 PPPoE 服务器建立通信，并通过该连接获取网络服务。

（2）PPPoE 服务器是位于 ISP 或网络服务提供商网络中的设备，用于接受和处理 PPPoE 客户端的连接请求。PPPoE 服务器负责验证 PPPoE 客户端的身份，并为其分配 IP 地址。它还处理 PPPoE 会话的建立和终止，管理连接的生命周期。

（3）RADIUS 设备通过 RADIUS 协议提供集中式身份验证、授权和账户管理，常用于支持拨号用户服务。在 PPPoE 环境中，RADIUS 设备用于验证 PPPoE 客户端的身份信息，授权其访问网络资源，并记录相关的计费和审计信息。PPPoE 服务器通常会与 RADIUS 服务器进行交互以完成这些任务。

上述三个角色共同协作，使得 PPPoE 能够在以太网上建立点对点连接，为广域网接入提供一种灵活的解决方案，允许用户通过 DSL、电缆等技术连接到互联网。

### 3.1.2 PPPoE的工作过程

PPPoE 的工作过程分为三个阶段：发现阶段、会话阶段和终止阶段。其中，PPPoE 用户通过前两个阶段完成上线操作。发现阶段主要是选择 PPPoE 服务器，并确定所要建立的会话标识符会话 ID。PPP 会话阶段即执行标准的 PPP 过程。

PPPoE 发现阶段和 PPP 会话阶段时序图如图 3.2 所示。

#### 1. 发现阶段

发现阶段由四个过程组成。完成之后通信双方都会知道 PPPoE 的会话 ID 及对方以太网地址，它们共同确定了唯一的 PPPoE 会话。

（1）PPPoE 客户端广播发送一个 PADI（PPPoE 主动发现启动）报文，在此报文中包含 PPPoE 客户端想要得到的服务类型信息。

（2）所有的 PPPoE 服务器收到 PADI 报文之后，将其中请求的服务与自己能够提供的服务进行比较，如果可以提供，则单播回复一个 PADO（PPPoE 主动发现提供）报文。

（3）根据网络的拓扑结构，PPPoE 客户端可能收到多个 PPPoE 服务器发送的 PADO 报文，PPPoE 客户端选择最先收到的 PADO 报文对应的 PPPoE 服务器做为自己的 PPPoE 服务器，并单播发送一个 PADR（PPPoE 主动发现请求）报文。

（4）PPPoE 服务器产生一个唯一的会话 ID，标识和 PPPoE 客户端的这个会话，通过发送一个 PADS 报文把会话 ID 发送给 PPPoE 客户端，如果没有错误，会话建立后便进入 PPPoE 会话阶段。

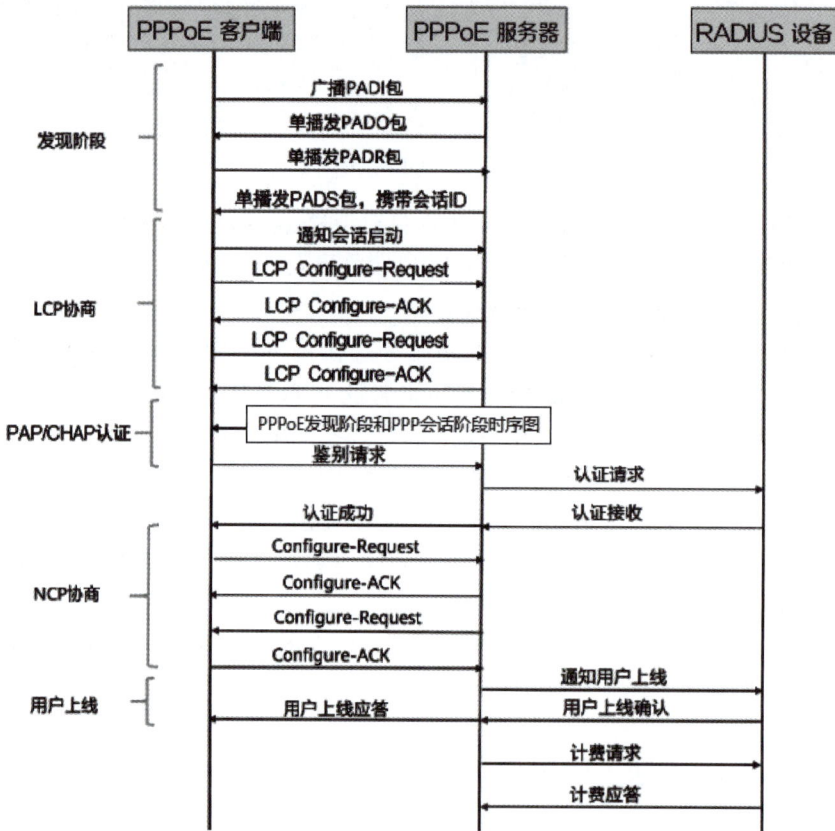

图3.2　PPPoE发现阶段和PPP会话阶段时序图

## 2. 会话阶段

PPP 会话阶段包括 LCP（链路控制协议）协商、PAP（密码鉴别协议）/CHAP（密码鉴别协议）鉴别、NCP（网络控制协议）协商等阶段。

（1）LCP 协商

LCP 是 PPP 的第一阶段，用于在两个节点之间进行链路控制的协商。LCP 协商的目的是协调两端设备之间的基本参数，如最大帧大小、帧同步方式等。通过 LCP 协商，两端设备可以确定彼此支持的特性，从而确保链路能够正确工作。具体协商过程如下。

① PPPoE 客户端与 PPPoE 服务器互相发送 LCP Configure-Request 报文。

② 双方收到 LCP Configure-Request 报文后，根据报文中协商选项的支持情况做出适当的回应如表 3.1 所示。若两端都回应了 LCP Configure-ACK，则标志 LCP 链路建立成功，否则会继续发送 LCP Configure-Request 报文：

如果在设定的 LCP 协商间隔与协商次数内，对端回应了 Configure-ACK，则 LCP 链路建立成功。如果在超过了设定的 LCP 协商次数后，对端尚未回应 LCP Configure-ACK，则终止 LCP 协商。

③ LCP 链路建立成功后，PPPoE 服务器会周期性地向 PPPoE 客户端发送 LCP Echo-Request 报文，然后接收 PPPoE 客户端回应的 Echo-Reply 报文，探测 LCP 链路是否正常，以维持 LCP 连接。

表3.1　回应报文类型列表

| 回应报文类型 | 含义 |
| --- | --- |
| LCP Configure-ACK | 若完全支持对端的 LCP 选项，则回应 LCP Configure-ACK 报文，报文中必须完全携带对端 Request 报文中的选项 |
| Configure-NAK | 若支持对端的协商选项，但不认可该项协商的内容，则回应 Configure-NAK 报文，在 Configure-NAK 的选项中填上本端期望的内容，如对端 MRU 值为 1 500，而本端期望 MRU 值为 1 492，则在 Configure-NAK 报文中填上 1492 |
| Configure-Reject | 若不能支持对端的协商选项，则回应 Configure-Reject 报文，报文中带上不能支持的选项 |

（2）PAP/CHAP 鉴别

LCP 协商完成后，会进入鉴别阶段，分为 PAP 鉴别和 CHAP 鉴别两种鉴别方式。

① PAP 鉴别

PAP 为两次握手协议，是通过用户名和密码对用户进行鉴别，并且是以明文的方式传递用户名和密码。发起方为被鉴别方，可以做无限次的尝试（暴力破解）。只在链路建立的阶段进行 PAP 鉴别，一旦链路建立成功将不再进行鉴别检测。PPPoE 服务器（或者 RADIUS 服务器）根据本端的用户表查看用户名和密码是否正确。PAP 鉴别过程：首先被鉴别方向主鉴别方发送鉴别请求（包含用户名和密码），主鉴别方接到鉴别请求，再根据被鉴别方发送的用户名到自己的数据库鉴别用户名密码是否正确，如果密码正确，PAP 鉴别通过，如果用户名密码错误，PAP 鉴别未通过。适用于对网络安全要求相对较低的环境。

② CHAP 鉴别

CHAP 鉴别过程比较复杂，是三次握手机制。使用密文格式发送 CHAP 鉴别信息。由鉴别方发起 CHAP 鉴别，有效避免暴力破解。在链路建立成功后具有再次鉴别检测机制。目前在企业网的远程接入环境中应用比较常见。

CHAP 鉴别过程第一步如图 3.3 所示，主鉴别方发送挑战信息 01（表示此报文为鉴别请求）、id（表示此鉴别的序列号）、随机数据、主鉴别方鉴别用户名。被鉴别方接收挑战信息后，根据接收主鉴别方的鉴别用户名在自己本地的数据库中查找对应的密码（3640）。如果没有设密码就用默认的密码，查到密码后再结合主鉴别方发来的 id 和随机数据根据 MD5 算法算出一个 Hash 值。

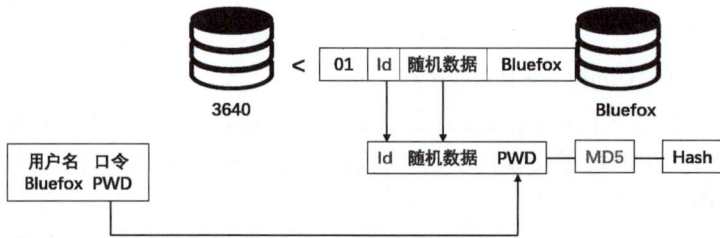

图3.3　CHAP鉴别过程第一步

CHAP 鉴别过程第二步如图 3.4 所示，被鉴别方回复鉴别请求，鉴别请求里面包括 02（表示此报文为 CHAP 鉴别响应报文）、id（与鉴别请求中的 id 相同）、Hash 值、被鉴别方的鉴别用户名、主鉴别方处理挑战的响应信息、根据被鉴别方发来的鉴别用户名，主鉴别方在本地数据库中查找被鉴别方对应的密码（口令）结合 id 找到先前保存的随机数据和 id，根据 MD5 算法算出一个 Hash 值，与被鉴别方得到的 Hash 值做比较，如果一致，则鉴别通过，如果不一致，则鉴别不通过。

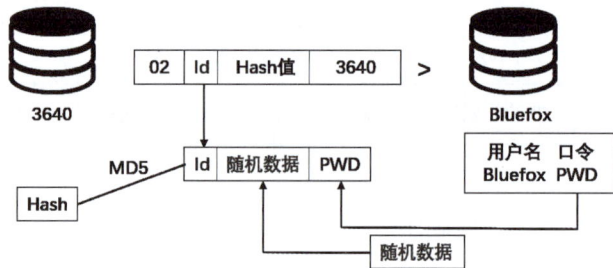

图3.4　CHAP鉴别过程第二步

CHAP 鉴别第三步如图 3.5 所示，鉴别方告知被鉴别方鉴别是否通过。

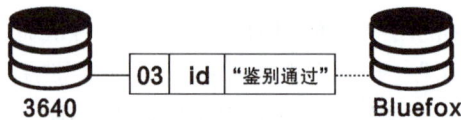

图3.5　CHAP鉴别过程第三步

（3）NCP 协商

NCP 协商的主要功能是协商 PPP 报文的网络层参数，如 IPCP、IPv6CP 等。PPPoE 客户端主要通过 IPCP 协议获取访问网络的 IP 地址或 IP 地址段。NCP 协商的流程与 LCP 协商流程类似。NCP 协商成功之后，PPPoE 客户端可以正常访问网络。

（4）用户上线

NCP 协商成功之后，即为 PPPoE 客户端上线（用户上线），此时 PPPoE 服务器会给 RADIUS 服务器发送计费请求报文，通过 RADIUS 服务器对 PPPoE 客户端进行计费。

### 3. 终止阶段

PPP 通信双方应该使用 PPP 协议自身（PPP 终结报文）结束 PPPoE 会话，但在无法使用 PPP 协议结束会话时可以使用 PADT（PPPoE 主动发现终止）报文。进入 PPPoE 会话阶段后，PPPoE 客户端和 PPPoE 服务器都可以通过发送 PADT 报文的方式结束 PPPoE 连接。PADT 数据包可以在会话建立以后的任意时刻单播发送。在发送或接收到 PADT 报文后，就不允许再使用该会话发送 PPP 流量了，即使是常规的 PPP 结束数据包也不允许发送。

## 3.2 网络层安全

在网络层（IP 层）实现安全不仅可以保证安全机制应用具有安全性，也可以确保许多不考虑安全的应用的安全性。IP 层安全包括三大功能领域：认证、保密和密钥管理。认证机制确保接收的数据包确实是数据包头中标识的源发送的。此外，这种机制确保数据包在传输过程中没有被篡改。保密机制使通信节点能够加密消息，以防止第三方监听。密钥管理机制涉及安全交换密钥。IPsec 是工作在 IP 层的一组安全的网络协议，本节将简单介绍 IPsec。

### 3.2.1 IPsec概述

IPsec 是一组安全的网络协议，通过对数据包进行认证和加密进而在 IP 层的网络上提供节点间的安全通信，可以保护一对节点间（主机对主机）、一对安全网关间（网络对网络）或安全网关与主机间（网络到主机）的通信。IPsec 使用加密服务保护 IP 网络上的通信，支持节点间认证、数据来源认证、信息完整性、保密性（加密）和防重放保护。

IPv4 最初设计时没有考虑安全性。作为 IPv4 的扩展，IPsec 是第 3 层 OSI 模型即网络层的端到端安全方案。相比之下，其他一些广泛使用的互联网安全协议如传输层安全协议（TLS）和安全外壳协议（SSH）运行在网络层之上，IPsec 可以自动保护网络层的应用。

IPsec 安全包含三大功能领域：认证、保密和密钥管理。IPsec 规范分布在许多 RFC 文档中，使其成为 IETF 所有规范中最复杂的。要全面了解 IPsec，最好参考最新版的 IPsec 文档路线图 RFC 6071。文档可分为以下几组。

（1）体系结构：介绍 IPsec 技术的概念、安全需求、定义和机制，当前版本为 RFC 4301。

（2）认证头（AH）：AH 是一个扩展头，用于消息认证，当前版本为 RFC 4302。由于消息认证由 ESP 提供，不建议使用 AH，它仅用于向后兼容，但不应在新应用中使用。

（3）封装安全有效载荷（ESP）：ESP 由封装头和尾组成，用于提供加密或认证。当前版本为 RFC 4303。

（4）互联网密钥交换（IKE）：用于 IPsec 密钥管理的协议集合，主要规范为 RFC 7296。

（5）加密算法：定义用于加密、消息认证、伪随机函数和密钥交换的加密算法。

（6）其他：与 IPsec 相关的 RFC，包括安全策略 RFC 和管理信息库 RFC 等。

IPsec 在 IP 层提供安全服务，使系统能选择所需的安全协议，确定用于服务的算法及放置所需的加密密钥。有两种协议用于提供安全性：一种是认证头（AH）协议；一种是封装安全有效载荷（ESP）的组合认证 / 加密协议。RFC 4301 列出了以下服务：访问控制，无连接的完整性，数据源认证，拒绝重放数据包（部分序列完整性的一种形式），保密性（加密），有限交通流量保密。

## 3.2.2　工作模式

AH 和 ESP 都支持传输模式和隧道模式两种使用模式。

传输模式主要为上层协议提供保护，也就是保护 IP 数据包的有效载荷，如 TCP/UDP 段或 ICMP 数据报等，这些都直接运行在 IP 上。通常，传输模式用于节点间的端对端通信。当主机通过 IPv4 使用 AH 或 ESP 时，有效载荷是 IP 头后的数据。对于 IPv6，有效载荷在 IP 头和任何扩展头之后，但目标选项头可能包含在保护范围内。

ESP 在传输模式下加密并可选择性认证 IP 有效载荷，但不认证 IP 头。AH 在传输模式下认证 IP 有效载荷和 IP 头的选定部分。

隧道模式为整个 IP 数据包提供保护。它将整个数据包加上安全字段视为新的外部 IP 数据包的有效载荷，外部 IP 数据包有新的外部头。原始内部数据包通过 IP 网络的一个点到另一个点进行隧道传输，中间路由器无法检查内部头。因为原数据包被封装，新的较大数据包可能有完全不同的源地址和目的地址，增强了安全性。当一个或两个 SA 终端是安全网关（实现 IPsec 的防火墙或路由器）时，使用隧道模式。这样防火墙后面的网络中的主机可以在不实现 IPsec 的情况下进行安全通信。这种主机生成的未保护数据包，利用防火墙或安全路由器上的 IPsec 软件建立的隧道模式 SA 进行隧道传输，以通过外部网络。

例如，主机 A 生成一个以主机 B 为目的地的 IP 数据包。该数据包从 A 路由器到 A 网络边界的防火墙或安全路由器。防火墙过滤所有出站数据包以确定是否需要 IPsec 处理。如果该数据包需要 IPsec，防火墙执行 IPsec 处理，使用外部 IP 头封装该数据包。外部 IP 数据包的源地址是该防火墙，目的地址可能是通往 B 本地网络边界的防火墙。该数据包通过外部网络路由器传输至 B 的防火墙，中间路由器只检查外部 IP 头。在 B 的防火墙上，外部 IP 头被剥离，内部数据包被传递给 B。

ESP 在隧道模式下加密并可选择性认证整个内部 IP 数据包，包括内部 IP 头。AH 在隧道模式下认证整个内部 IP 数据包和外部 IP 头的选定部分。

隧道模式和传输模式的功能如表 3.2 所示。

表3.2　隧道模式和传输模式功能

| | 运输模式SA | 隧道模式SA |
|---|---|---|
| AH | 对 IP 有效负载及 IP 标头和 IPv6 扩展标头的选定部分进行身份验证 | 对整个内部 IP 数据包（内部标头加上 IP 有效负载）加上外部 IP 标头和外部 IPv6 扩展标头的选定部分进行身份验证 |

|  | 运输模式SA | 隧道模式SA |
|---|---|---|
| ESP | 加密 IP 负载和 ESP 标头之后的任何 IPv6 扩展标头 | 加密整个内部 IP 数据包 |
| 带身份验证的ESP | 加密 IP 负载和 ESP 标头之后的任何 IPv6 扩展标头。验证 IP 负载，但不验证 IP 标头 | 加密整个内部 IP 数据包。对内部 IP 数据包进行身份验证 |

### 3.2.3　安全策略

IPsec 操作的基础概念是从源到目的传输的每个 IP 数据包的安全策略。IPsec 策略主要由安全关联数据库（SAD）和安全策略数据库（SPD）这两个数据库的交互决定。本节首先介绍这两个数据库，然后总结它们在 IPsec 操作过程中的使用。IPsec 体系结构如图 3.6 所示。

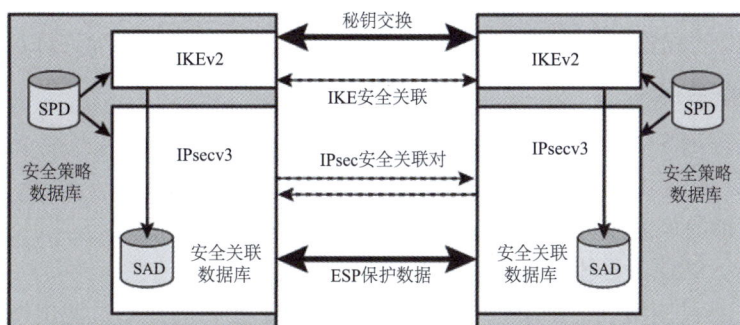

图3.6　IPsec体系结构

IP 认证和保密机制中的一个关键概念是安全关联（SA）。SA 是发送方和接收方之间的单向逻辑连接，为其所载数据流提供安全服务。如果需要双向安全通信，则需要两个 SA。SA 由三个参数唯一标识。

（1）安全参数索引（SPI）：分配给该 SA 的 32 位无符号整数，仅具本地意义。SPI 在 AH 和 ESP 头中携带，使接收系统能选择对应的 SA 处理接收数据包。

（2）目的 IP 地址：SA 的目标端点地址，可以是最终用户系统或网络设备，如防火墙或路由器。

（3）安全协议标识符：外部 IP 头中的此字段表示 SA 是 AH 还是 ESP。

因此，在任意 IP 数据包中，SA 由 IPv4 或 IPv6 头中的目的地址和所附扩展头（AH 或 ESP）中的 SPI 唯一标识。

#### 1. 安全关联数据库

每个 IPsec 实现中都有一个名义上的 SA 数据库，定义每个 SA 的参数。

（1）安全参数索引（SPI）：接收端选择 32 位值，用于唯一标识该 SA。在出站 SA 中用于构造 AH 或 ESP 头；在入站 SA 中用于映射流量到相应的 SA。

（2）序列号计数器：32 位计数器，用于在 AH 或 ESP 头生成序列号。

（3）序列计数器溢出标志：指示序列号计数器溢出时是否应生成审计事件并终止该 SA 上的传输。

（4）防重放窗口：确定入站 AH 或 ESP 数据包是否重放。

（5）AH 信息：与 AH 一起使用的认证算法、密钥、密钥生存期等参数。

（6）ESP 信息：ESP 使用的加密和认证算法、密钥、初始化向量、密钥生存期等参数。

（7）SA 生命周期：SA 必须被新的 SA 和 SPI 替换或终止时间间隔或字节数，及相应操作指示。

（8）IPsec 协议模式：隧道、传输或通配符。

（9）路径 MTU：观察到的路径最大传输单元和相应变量。

用于密钥分发的密钥管理机制仅通过 SPI 与认证和保密机制耦合。因此，认证和保密机制独立于任何特定的密钥管理机制。

IPsec 通过组合 SA 的方式决定对 IP 流量应用 IPsec 服务的灵活性。SA 可以以各种方式组合产生所需的配置。此外，IPsec 可以区分受 IPsec 保护的流量和允许绕过 IPsec 的流量。

### 2. 安全策略数据库

IP 流量与特定 SA 或无 SA 的绕过 IPsec 流量相关联，它们是通过名义上的安全策略数据库（SPD）的交互确定的。在最简单形式下，SPD 包含条目，每个条目定义 IP 流量的一个子集并指向该流量对应的 SA。在更复杂的环境中，可能有与单个 SA 相关的多个条目，或与单个 SPD 条目相关联的多个 SA。

每个 SPD 条目使用一组由 IP 和上层协议字段值定义的选择器过滤出站流量，以映射到特定的 SA。对每个 IP 数据包，出站处理遵循以下顺序。

（1）使用选择器字段的值与 SPD 进行比较，找到匹配的 SPD 条目，该条目将指向零个或多个 SA。

（2）确定数据包对应的 SA（如果有）及其 SPI。

（3）执行所需的 IPsec 处理（AH 或 ESP 处理）。

SPD 条目使用以下选择器。

（1）远程 IP 地址：可以是单个 IP 地址、枚举的地址列表或范围，也可以是通配符（掩码）地址。后两者需要支持共享同一 SA 的多个目标系统。例如，在防火墙后面。

（2）本地 IP 地址：可以是单个 IP 地址、枚举的地址列表或范围，也可以是通配符（掩码）地址。后两者需要支持多个共享同一 SA 的源系统。例如，在防火墙后面。

（3）下一层协议：IP 协议报头（IPv4、IPv6 或 IPv6 扩展）包括一个字段（IPv4 的协议、IPv6 的下一个报头或 IPv6 扩展部分），用于指定在 IP 上运行的协议。这是一个单独的协议编号，即 ANY 或仅适用于 IPv6 的 OPAQUE。如果使用了 AH 或 ESP，则此 IP 协议标头紧跟在数据包中的 AH 或 ESP 标头之前。

（4）名称：操作系统中的用户标识符。这不是 IP 或上层标头中的字段，但如果 IPsec 与用户在同一操作系统上运行，则此字段可用。

（5）本地和远程端口：它们可以是单独的 TCP 或 UDP 端口值、枚举的端口列表或通配符端口。

### 3.2.4 封装安全有效负载

封装安全有效负载（ESP）可用于提供保密性、数据源身份验证、无连接完整性、反重放服务（部分序列完整性的一种形式）和（有限的）流量保密性。所提供的服务集取决于在建立安全关联（SA）时选择的选项及实现在网络拓扑中的位置。ESP 可以使用各种加密和身份验证算法，包括经过身份验证的加密算法，如 GCM。

ESP 数据包格式如图 3.7 所示。它包含以下字段。

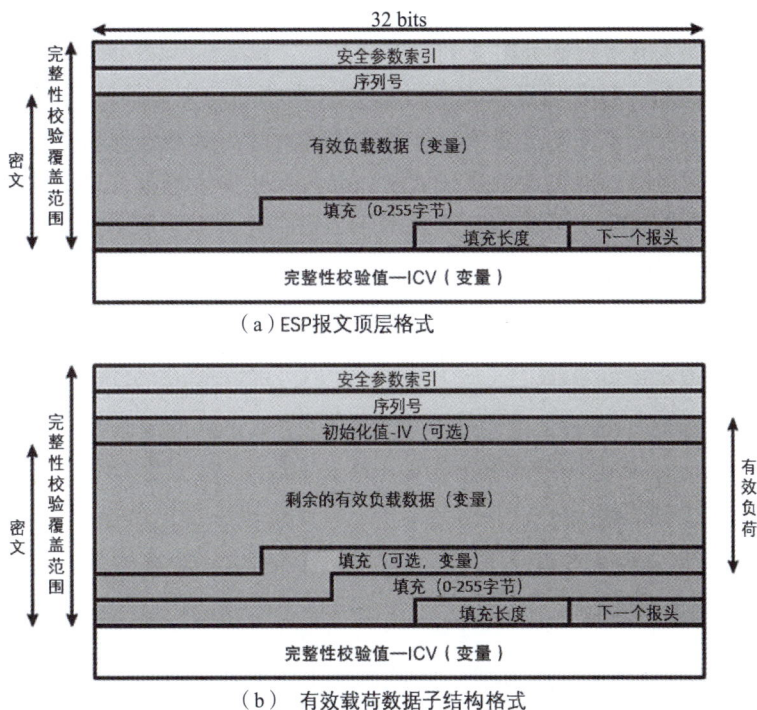

图3.7　ESP数据包格式

（1）安全参数索引（32 位）：安全关联标识。

（2）序列号（32 位）：一个单调递增的计数器值；这提供了如针对 AH 所讨论的防重放功能。

（3）有效负载数据（变量）：这是一个受加密保护的传输阶段（传输模式）或 IP 数据包（隧道模式）。

（4）填充（0~255 字节）：稍后将讨论此字段的用途。

（5）填充长度（8 位）：表示在此字段之前的数据包字节数。

（6）下一个报头（8 位）：通过识别有效载荷中的第一个标头。例如，IPv6 中的扩展标头或 TCP 等上层协议，进而识别有效载荷数据字段中包含的数据类型。

（7）完整性校验值（变量）：一个可变长度字段（必须是 32 位字的整数），包含通过 ESP 数据包计算的完整性检查数值减去身份验证数据字段。

组合模式算法将返回解密后的明文和校验成功 / 失败指示。对这种算法，可以省略 ESP 数据包末尾的完整性校验值（ICV）。如果省略 ICV 但选择完整性，则组合模式算法负责在有效负载数据中编码 ICV 等效值验证分组完整性。

有效负载可能还包含两个额外字段：如果 ESP 使用的加密或认证加密算法需要初始化向量（*IV*）或 nonce，则存在该字段。如果使用隧道模式，IPsec 实现可以在有效负载数据后加入流量保密（TFC）填充。

Payload Data（有效负载数据）、Padding（填充）、Pad Length（填充长度）和 Next Header（下一个标头）字段由 ESP 服务加密。如果用于加密有效载荷的算法需要加密同步数据，如 *IV*，则这些数据可以携带在有效载荷数据字段的开头。如果包含 *IV*，通常不会对其进行加密，尽管它通常被称为密文的一部分。

ICV 字段是可选的。只有当选择完整性保护且由单独的完整性算法或使用 ICV 的组合模式算法时，它才存在。ICV 是在执行加密之后计算的。这种处理顺序有助于接收端在解密数据包之前快速检测和拒绝伪造或重放的数据包，减少拒绝服务攻击的影响。它还允许在接收端并行解密和校验。注意，由于 ICV 未加密，计算 ICV 必须使用密钥认证算法。

填充字段有以下用途。

（1）如果加密算法要求明文是某个字节数的倍数（分组密码的单个块的倍数），则填充字段用于将明文（由 Payload Data、Padding、Pad Length 和 NextHeader 字段组成）扩展到所需长度。

（2）ESP 格式要求"填充长度"和"下一个标题"字段在 32 位单词内右对齐。等价地，密文必须是 32 位的整数倍。填充字段用于确保对齐。

（3）可以添加额外的填充以通过隐藏有效载荷的实际长度提供部分业务流的保密性。

## 3.2.5  组合安全关联

单个 SA 只能实现 AH 或 ESP 协议，不能同时实现两者。但有时特定流量需要 AH 和 ESP 所提供的服务。此外，特定流量可能需要节点间的端到端安全服务，同时针对该流量还需要独立的网关间服务。在所有这些情况下，必须为相同业务流使用多个 SA 实现所需的 IPsec 服务。术语"安全关联捆绑"是指一组必须通过这些 SA 处理流量以提供所需 IPsec 服务集的 SA。捆绑中的 SA 可以终止在不同端点或相同端点处。

SA 可以通过两种方式组合成捆绑。

（1）传输邻接：在不使用隧道的情况下，将多个安全协议应用于同一 IP 数据包。这种组合 AH 和 ESP 的方法只允许一级组合，进一步嵌套不会带来额外好处，因为处理是在一个 IPsec 实例上执行的。

（2）迭代隧道：通过 IP 隧道实现多层安全协议的应用。这种方法允许多级嵌套，因为每个隧道可以在路径上的不同 IPsec 节点启动或终止。

这两种方法可以组合使用，如节点间的传输 SA 通过网关间的隧道 SA 进行部分传输。

在考虑 SA 捆绑时，要先考虑在给定节点对之间应用认证和加密的顺序及方式。在研究这个问题时，需要研究至少一个隧道的 SA 组合。

认证和加密可以组合为在节点间传输同时提供保密性和认证的 IP 数据包。研究几种方法。

### 1. 带认证选项的 ESP

首先对数据应用 ESP 保护，然后附加认证数据字段。实际上有两种子类。

（1）传输模式 ESP：认证和加密应用于传递到节点的 IP 有效负载，但不保护 IP 头。

（2）隧道模式 ESP：认证应用于传递到外部 IP 地址（防火墙）的整个 IP 数据包，在该地址认证。整个内部 IP 数据包应用于传递到内部 IP 地址的优先机制保护。

对于这两种情况，身份验证都适用于密文而不是明文。

### 2. 运输连接

使用两个捆绑的传输 SA，内部是 ESP SA，外部是 AH SA。此时 ESP 不使用认证选项。因为内部 SA 是传输 SA，所以对 IP 有效负载应用加密。生成的数据包由一个 IP 头（可能还有 IPv6 扩展头）和一个 ESP 组成。然后以传输模式应用 AH，使认证覆盖 ESP 加上原始 IP 头（和扩展头）（除可变字段外）。与单 ESP SA 相比，此方法的优点是认证覆盖了更多字段，包括源和目的 IP 地址。缺点是两个 SA 的开销较一个 SA 大。

### 3. 运输隧道束

IPsec 体系结构文档列出了兼容 IPsec 主机（工作站、服务器）或安全网关（防火墙、路由器）必须支持 SA 组合的四个示例。每个 SA 可以是 AH 或 ESP。对于主机到主机 SA，模式可以是传输模式或隧道模式。

案例 1。在实现 IPsec 的终端上，系统之间提供所有安全性。对于任何通过 SA 进行通信的两端系统，它们必须共享适当的密钥。可能的组合包括。

（1）传输模式下的 AH。

（2）传输模式中的 ESP。

（3）传输模式下 ESP 后接 AH（AH 和 SA 内的 ESP 和 SA）。

（4）AH 内的（1）、（2）或（3）中的任何一个或隧道模式下的 ESP。

已经讨论了如何使用这些不同的组合支持身份验证、加密、加密前的身份验证和加密后的身份验证。

案例 2。仅在网关（路由器、防火墙等）之间提供安全性，并且没有主机实现 IPsec。此案例使用一个简单的虚拟专用网络。安全体系结构文档规定在这种情况下只需要一个隧道 SA。隧道可以支持 AH、ESP 或带有身份验证选项的 ESP。不需要嵌套隧道，因为 IPsec 服务应用于整个内部数据包。

案例 3。这是在案例 2 的基础上添加端到端安全性。这里允许对案例 1 和 2 进行相同的组合。网关到网关隧道为终端系统之间的所有流量提供身份验证、保密性或两者兼有。当网关到网关隧道是 ESP 时，它还提供了一种有限形式的流量保密性。单个主机可以通过端到端 SA 实现给定应用程序或给定用户所需的任何附加 IPsec 服务。

案例 4。这为远程主机提供了支持，该主机使用互联网访问组织的防火墙，然后访问防火墙后面的某个服务器或工作站。远程主机和防火墙之间只需要隧道模式。与案例 1 一样，可以在远程主机和本地主机之间使用一个或两个 SA。

## 3.2.6 互联网密钥交换

IPsec 的密钥管理部分涉及秘密密钥的确定和分发。一个典型的要求是需要两个应用程序之间通信的四个密钥：传输和接收对，以确保完整性和保密性。IPsec 体系结构文档要求支持两种类型的密钥管理。

（1）手动：系统管理员使用自己的密钥和其他通信系统的密钥手动配置每个系统。这对于较小、相对静态的环境是实用的。

（2）自动化：自动化系统能够按需创建 SA 的密钥，并便于在具有演进配置的大型分布式系统中使用密钥。

IPsec 的默认自动密钥管理协议称为 ISAKMP/Oakley，包括以下要素。

（1）Oakley 密钥交换协议：Oakley 是基于 Diffie-Hell man 算法的密钥交换协议，但提供了额外的安全性。Oakley 是通用的，因为它不规定特定格式。

（2）互联网安全协会和密钥管理协议（ISAKMP）：ISAKMP 为互联网密钥管理提供了一个框架，并为安全属性的协商提供了具体的协议支持，包括格式。

ISAKMP 本身并不规定特定的密钥交换算法；相反，ISAKMP 由一组消息类型组成，这些消息类型允许使用各种密钥交换算法。Oakley 是指定用于 ISAKMP 初始版本的特定密钥交换算法。

在 IKEv2 中，不再使用术语 Oakley 和 ISAKMP，并且与在 IKEv1 中使用 Oakley 或 ISAKMP 存在显著差异。尽管如此，基本功能是相同的。下面介绍 IKEv2 规范。

密钥确定协议 IKE 密钥确定协议是 Diffie-Hell man 密钥交换算法的改进。Diffie-Hell man 算法涉及用户 A 和 B 之间的以下交互。在两个全局参数上事先达成一致：$q$，一个大素数 ber；$a,q$ 的基根。用户 A 选择一个随机整数 XA 作为其私钥，并将其公钥 $Y_A=\alpha^{X_A} \bmod q$ 发送给用户 B。类似地，用户 B 选择一个任意整数 XB 作为其私钥并将其私钥 $Y_B=\alpha^{X_B} \bmod q$ 传输给用户 A。每一方现在都可以计算秘密会话密钥：

$$K=(Y_B)^{X_A} \bmod q=(Y_A)^{X_B} \bmod q=\alpha^{X_A X_B} \bmod q$$

Diffie-Hell man 算法有两个特点：一是只有在需要时才会创建密钥。不需要长时间存储密钥，增加了脆弱性；二是交易所不需要预先存在的基础设施，只需要就全球参数达成协议。

然而，Diffie-Hell man 算法有许多弱点：它没有提供任何有关各方身份的信息；它受到中间人攻击，第三方 C 在与用户 A 通信时冒充用户 B，在与用户 B 通信时冒充用户 A。用户 A 和用户 A 最终都与第三方 C 协商了一个密钥，然后第三方 C 可以监听并传递流量；它是计算密集型的。因此，它很容易受到堵塞攻击，在这种攻击中，对手需要大量的密钥。受害者花费了可考虑的计算资源做无用的模幂运算，而不是真正的工作。

IKE 密钥确定旨在保留 Diffie-Hell man 算法的优势，同时克服其弱点。

IKE 密钥确定算法的特点，IKE 密钥确定算法具有五个重要特征。

（1）采用了一种称为 cookie 的机制阻止堵塞攻击。

（2）使双方能够协商一个团体。本质上，这指定了 Diffie-Hell man 密钥交换的全局参数。

（3）使用 nonce 确保不受重放攻击。

（4）实现了 Diffie-Hell man 公钥值的交换。

（5）验证 Diffie-Hell man 交换以挫败中间人攻击。

已经讨论过 Diffie-Hell man 算法，依次看一下这些要素的其余部分。首先，考虑堵塞攻击的问题。在这种策略中，对手伪造合法用户的源地址，并向受害者发送公共 Diffie-Hell man 密钥。然后受害者执行模幂运算计算密钥。这种类型的重复消息可能会用无用的工作堵塞受害者的系统。cookie 交换要求每一方在初始消息中发送一个伪随机数 cookie，另一方对此进行确认。此确认必须在 Diffie-Hell man 密钥交换的第一条消息中重复进行。如果源地址是伪造的，对手将得不到答案。因此，对手只能强迫用户生成确认，而不能执行 Diffie-Hell man 计算。IKE 要求 cookie 生成满足三个基本要求。

（1）cookie 必须取决于特定的当事方。这可以防止攻击者使用真实的 IP 地址和 UDP 端口获取 cookie，然后使用该 cookie 向受害者发送来自随机选择的 IP 地址或端口的请求。

（2）除发行实体外，任何人不得生成该实体接受的 cookie。这意味着发布实体将在 cookie 的生成和后续验证中使用本地机密信息。一定不能从任何特定的 cookie 中推断出这个秘密信息。这一要求的要点是，发布实体不需要保存 cookie 的副本，这样更容易被发现，但可以在需要时验证传入的 cookie 确认。

（3）cookie 生成和验证方法必须快速，以挫败旨在破坏处理器资源的攻击。

创建 cookie 的推荐方法是在 IP 源地址和目的地地址、UDP 源端口和目的地端口及本地生成的机密值上执行快速哈希（MD5 算法）。IKE 密钥确定支持使用不同的组进行 Diffie-Hell man 密钥交换。每组包括两个全局参数的定义和算法的标识。

IKE 密钥确定采用随机数防止重放攻击。每个 nonce 是一个本地生成的伪随机数。随机数出现在响应中，并在交换的某些部分进行加密以确保其使用安全。三种不同的认证方法可以用于 IKE 密钥确定。

（1）数字签名：通过签名获得的哈希值验证交换；每一方都用自己的私钥对哈希值进行加密。哈希是在重要参数上生成的，如用户 id 和 nonce。

（2）公钥加密：通过使用发送方的私钥加密 id 和随机数等参数对交换进行身份验证。

（3）对称密钥加密：通过对交换参数进行对称加密，可以使用某种带外机制派生的密钥对交换进行身份验证。

IKEv2 交换 IKEv2 协议涉及成对消息的交换。前两对交换被称为初始交换。在第一次交换中，两个对等方交换与加密算法和他们愿意使用的其他安全参数有关的信息，以及随机数和 Diffie-Hell man 值。这种交换的结果是建立一个称为 IKE SA 的特殊 SA。该 SA 定义了对等端之间的安全通道参数，随后的消息交换通过该通道进行。特殊 SA 的 IKEv 交换如图 3.8 所示。因此，所有后续的 IKE 消息交换都受到加密和消息身份验证的保护。在第二次交换中，双方相互验证并建立第一个 IPsec SA，放置在 SADB 中，用于保护对等点之间的普通（非 IKE）通信。因此，需要四条消息建立第一个 SA 以供一般使用。

CREATE_CHILD_SA 交换可以用来建立更多的安全联盟保护流量。信息交换主要用于交换管理信息、IKEv2 错误消息和其他通知。

报头和有效载荷格式：IKE 定义了建立、协商、修改和删除安全关联的过程和数据包格式。作为 SA 建立的一部分，IKE 定义了用于交换密钥生成和身份验证数据的有效载荷。这些有效载荷格式提供了一个独立于特定密钥交换协议、加密算法和身份验证机制的一致框架。

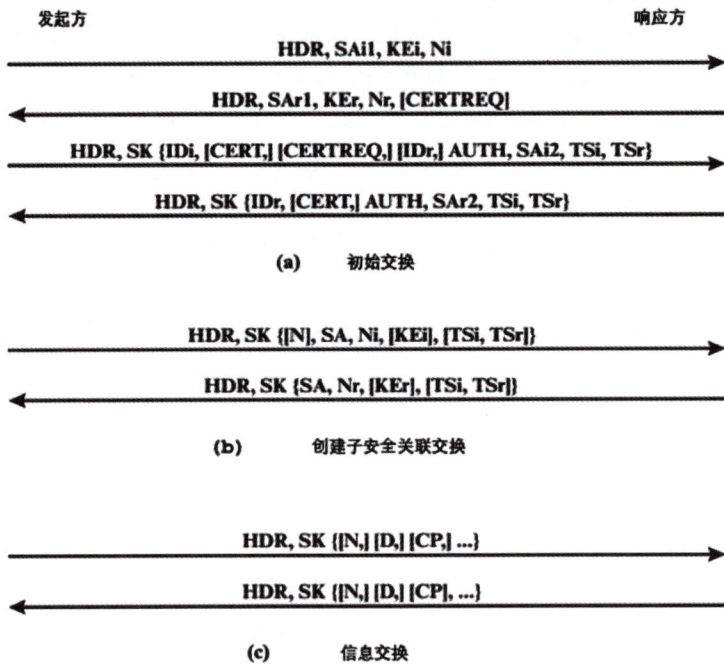

图3.8　特殊SA的IKEv2交换

HDR 为 IKE 头；SAxI 为提供和选择的算法，DH 即组；KEx 为 Diffie-Hell man 公钥；Nx 为随机数；CERTREQ 为证书请求；IDx 为标识；CERT 为证书；SK{…} 为消息认证码和加密；AUTH 为身份验证；SAx2 为 IPsec 安全关联的算法和参数；TSx 为 IPsec 安全关联的流量选择器；N 为通知；D 为删除；CP 为配置。

## 3.3　传输层安全

随着互联网的普及，企业和个人对安全 Web 服务的需求日益增长。Web 安全是一个复杂的领域，涉及多种安全工具和方法。本节首先讨论 Web 安全的一般需求，然后聚焦于三个标准化方案，它们在 Web 商务中变得越来越重要，并且特别关注传输层的安全性，即 SSL/TLS。

### 3.3.1　Web安全思考

万维网基本上是一个运行在互联网和 TCP/IP 内部网上的客户端 / 服务器应用程序。因此，迄今为止本书中讨论的安全工具和方法都与 Web 安全问题相关。但是，Web 使用的以下特征表明需要定制安全工具。

（1）尽管 Web 浏览器非常易于使用，Web 服务器相对易于配置和管理，Web 内容也越来越易于开发，但底层软件却异常复杂。这种复杂的软件可能隐藏了许多潜在的安全缺陷。Web 的短暂历史中充满了更新系统和升级系统的经历，这些系统安装得当，容易受到各种安全攻击。

（2）网络服务器可以被用作公司或机构整个计算机复合体的启动平台。一旦 Web 服务器被破坏，攻击者就可以访问数据和系统，这些数据和系统不是 Web 本身的一部分，而是连接到本地站点的服务器。

（3）普通用户和未经培训的（在安全方面）用户是基于 Web 服务的常见客户端。这些用户不一定意识到其中存在的安全风险，也不具备采取有效对策的工具或知识。

使用网络时面临的安全威胁类型如表 3.3 所示。对这些威胁进行分组的一种方法是根据被动和主动攻击。被动攻击包括窃听浏览器和服务器之间的网络流量，以及访问受到限制的网站上的信息。主动攻击包括冒充其他用户、更改客户端和服务器之间传输的消息及更改网站上的信息。另一种对 Web 安全威胁进行分类的方法是根据威胁的位置，包括 Web 服务器、Web 浏览器及浏览器和服务器之间的网络流量。

Web 流量安全方法提供 Web 安全的多种方法是可能的。已经考虑的各种方法在它们提供的服务及在某种程度上在它们使用的机制方面是相似的，但它们在适用范围和它们在 TCP/IP 协议栈中的相对位置方面有所不同。

表3.3　安全威胁类型

| | 威胁 | 后果 | 对策 |
|---|---|---|---|
| 完整性 | 修改用户数据；<br>带有病毒的浏览器；<br>修改内存；<br>修改传输中的消息流量 | 信息丢失；<br>机器受损；<br>易受所有其他威胁 | 加密校验和 |
| 保密性 | 在网络上窃听；<br>从服务器中窃取信息；<br>从客户端窃取数据；<br>关于网络配置的信息；<br>关于哪个客户端与服务器对话的信息 | 信息丢失；<br>隐私丢失 | 加密，Web代理 |

（续表）

| | 威胁 | 后果 | 对策 |
|---|---|---|---|
| 拒绝服务 | 攻击用户线程；<br>用虚假请求淹没机器；<br>填满磁盘或内存；<br>通过DNS攻击隔离机器； | 干扰性；<br>阻止用户完成工作 | 难以预防 |
| 身份验证 | 假冒合法用户；<br>数据伪造 | 用户错误陈述；<br>认为虚假信息有效 | 密码技术 |

提供 Web 安全的一种方法是使用 IP/IPsec 安全设施如图 3.9（a）所示。使用 IPsec 的优点是它对最终用户和应用程序透明，并提供通用解决方案。此外，IPsec 包括过滤能力，因此只有选定的流量才需要引起 IPsec 处理的开销。

另一个相对通用的解决方案是在 TCP 之上实现安全性，如图 3.9（b）所示。这种方法最重要的例子是安全套接字层（SSL）和随后的互联网标准传输层安全性（TLS）。应用层的示例如图 3.9（c）所示。这种方法的优点是可以根据给定应用程序的特定需求定制服务。

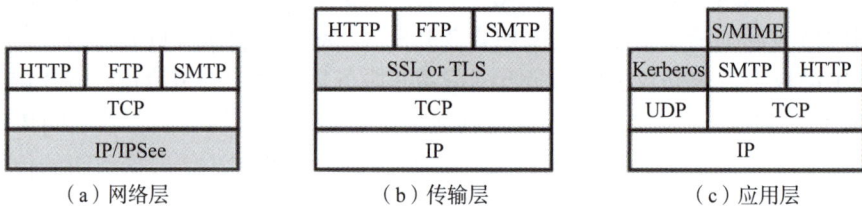

（a）网络层　　　　　　　（b）传输层　　　　　　　（c）应用层

图3.9　TCP/IP协议栈中安全设施的相对位置

## 3.3.2　SSL/TLS协议

最广泛使用的安全服务之一是传输层安全（TSL）。当前版本是 RFC 5246 中定义的 1.2 版本。TLS 是一种由安全套接字层（SSL）商业协议演变而来的互联网标准。尽管 SSL 实现仍然存在，但它已经被 IETF 弃用，并且被大多数提供 TLS 软件的公司禁用。TLS 是一种通用服务，依赖 TCP 的协议实现。在这个级别上，有两种实现选择。为了完全通用，TLS 可以作为底层协议套件的一部分提供，因此对应用程序是透明的。或者，TLS 可以嵌入到特定的包中。例如，大多数浏览器都配备了 TLS，大多数 Web 服务器都实现了该协议。

### 1. TLS 架构

TLS 旨在利用 TCP 提供可靠的端到端安全服务。TLS 不是单一协议，而是两层协议，如图 3.10 所示。

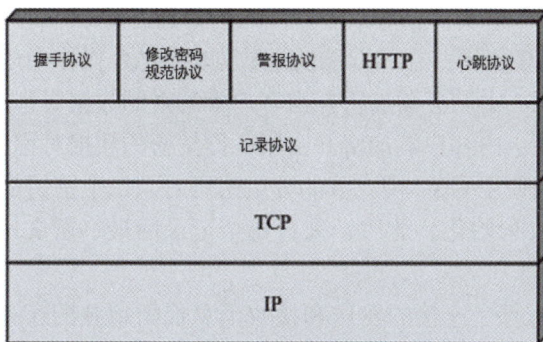

| 握手协议 | 修改密码规范协议 | 警报协议 | **HTTP** | 心跳协议 |
|---|---|---|---|---|

记录协议

TCP

IP

图3.10　TLS协议堆栈

TLS 记录协议为各种更高层协议提供基本的安全服务。特别是，为 Web 客户端 / 服务器交互提供传输服务的超文本传输协议（HTTP）可以在 TLS 之上运行。三个更高层协议被定义为 TLS 的一部分：握手协议；更改密码规范协议；警报协议。这些特定于 TLS 的协议用于 TLS 交换的管理，并在本节稍后进行检查。第四个协议，心跳协议，在一个单独的 RFC 中定义，并在本节中进行讨论。

两个重要的 TLS 概念是 TLS 会话和 TLS 连接，它们在规范中定义如下。

（1）连接：连接是一种提供适当类型服务的传输（在 OSI 分层模型定义中）。对于 TLS，这样的连接是对等关系。连接是瞬态的。每个连接都与一个会话相关联。

（2）会话：TLS 会话是客户端和服务器之间的关联。会话由握手协议创建。会话定义了一组加密安全参数，这些参数可以在多个连接之间共享。会话可以避免为每个连接进行昂贵的新安全参数协商。

在任何一对当事人（客户端和服务器上的 HTTP 等应用程序）之间，都可能存在多个安全连接。理论上，当事人之间也可能同时举行多次会议，但这一特点在实践中并没有使用。

有许多状态与每个会话相关联。一旦建立了会话，就存在读取和写入（即接收和发送）的当前操作状态。此外，在握手协议期间，将创建挂起的读取和写入状态。一旦握手协议成功结束，未决状态将变为当前状态。

会话状态由以下参数定义。

① 会话标识符：由服务器选择的任意字节序列，用于标识活动或可恢复的会话状态。

② 对等方证书：对等方的 X509.v3 证书状态的此元素可能为 null。

③ 压缩方法：在加密之前用于压缩数据的算法。

④ 密码规范：指定用于 MAC 计算的批量数据加密算法（null、AES 等）和哈希算法（MD5 或 SHA-1）。它还定义了诸如 hash_size 之类的加密属性。

⑤ 主机密：客户端和服务器之间共享 48 字节的机密。

⑥ 是否可恢复：指示会话是否可用于启动新连接的标志。

连接状态由以下参数定义。

① 服务器和客户端随机：由服务器和客户端为每个连接选择的字节序列。

② 服务器写入 MAC 密钥：在对服务器发送的数据进行 MAC 操作时使用的密钥。

③ 客户端写入 MAC 机密：在客户端发送数据的 MAC 操作中使用的对称密钥。

④ 服务器写入密钥：由服务器加密并由客户端解密的数据对称加密密钥。

⑤ 客户端写入密钥：由客户端加密并由服务器解密的数据对称加密密钥。

⑥ 初始化向量：当使用 CBC 模式下的分组密码时，每个密钥都会保留一个 IV。此字段首先由 TLS 握手协议初始化。此后，来自每个记录的最终密文块被保存以用作具有以下记录的 IV。

⑦ 序列号：各方为每个连接的发送和接收消息保留单独的序列号。当一方发送或接收"更改密码规范消息"时，相应的序列号设置为零。序列号不能超过 264-1。

### 2. TLS 记录协议

TLS 记录协议为 TLS 连接提供两种服务。

（1）保密性：握手协议定义了一个共享密钥，用于 TLS 有效负载的常规加密。

（2）消息完整性：握手协议还定义了一个共享密钥，用于形成消息验证码（MAC）。

TLS 记录协议操作如图 3.11 所示。记录协议接收要传输的应用程序数据，将数据分割成可管理的片段，可选择地压缩数据、添加 MAC、加密、附加 TLS 记录头，并在 TCP 记录头段中传输结果单元。接收到的数据在传递给更高级别的用户之前会被解密、验证、解压缩和重新组装。

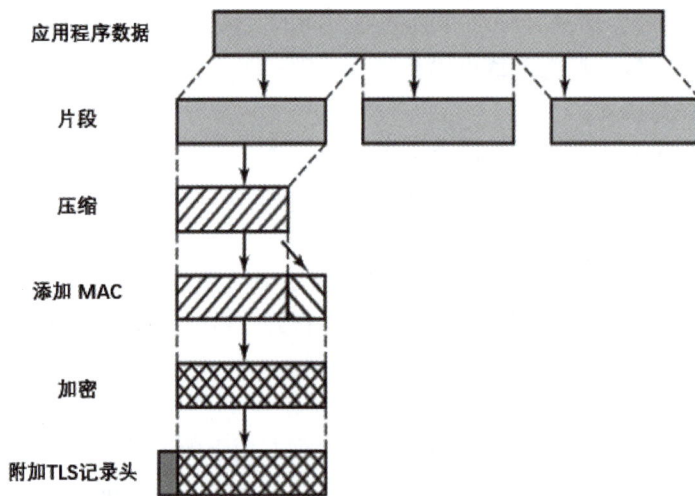

图3.11　TLS记录协议操作

第一步是碎片化。每个上层消息被分段为 $2^{14}$ 字节（16384 字节）或更少的块。接下来，可以选择压缩应用。压缩必须是无损的，并且内容长度不能增加超过 1024 字节。在 TLSv2 中，没有指定压缩算法，因此默认的压缩算法为 null。

处理的下一步是在压缩数据上计算消息验证码。TLS 使用 RFC 2104 中定义的 HMAC 算法。HMAC 定义为：

$$\text{HMAC}_K(M) = H[(K^+ \oplus \text{opad}) \parallel H[(K^+ \oplus \text{ipad}) \parallel M]]$$

其中：

H—— 嵌入的哈希函数（对于 TLS,MD5 或 SHA-1）；

M——HMAC 的消息输入；

$K^+$—— 在左侧填充零的秘密密钥，使结果等于哈希码的块长度（对于 MD5 和 SHA-1，块长度 =512 位）；

ipad=00110110（十六进制 36）重复 64 次（512 位）；

opad=01011100（十六进制 5C）重复 64 次（512 位）。

对于 TLS,MAC 计算包含如下表达式所示的字段。

HMAC_hash(MAC write secret,seg_num ‖ TLSCompressed.type
‖ TLSCompressed.version ‖ TLSCompressed.length
‖ TLSCompressed.fragment)

MAC 计算包括所有字段 XXX，加上字段 TLSCompressed.version，它是所使用的协议的版本。

接下来，使用对称加密对压缩消息和 MAC 进行加密。加密增加的内容长度不能超过 1024 字节，因此总长度不能超过 2262（214 与 2048 的总和）字节。允许使用的加密算法如表 3.4 所示。

表3.4　允许使用的加密算法

| 分组密码 | | 流密码 | |
|---|---|---|---|
| 算法 | 秘钥大小 | 算法 | 秘钥大小 |
| AES，3DES | 128，256，168 | RC4-128 | 128 |

对于流加密，压缩消息加上 MAC 被加密。需要注意的是，MAC 是在进行加密之前计算的，并且 MAC 随后与明文或压缩明文一起被加密。

对于块加密，可以在加密之前，在 MAC 之后添加填充。填充的形式是填充字节数，后跟一个字节的填充长度指示。填充可以是导致总长度为密码块长度的倍数的任何数量，最大可达 255 字节。例如，如果密码块长度是 16 个字节（AES），并且如果明文（或者如果使用压缩，则为压缩文本）加上 MAC，再加上填充长度字节是 79 字节，则填充长度可以是 1、17、33 字节等，直到 161 字节。在填充长度为 161 字节的情况下，总长度为 79 加 161 等于 240。可变填充长度可用于基于对交换消息的长度的分析进行挫败攻击。

TLS 记录协议处理的最后一步是准备一个包含以下字段的标头。

（1）内容类型（8 位）：用于处理封闭片段的更高层协议。

（2）主要版本（8 位）：表示正在使用的 TLS 的主要版本。对于 TLSv2，该值为 3。

（3）次要版本（8 位）：表示正在使用的次要版本。对于 TLSv2，该值为 1。

（4）压缩长度（16 位）：明文片段（如果使用压缩，则为压缩片段）的字节长度。最大值为 2262。

已定义的内容类型包括 change_cipher_spec、alert、handshake 和 application_data。前三个是 TLS 特定的协议，下面将讨论。需要注意的是，各种可能使用 TLS 的应用程序

（HTTP）之间没有区别。由这样的应用程序创建的数据内容对于 TLS 是不透明的。TLS 记录格式如图 3.12 所示。

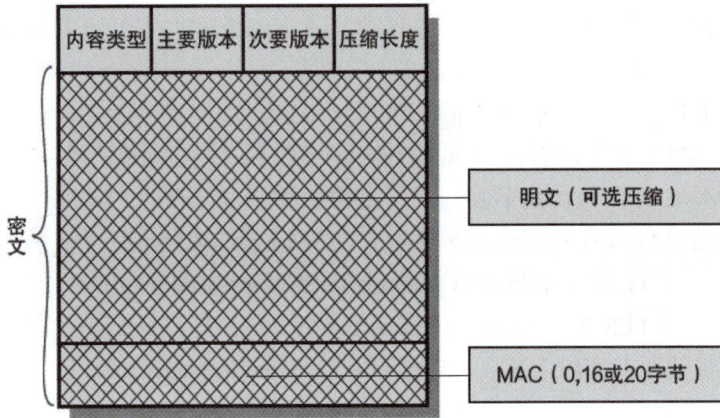

图3.12　TLS记录格式

### 3. 修改密码规范协议

修改密码规范协议是使用 TLS 记录协议的四个特定于 TLS 的协议之一，它是最简单的。TLS 记录协议负载如图 3.13 所示。该协议由单个消息组成如图 3.13（a）所示，该消息由值为 1 的单个字节组成。此消息的唯一目的是将挂起状态复制到当前状态，从而更新要在此连接上使用的密码套件。

### 4. 警报协议

警报协议用于向对等实体传递 TLS 相关警报。与使用 TLS 的其他应用程序一样，根据当前状态的指定，对警报消息进行压缩和加密。

该协议中的每条消息都由两个字节组成如图 3.13（b）所示。第一个字节采用值 warning（1）或 fatal（2）传达消息的严重性。如果级别是致命的，TLS 会立即终止连接。同一会话上的其他连接可以继续，但不能在此会话上建立新的连接。第二个字节包含一个指示特定警报的代码。致命警报如下。

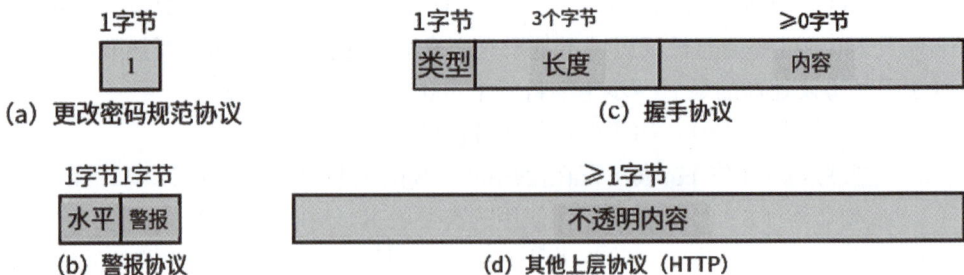

图3.13　TLS记录协议负载

（1）unexpected_message（预期的消息）：收到不合适的消息。

（2）bad_record_mac（坏记录 MAC）：收到不正确的 MAC。

（3）decompression_failure（解压缩失败）：解压缩功能接收到不正确的输入。例如，无法解压缩或解压缩到大于最大允许长度。

（4）handshake_failure（握手失败）：在给定可用选项的情况下，发送方无法协商一组可接受的安全参数。

（5）illegal_parameter（非法参数）：握手消息中的字段超出范围或与其他字段不兼容。

（6）decryption_failed（解密失败）：以无效方式解密的密码文本；要么不是加密块长度的偶数倍，要么在检查时发现其填充值不正确。

（7）record_overflow（记录溢出）：接收到的 TLS 记录具有长度超过 2262 字节的有效载荷（密文），或者解密到长度大于 2262 字节的密文。

（8）unknown_ca（未知的 CA）：收到了有效的证书链或部分链，但证书未被接受，因为找不到 CA 证书或无法与已知的、受信任的 CA 匹配。

（9）access_denied（拒绝访问）：收到了有效的证书，但在应用了访问控制后，发件人决定不进行协商。

（10）decode_error（解码错误）：无法对消息进行解码，因为字段超出了指定的范围，或者消息的长度不正确。

（11）export_restriction（出口限制）：检测到不符合密钥长度导出限制的协议。

（12）protocol_version（协议版本）：客户端尝试协商的协议版本已被识别，但不受支持。

（13）insufficient_security（安全性不足）：当协商失败时，返回而不是握手失败，特别是因为服务器需要比客户端支持的密码更安全的密码。

（14）internal_error（内部错误）：与对等方或协议正确性无关的内部错误使其无法继续。其余警报如下。

（15）close_notify（关闭通知）：通知收件人，发件人将不再在此连接上发送任何消息。要求每一方在关闭连接的写入端之前发送一个关闭通知警报。

（16）bad_certificate（坏的证书）：收到的证书已损坏。例如，包含未验证签名的情况。

（17）unsupported_certificate（不支持的证书）：不支持接收到的证书类型。

（18）certificate_revoked（证书已撤销）：证书已被其签名者吊销。

（19）certificate_expired（证书已过期）：证书已过期。

（20）certificate_unknown（证书未知）：在处理证书时出现了其他一些未指明的问题，使其无法接受。

（21）decrypt_error（解密错误）：握手加密操作失败，包括无法验证签名、解密密钥交换或验证完成的消息。

（22）user_canceled（用户取消）：由于某种与协议故障无关的原因，此握手被取消。

（23）no_renegotiation（重新协商）：由客户端响应 hello 请求发送，或由服务器在初始握手后响应客户端 hello 发送。这两条消息中的任何一条通常都会导致重新协商，但此警报表示发件人无法重新协商。此消息始终是一个警告。

## 5. 握手协议

TLS 中最复杂的部分是握手协议。该协议允许服务器和客户端相互验证，并协商用于保护在 TLS 记录中发送的数据加密和 MAC 算法及加密密钥。握手协议可以在任何应用程序进行数据传输之前使用。

握手协议由客户端和服务器交换的一系列消息组成。所有这些消息的格式如图 3.13（c）所示。每条消息都有三个字段。

类型（1 字节）：表示 10 条消息中的一条。TLS 握手协议消息类型如表 3.5 所示。

长度（3 字节）：消息的长度（以字节为单位）。

内容（≥ 0 字节）：与此消息关联的参数同样如表 3.5 所示。

表3.5　TLS握手协议消息类型

| 消息类型 | 参数 |
| --- | --- |
| hello_request | 无 |
| client_hello | 版本，随机，会话id，密码套件，压缩方法 |
| server_hello | 版本，随机，会话id，密码套件，压缩方法 |
| certificate | X.509v3证书链 |
| server_key_exchange | 参数，签名 |
| certificate_request | 类型，权限 |
| server_done | 无 |
| certificate_verify | 签名 |
| client_key_exchange | 参数，签名 |
| finished | 散列值 |

客户端和服务器之间需要进行建立逻辑连接所需的初始交换，称为握手协议操作，如图 3.14 所示。需要注意的是，图 3.14 中阴影传输是可选的或依赖于不总是发送的情况的消息。这种交换可以被看作有如下四个阶段。

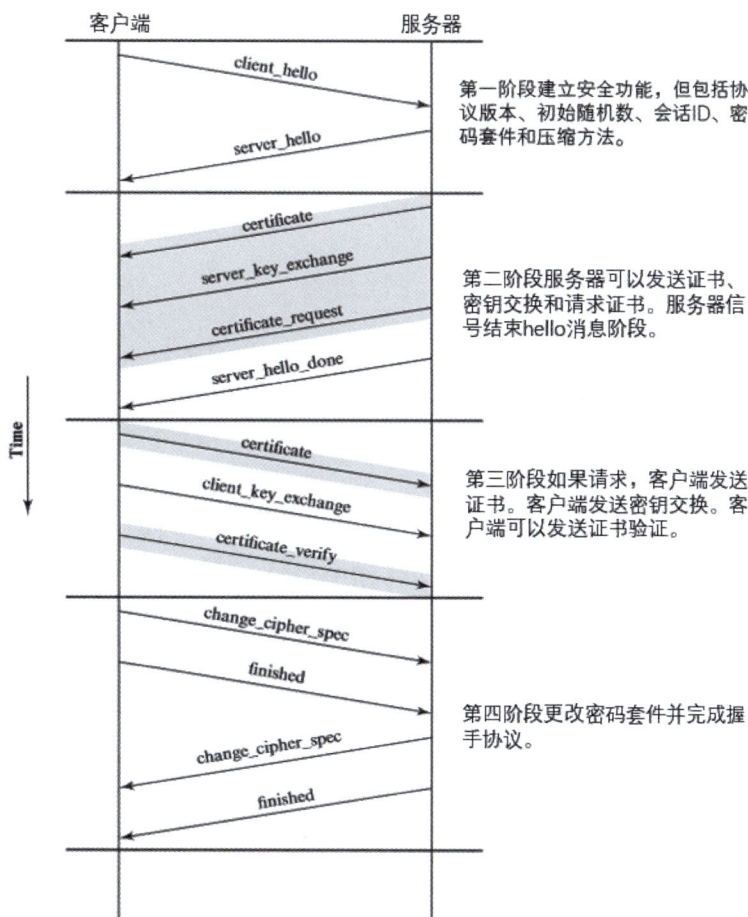

图3.14　握手协议操作

（1）建立安全功能。阶段 1 启动一个逻辑连接，并建立与之关联的安全功能。交换由客户端发起，客户端发送一个带有以下参数的 client_hello 消息。

① 协议版本：客户端可以理解的最高 TLS 版本。

② 初始随机数：由安全伪随机数生成器生成 32 位时间戳和 28 字节组成的在客户端生成的随机值。这些值用作随机数，并在密钥交换期间使用，以防止重放攻击。

③ 会话 id：可变长度的会话标识符。非零值表示参数在此会话中建立了新的连接。零值表示客户端希望在新的会话中建立新的连接。

④ 密码套件：这是一个列表，包含客户端支持的加密算法的组合，按偏好降序排列。列表的每个元素（每个密码套件）定义了密钥交换算法和密码规范。

⑤ 压缩方法：这是客户端支持的压缩方法列表。

在发送 client_hello 消息后，客户端等待 server_hello 信息，该信息包含与 client_hellon 消息相同的参数。对于 server_hello 消息，以下约定适用。协议版本字段包含客户端建议的最低版本和服务器支持的最高版本。初始随机数由服务器生成，独立于客户端的随机字段。如果客户端的 Session_ID 字段为非零，则服务器将使用相同的值；否则，服务器的

Session_ID 字段包含新会话的值。CipherSuite 字段包含服务器从客户端提出的密码套件中选择的单个密码套件。压缩方法包含服务器从客户端建议的压缩方法中选择的压缩方法。

CipherSuite 参数的第一个元素是密钥交换方法，即用于传统加密和 MAC 的密钥交换方法。该参数支持以下密钥交换方法。

① RSA。

② Fixed Diffie-Hell man。

③ Ephemeral Diffie-Hell man。

④ Anonymous Diffie-Hell man。

根据密钥交换方法的定义，CipherSpec 包括以下字段。

① 密码算法：前面提到的任何算法，如 RC4、RC2、DES、3DES、DES40 或 IDEA 算法。

② MAC 算法：MD5 或 SHA-1 算法。

③ 密码类型：流或块。

④ IsExportable：True 或 False。

⑤ HashSize：0、16（用于 MD5）或 20（用于 SHA-1）字节。

⑥ 密钥材料：包含用于生成写入密钥的数据字节序列。

⑦ *IV* 大小：密码块链接加密初始化值的大小。

（2）服务器认证和密钥交换。如果需要认证，服务器通过发送其证书开始此阶段。该消息包含一个或多个 X.509 证书链。除匿名的 Diffie-Hell man 外，任何商定的密钥交换方法都需要证书消息。需要注意的是，如果使用固定的 Diffie-Hell man，则此证书消息作为服务器的密钥交换消息，因为它包含服务器的公共 Diffie-Hell man 参数。

接下来，可以发送服务器密钥交换消息。在两种情况下不需要。服务器已发送具有固定 Diffie–Hell man 参数的证书；或者要使用 RSA 密钥交换。以下情况需要服务器密钥交换消息。

① 匿名 Diffie-Hell man：消息内容由两个全局 Diffie-Hell man 值（一个素数和该数字的基根）加上服务器的公共 Diffie-Hell man 密钥组成。

② 短暂 Diffie-Hell man：消息内容包括为匿名 Diffie-Hell man 提供的三个 Diffie-Hell man 参数及这些参数的签名。

③ RSA 密钥交换（服务器使用 RSA，但只有签名 RSA 密钥）：客户端不能简单地发送使用服务器公钥加密的密钥。相反，服务器必须创建一个临时 RSA 公钥 / 私钥对，并使用 server_key_exchange 消息发送公钥。消息内容包括临时 RSA 公钥的两个参数（指数和模数）及这些参数的签名。

关于签名的进一步细节是有保证的。和往常一样，签名是通过获取消息的哈希函数并使用发送者的私钥进行加密创建的。在这种情况下，散列定义为。

hash(ClientHello.random ‖ ServerHello.random ‖ ServerParams)

因此，散列不仅包括 Diffie–Hell man 或 RSA 参数，还包括初始 hello 消息中的两个 nonce。这样可以防止重放攻击和失实陈述。在 DSS 签名的情况下，使用 SHA-1 算法执行散列。在 RSA 签名的情况下，计算 MD5 和 SHA-1 散列，并使用服务器的私钥对这两个散列的级联（36 字节）进行加密。

非匿名服务器（不使用匿名 Diffie-Hell man 的服务器）可以向客户端请求证书。certificate_request 消息包括两个参数：certificate_type 和 certificate_authorities。证书类型指示公钥算法及其用途如下。

① RSA，只签名。

② DSS，仅限签名。

③ RSA 的固定 Diffie-Hell man 算法。在这种情况下，签名仅用于身份验证，通过发送 RSA 签名的证书实现。

④ DSS 用于固定 Diffie-Hell man。同样，仅用于身份验证。

certificate_request 消息中的第二个参数是可接受的证书颁发机构的专有名称列表。

阶段 2 中的最后一条消息是 server_done 消息，这条消息总是必需的，它由服务器发送，以指示服务器 hello 和相关消息结束。发送此消息后，服务器将等待客户端响应。此消息没有参数。

（3）客户端身份验证和密钥交换。收到 server_done 消息后，客户端应验证服务器是否提供了有效的证书，并检查 server_hello 参数是否可接受。如果一切都令人满意，则客户端将一条或多条消息发送回服务器。

如果服务器请求了证书，则客户端将通过发送证书消息开始此阶段。如果没有合适的证书可用，客户端将发送 no_certificate 警报。然后发送 client_key_exchange 消息，该消息必须在此阶段发送。消息的内容取决于密钥交换的类型，如下所示。

① RSA：客户端生成 48 字节的预主密钥，并使用服务器证书中的公钥或 server_key_exchange 消息中的临时 RSA 密钥进行加密。

② 短暂或匿名 Diffie-Hell man：发送客户端的公共 Diffie-Hell man 参数。

③ 固定 Diffie-Hell man：客户端的公共 Diffie-Hell man 参数是在证书消息中发送的，因此该消息的内容为空。

最后，在这个阶段，客户端可以发送 certificate_verify 消息提供客户端证书的显式验证。此消息仅在任何具有签名功能的客户端证书，即除包含固定 Diffie–Hell man 参数的证书外的所有证书之后发送。此消息基于前面的消息签署哈希码，定义如下。

CertificateVerify.signature.md5_hashMD5(handshake_messages);

Certificate.signaturesha_hashSHA(handshake_messages);

其中 handshake_messages 是指从 client_hello 开始发送或接收但不包括该消息的所有 HandshakeProtocol 消息。如果用户的私钥是 DSS，那么它将用于加密 SHA-1 算法。如果用户的私钥是 RSA，它将用于加密 MD5 和 SHA-1 散列的串联。在任何一种情况下，目的都是验证客户端对客户端证书私钥的所有权。即使有人滥用了客户的证书，他或她也无法发送此消息。

（4）完成安全连接的设置。客户端发送 change_cipher_spec 消息，并将挂起的 Cipher-Spec（加密规范）复制到当前的 CipherSpec 中。需要注意的是，此消息不被视为握手协议的一部分，而是使用更改密码规范协议发送的。然后，客户端根据新的算法、密钥和机密立即发送完成的消息。完成的消息验证密钥交换和身份验证过程是否成功。完成消息的内容为。

PRF(master_secret,finished_label,MD5(handshake_messages) ‖ SHA-1(handshake_messages))

其中 finished_label 是客户端的字符串 "client finished" 和服务器的字符串 "server finished"。

作为对这两条消息的响应，服务器发送自己的 change_cipher_spec 消息，将挂起的消息传输到当前的 CipherSpec，并发送其 finished 消息。此时，握手完成，客户端和服务器可以开始交换应用层数据。

### 6. 加密计算

在加密计算的过程中还有两项值得关注：通过安全密钥交换创建共享主密钥；从主密钥生成密码参数。

（1）共享主密钥是通过安全密钥交换为该会话生成的一次性 48 字节（384 位）。创作分为两个阶段。第一，交换一个 pre_master_secret。第二，主密钥由双方共同计算。对于 pre_master_secret 交换，有两种可能性。

① RSA：客户端生成一个 48 字节的 pre_master_secret，使用服务器的公共 RSA 密钥加密后发送到服务器。服务器使用其私钥对密文进行解密，以恢复 pre_master_secret。

② Diffie-Hell man：客户端和服务器都会生成 Diffie-Hell man 公钥。交换后，双方执行 Diffie-Hell man 计算，以创建共享的 pre_master_secret。

现在，双方都将 master_secret 计算为。

master_secret=PRF(pre_master_secret, "master secret",ClientHello.random ‖ ServerHello.random)

其中 ClientHello 随机和 ServerHello 随机是在初始 hello 消息中交换的两个 nonce 值。

执行该算法直到产生 48 字节的伪随机输出。密钥块材料（MAC 密钥、会话加密密钥和 IVs）的计算定义为。

(key_block=PRF(SecurityParameters.master_secret, "key expansion",)SecurityParameters.server_random 'SecurityParameters.client_random)

直到产生了足够的输出。

（2）密码参数的生成

密码规范要求客户端写入 MAC 机密、服务器写入 MAC 机密、客户端写入密钥、服务器写入密钥、客户端写入 IV 和服务器写入 IV，它们按主密钥的顺序生成。这些参数是通过将主秘密散列为所有所需参数的足够长度的安全字节序列从主秘密生成。

从主秘密生成密钥材料使用的与从预主秘密生成主秘密相同的格式，格式如下。

key_block=MD5(master_secret ‖ SHA('A' ‖ master_secret ‖

ServerHello.random|ClientHello.random)) ‖

MD5(master_secret ‖ SHA('BB' ‖ master_secret ‖

ServerHello.random ‖ ClientHello.random)) ‖

MD5(master_secret ‖ SHA('CCC' ‖ master_secret ‖

ServerHello.random ‖ ClientHello.random)) ‖ ……

直到产生了足够的输出。这种算法结构的结果是一个伪随机函数。可以将 master_secret 视为函数的伪随机种子值。客户端和服务器的随机数可以被视为 salt 值，以使密码分析复杂化。

（3）伪随机函数

TLS 使用称为 PRF 的伪随机函数将机密扩展到数据块中，以用于密钥生成或验证。目标是利用相对较小的共享秘密值，但以一种安全的方式生成更长的数据块，以抵御对哈希函数和 MAC 的攻击。

数据扩展函数使用 HMAC 算法，其中 MDS 或 SHA-1 作为底层哈希函数。可以看到 P_hash 需要迭代多次，以产生所需的数据量。例如，如果使用 P-SHA256 生成 80 字节的数据，则必须迭代三次，产生 96 字节的数据，其中最后 16 字节将被丢弃。在这种情况下，P_MD5 必须迭代四次，产生恰好 64 字节的数据。需要注意的是，每次迭代都涉及两次 HMAC 的执行，而每次执行又涉及两次底层哈希算法的执行。

为了使 PRF 尽可能安全，它使用了两种哈希算法。如果其中一种算法保持安全，则可以保证其安全性。PRF 定义为。

PRF（secret,label,seed）=P_<hash>（secret,label ‖ seed）

PRF 将秘密值、识别标签和种子值作为输入，并产生任意长度的输出。

### 7. 心跳协议

在计算机网络环境中，心跳是由硬件或软件产生的一种周期性信号，用于指示系统的正常运行或使系统的其他部分同步。心跳协议通常用于监视协议实体的可用性。以 TLS 为例，2012 年在 RFC 6250（传输层安全（TLS）和数据报传输层安全（DTLS）心跳扩展）中定义了心跳协议。

心跳协议运行在 TLS 记录协议之上，由两种消息类型组成：Heartbeat_request 和 Heartbeat_response。心跳协议的使用是在握手协议的阶段①建立的。每个对等点指示它是否支持心跳。如果支持心跳，则对等方指示它是否愿意接收 Heartbeat_request 消息并用 Heartbeat_response 消息进行响应，或者只愿意发送 Heartbeat_request 消息。

任何时候都可以发送 Heartbeat_request 消息。无论何时接收到请求消息，都应该立即用相应的 Heartbeat_response 消息对其进行应答。Heartbeat_request 消息包括有效载荷长度、有效载荷和填充字段。负载是长度在 16 字节到 64 字节之间的随机内容。相应的心跳响应消息必须包含接收到的有效负载的精确副本。填充也是随机内容。填充使发送方能够执行路径 MTU（最大传输单元）发现操作，通过发送请求并增加填充，直到没有答案，因为路径上的一个主机无法处理消息。

心跳有两个目的。首先，它向发送方保证接收方仍然活着，即使底层 TCP 连接可能有一段时间没有任何活动。其次，心跳在空闲期间跨连接生成活动，这避免了不允许空闲连接的防火墙关闭。

有效负载交换的需求被设计到 Heartbeat 协议中，以支持在称为数据报传输层安全性（DTLS）的无连接 TLS 版本中使用它。由于无连接的服务容易丢失数据包，因此负载使请求者能够将响应消息与请求消息相匹配。为简单起见，在 TLS 和 DTLS 中使用相同版本的 Heartbeat 协议。因此，TLS 和 DTLS 都需要有效负载。

### 8. TLSv1.3

2014 年，IETF TLS 工作组开始研究 TLS 的 1.3 版本。主要目的是提高 TLS 的安全性。截至本文撰写之时，TLSv1.3 仍处于草案阶段，但最终标准可能与当前草案非常接近。1.2 版本的主要变化如下。

（1）TLSv1.3 删除了对许多选项和功能的支持。实现不再需要功能的远程代码，减少了潜在编码错误的机会，并减少了攻击面。删除的项目包括：压缩、不提供经过身份验证加密的密码、静态 RSA 和 DH 密钥交换、32 位时间戳作为 client_hello 消息中 Random 参数的一部分、重新协商、更改密码规范协议、RC4、使用 MD5 和 SHA-224 哈希和签名。

（2）TLSv1.3 使用 Diffie-Hell man 或椭圆曲线 Diffie-Hell man 进行密钥交换，并且不允许使用 RSA。RSA 的危险性在于，如果私钥被泄露，所有使用这些密码套件的握手都将被篡改。对于 DH 或 ECDH，每次握手都会协商一个新的密钥。

（3）TLSv1.3 通过改变建立安全连接时发送的消息的顺序，允许"往返时间"握手。在协商加密套件之前，客户端会发送一条包含密钥建立加密参数的客户端密钥交换消息。这使服务器能够在发送第一个响应之前计算用于加密和身份验证的密钥。减少在握手阶段发送的数据包数量可以加快进程并减小攻击面。

这些更改应该可以提高 TLS 的效率和安全性。

## 3.3.3　HTTPS

HTTPS 是指 HTTP 和 SSL 的结合，以实现 Web 浏览器和 Web 服务器之间的安全通信。HTTPS 功能内置于所有现代 Web 浏览器中。它的使用取决于支持 HTTPS 通信的 Web 服务器。例如，一些搜索引擎不支持 HTTPS。

Web 浏览器用户看到的主要区别是 URL（统一资源定位器）地址以 https：// 而不是 http：// 开头。正常的 HTTP 连接使用端口 80。如果指定了 HTTPS，则使用端口 443，从而调用 SSL。

使用 HTTPS 时，会对通信中的以下元素进行加密。

### 1. 连接初始化

对于 HTTPS，充当 HTTP 客户端的代理也充当 TLS 客户端。客户机在适当的端口上发起到服务器的连接，然后发送 TLS ClientHello 以开始 TLS 握手。当 TLS 握手已经完成时，客户端可以发起第一 HTTP 请求。所有 HTTP 数据都将作为 TLS 应用程序数据发送。应遵循正常的 HTTP 行为，包括保留的连接。HTTPS 中的连接有三个感知级别。在 HTTP 级别上，HTTP 客户端通过向下一个最底层发送连接请求进行请求与 HTTP 服务器的连接。通常，下一个最低层是 TCP，但也可以是 TLS/SSL。在 TLS 级别上，在 TLS 客户端和 TLS 服务器之间建立会话。此会话可以在任何时候支持一个或多个连接。建立连接的 TLS 请求始于在客户端的 TCP 实体和服务器端的 TCP 实体之间建立 TCP 连接。

### 2. 连接关闭

HTTP 客户端或服务器可以通过在 HTTP 记录中包含以下行指示连接的关闭。这表示在传递此记录后将关闭连接。

HTTPS 连接的关闭要求 TLS 关闭与远程端对等 TLS 实体的连接，这将涉及关闭底层 TCP 连接。在 TLS 级别上，关闭连接的正确方法是让每一方使用 TLS 警报协议发送关闭通知警报。TLS 实现必须在关闭连接之前启动关闭警报的交换。TLS 实现可以在发送关闭警报后关闭连接，而无须等待对等方发送其关闭警报，从而生成"不完全关闭"。需要注意的是，执行此操作的实现可能会选择重用会话。只有当应用程序明确（通常通过检测 HTTP 消息边界）它已经接收到它关心的所有消息数据时，才这样做。

HTTP 客户端还必须能够处理以下情况：基础 TCP 连接在没有先前的 close_notify 警报和 connection close 指示符的情况下终止。这种情况可能是由服务器上的编程错误或导致 TCP 连接断开的通信错误造成的。然而，未经宣布的 TCP 关闭可能是某种攻击的证据。因此，当这种情况发生时，HTTPS 客户端应该发出某种安全警告。

## 3.4 电子邮件安全

在几乎所有的分布式环境中，电子邮件是最频繁使用的基于网络的应用程序。随着社会对电子邮件依赖的爆炸式增长，对身份验证和保密服务的需求也在不断上升。在众多方案中，Pretty Good Privacy（PGP）和 S/MIME 脱颖而出，得到了广泛的应用。本节将对这两种方案进行深入研究。

### 3.4.1 邮件威胁与邮件综合安全

对于组织和个人，电子邮件无处不在，而且特别容易受到各种安全威胁。一般来说，电子邮件安全威胁可分为以下几类。

（1）真实性威胁：可能导致未经授权的组织或个人访问企业的电子邮件系统。

（2）完整性威胁：可能导致组织和个人对电子邮件内容进行未经授权的修改。

（3）机密性威胁：可能导致敏感信息未经授权的泄露。

（4）可用性威胁：可能会阻止最终用户发送或接收电子邮件。

为了应对这些威胁，美国国家标准与技术研究所（NIST）发布了 SP800-177，提供了一份详细的电子邮件威胁列表及相应的缓解方法。这些方法包括。

（1）STARTTLS：SMTP 安全扩展，通过在 TLS 上运行 SMTP，为整个 SMTP 消息提供身份验证、完整性、不可否认性（通过数字签名）和保密性（通过加密）。

（2）S/MIME：为 SMTP 消息中携带的消息正文提供身份验证、完整性、不可否认性（通过数字签名）和保密性（通过加密）。

（3）DNS 安全扩展（DNSSEC）：提供 DNS 数据的身份验证和完整性保护，是各种电子邮件安全协议使用的基础工具。

（4）基于 DNS 的命名实体身份验证（DANE）：旨在通过提供基于 DNSSEC 的公钥身份验证替代通道克服证书颁发机构（CA）系统中的问题，从而使用相同的信任关系验证 IP 地址，进而用于验证在这些地址上运行的服务器。

（5）发件人策略框架（SPF）：使用域名系统（DNS）允许域所有者创建将域名与授权邮件发件人的特定 IP 地址范围相关联的记录。对于接收者来说，检查 DNS 中的 SPFTXT 记录以确认邮件的声称发送者是否被允许使用该源地址并拒绝来自非授权 IP 地址的邮件是一件简单的事情。

（6）域密钥识别邮件（DKIM）：使 MTA 能够对选定的邮件头和邮件正文进行签名。这将验证邮件的源域并提供消息正文的完整性。

（7）基于域的消息验证、报告和一致性（DMARC）：让发送者了解 SPF 和 DKIM 策略的相应有效性，并向接收者发出信号，告知在各种单独和批量攻击场景中应采取哪些操作。

补充的电子邮件威胁和缓解措施如表 3.6 所示。

表3.6　补充的电子邮件威胁和缓解措施

| 威胁 | 对声称的发件人的影响 | 对接收者的影响 | 缓解对策 |
|---|---|---|---|
| 企业中未经授权的消息传输代理（MTA）发送的电子邮件（如恶意软件和僵尸网络） | 声誉损失，来自企业的有效电子邮件可能会因垃圾邮件/网络钓鱼攻击而被阻止 | 包含恶意链接的 UBE 和/或电子邮件可能会发送到用户收件箱 | 部署基于域的身份验证技术，通过电子邮件使用数字签名 |
| 使用欺骗或未注册的发送域发送的电子邮件 | 信誉受损，来自企业的有效电子邮件可能会被屏蔽，成为垃圾邮件/网络钓鱼攻击 | UBE 和/或包含恶意链接的电子邮件可能被传递到用户收件箱中 | 部署基于域的身份验证技术，通过电子邮件使用数字签名 |
| 使用伪造的发送地址或电子邮件地址发送的电子邮件（即网络钓鱼、渔叉式网络钓鱼） | 信誉受损，来自企业的有效电子邮件可能会被阻止，成为垃圾邮件/网络钓鱼攻击 | 可能会传递 UBE 和/或包含恶意链接的电子邮件。用户可能会无意中泄露敏感信息或 PII | 部署基于域的身份验证技术，通过电子邮件使用数字签名 |
| 在传输过程中修改的电子邮件 | 敏感信息泄露或 PII | 泄露敏感信息、更改消息可能包含恶意信息 | 使用 TLS 加密服务器之间的电子邮件传输。端到端电子邮件加密的使用 |
| 通过监控和捕获电子邮件流量披露敏感信息（如个人身份信息 PII） | 敏感信息泄露或 PII | 敏感信息泄露，更改后的消息可能包含恶意信息 | 使用 TLS 加密服务器之间的电子邮件传输。端到端电子邮件加密的使用 |
| 未经请求的批量电子邮件（UBE）（即垃圾邮件） | 无，除非声称的发件人被欺骗 | UBE 和/或包含恶意链接的电子邮件可能被传递到用户收件箱中 | 解决 UBE 的技术问题 |
| 针对企业电子邮件服务器的 DoS/DDoS 攻击 | 无法发送电子邮件 | 无法接收电子邮件 | 多个邮件服务器，使用基于云的电子邮件提供商 |

## 3.4.2  S/MIME

安全 / 多用途互联网邮件扩展（S/MIME）是基于 RSA 数据安全技术的 MIME 互联网电子邮件格式标准的安全增强。S/MIME 是一种在许多文档中定义的复杂功能。与 S/MIME 相关的最重要的文档包括以下内容。

（1）RFC 5750，S/MIME 3.2 版证书处理：指定 3.2 版使用 X.509 证书的约定。

（2）RFC 5751，S/MIME 3.2 版消息规范：S/MIME 消息创建和处理的主要定义文档。

（3）RFC 4134，S/MIME 消息示例：给出使用 S/MIME 格式化的消息体示例。

（4）RFC 2634，增强的 S/MIME 安全服务：描述四个可选的 S/MIME 的安全服务扩展。

（5）RFC 5652，加密消息语法（CMS）：描述加密消息语法。此语法用于对任意消息内容进行数字签名、摘要、身份验证或加密。

（6）RFC 3370，CMS 算法：描述在 CMS 中使用几种加密算法的约定。

（7）RFC 5752，CMS 中的多重签名：描述消息的多重并行签名的使用。

（8）RFC 1847，MIME 的安全多部分，分为多部分 / 签名和多部分 / 加密：定义一个框架，在该框架中，安全服务可以应用于 MIME 主体部分。数字签名的使用与 S/MIME 相关，如下所述。

### 1. 操作描述

S/MIME 提供四种与消息相关的功能：数字签名、消息加密、压缩和电子邮件兼容性如表 3.7 所示。本小节概述这四种功能。然后，通过检查消息格式和消息准备的方式更详细地讲解此功能。

（1）数字签名

通过数字签名的方式提供身份验证，最常用的是 RSA 和 SHA-256。操作步骤如下。

① 发件人创建一条消息。

② SHA-256 用于生成该消息的 256 位消息摘要。

③ 使用发送者的私钥 RSA 对消息摘要进行加密，并将结果附加到消息中。还附加了签名者的标识信息，这将使接收方能够检索签名者的公钥。

④ 接收方使用 RSA 和发送方的公钥解密和恢复消息摘要。

⑤ 接收器为消息生成新的消息摘要，并将其与解密的散列码进行比较。如果两者匹配，则消息被视为真实消息。

表3.7　S/MIME功能概述

| 功能 | 典型算法 | 典型的行动 |
| --- | --- | --- |
| 数字签名 | RSA/SHA-256 | 消息的哈希代码是使用 SHA-256 创建的。此消息摘要使用 SHA-256 和发件人的私钥进行加密，并包含在消息中 |
| 消息加密 | 带有CBC的AES-128 | 使用由发送者生成的一次性会话密钥，使用带有 CBC 的 AES-128 对消息进行加密。会话密钥使用 RSA 与收件人的公钥进行加密，并包含在邮件中 |

（续表）

| 功能 | 典型算法 | 典型的行动 |
|---|---|---|
| 压缩 | 未说明的 | 消息可以被压缩以用于存储或传输 |
| 电子邮件的兼容性 | Radix-64转换 | 为了给电子邮件应用程序提供透明度，可以使用 Radix-64 转换将加密消息转换为 ASCII 字符串 |

SHA-256 和 RSA 的结合提供了一种有效的数字签名方案。由于 RSA 的强大性，接收方可以放心使用，所以只有匹配私钥的持有者才能生成签名。由于 SHA-256 的强大性，接收方可以放心使用，所以没有其他人能够生成与哈希码匹配的新消息，从而生成与原始消息的签名匹配的消息。

尽管签名通常附在他们签名的消息或文件上，但情况并非总是如此，如支持分离的签名。分离的签名可以与签名的消息分开存储和传输。用户可能希望维护发送或接收的所有消息的单独签名日志。可执行程序的分离签名可以检测随后的病毒感染。最后，当不止一方必须签署一份文件（法律合同）时，可以使用分离签名。每个人的签名都是独立的，因此仅适用于文件。否则，必须嵌套签名，由第二个签名者同时对文档和第一个签名进行签名，依此类推。

（2）消息加密

S/MIME 通过消息加密提供保密性。最常见的是使用具有 128 位密钥的 AES，具有密码块链接（CBC）模式。密钥本身也被加密，通常使用 RSA，如下所述。

首先，必须解决密钥分发问题。在 S/MIME 中，每个对称密钥（称为内容加密密钥）只使用一次。也就是说，为每个消息生成一个新的密钥作为随机数。因为它只能使用一次，所以内容加密密钥绑定消息并与消息一起传输。为了保护密钥，它使用接收方的公钥进行加密。顺序可描述如下。

① 发送者生成一个消息和一个随机的 128 位数字，该数字仅用作该消息的内容加密密钥。
② 使用内容加密密钥对消息进行加密。
③ 内容加密密钥使用 RSA 收件人的公钥进行加密，并附在邮件中。
④ 接收器使用 RSA 及其私钥解密和恢复内容加密密钥。
⑤ 内容加密密钥用于对消息进行解密。

可以提出一些意见。首先，为了减少加密时间，优先使用对称加密和公钥加密的组合，而不是简单地使用公钥加密直接加密消息。对于大的内容块，对称算法比非对称算法快得多。其次，公钥算法的使用解决了会话密钥分发问题，因为只有接收方才能恢复绑定到消息的会话密钥。需要注意的是，每条消息都是一次性的独立事件，具有自己的密钥。此外，考虑到电子邮件的存储和转发性质，使用握手协议确保双方具有相同的会话密钥是不可行的。最后，一次性对称密钥的使用加强了已经很强的对称加密方法。每个密钥只加密少量的明文，并且密钥之间没有关系。因此，在公钥算法是安全的情况下，整个方案是安全的。

S/MIME 对消息的加密功能流程同一消息可以同时使用保密性和加密性，如图 3.15 所示。图 3.15 显示了为明文消息生成签名并将其附加到消息中的序列。然后，使用对称加密将明文消息和签名加密为单个块，并使用公钥加密对对称加密密钥进行加密。

S/MIME 允许签名和消息加密操作按任意顺序进行。如果先进行签名，则加密会隐藏签名者的身份。此外，将签名与消息的明文版本一起存储通常更方便。若出于第三方验证的目的，先执行签名，则第三方在验证签名时无须使用对称密钥。

如果先进行加密，则可以在不暴露消息内容的情况下验证签名。这在需要自动签名验证的情况下是有用的，因为验证签名不需要私钥材料。但是，在这种情况下，收件人无法确定签名者和消息的未加密内容之间的任何关系。

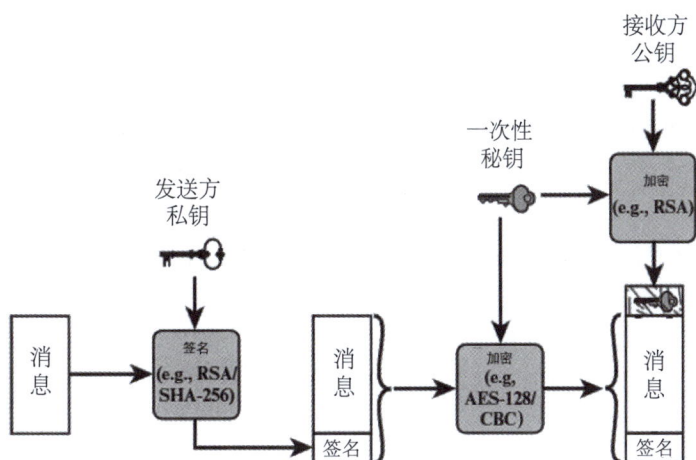

图3.15　S/MIME对消息的加密功能流程

（3）压缩

S/MIME 还提供了压缩消息的功能。这样可以节省电子邮件传输和文件存储的空间。压缩可以以任何顺序应用于签名和消息加密操作。RFC 5751 提供了以下指南。

① 不鼓励压缩二进制编码的加密数据，因为它不会产生显著的压缩。然而，Base64 加密数据可能会使用起来很方便。

② 如果有损压缩算法与签名一起使用，则需要先压缩，然后签名。

S/MIME 使用以下消息内容类型，这些类型在 RFC 5652 "加密消息语法"中定义如下。

① 数据：指内部 MIME 编码的消息内容，然后可以将其封装在 SignedData、Enveloped-Data 或 CompressedData 内容类型中。

② SignedData：用于对邮件应用的数字签名。

③ EnvelopedData：它包括任何类型的加密内容和一个或多个收件人的加密内容的加密密钥。

④ 压缩数据：对消息应用数据进行压缩。

数据内容类型也称为清除签名的过程。对于清晰签名，将为 MIME 编码的消息计算数字签名，消息和签名这两个部分将形成一个多部分 MIME 消息。与 SignedData 不同，SignedData 涉及以特殊格式封装消息和签名，清晰签名的消息可以由不实现 S/MIME 的电子邮件实体读取并验证其签名。

（4）电子邮件兼容性

当使用 S/MIME 时，至少要传输的块的一部分是加密的。如果只使用签名服务，则对消息摘要进行加密（使用发件人的私钥）。如果使用保密服务，则对消息和签名（如果存在）进行加密（使用一次性对称密钥）。因此，所得到的块的一部分或全部由任意八位字节的流组成。然而，许多电子邮件系统只允许使用由 ASCII 文本组成的块。为了适应这种限制，S/MIME 提供了将原始八位二进制流转换为可打印 ASCII 字符流的服务，这一过程被称为七位编码。

通常用于此目的的方案是 Base64 转换。每组三个八位字节的二进制数据被映射为四个 ASCII 字符。

在 Base64 算法中一个值得注意的方面是，它盲目地将输入流转换为 Base64 格式，而不管内容如何，即使输入恰好是 ASCII 文本。因此，如果对消息进行了签名但未加密，并且将转换应用于整个块，则临时观察者将无法读取输出，这提供了一定程度的保密性。

RFC 5751 还建议，即使不使用外部七位编码，原始 MIME 内容也应该是七位编码。原因是它允许在任何环境中处理 MIME 实体而不更改它。例如，可信网关可能会删除 mes 的加密，但不删除签名，然后将签名的消息转发给最终收件人，以便他们可以直接验证签名。如果站点内部的传输不是八位干净的，如在具有单个邮件网关的广域网上，除非原始 MIME 实体只有七位数据，否则无法验证签名。

### 3. 认可的密码算法

用于 S/MIME 中的密码算法如表 3.8 所示。S/MIME 使用取自 RFC 2119 的术语指定需求级别。

（1）必须：定义是规范的绝对要求。实现必须包括此特性或功能才能符合规范。

（2）应该：在特定情况下，可能存在忽略此特性或功能的正当理由，但建议实现包含该特性或功能。

表3.8　用于S/MIME的密码算法

| 功能 | 要求 |
| --- | --- |
| 创建用于形成数字签名的消息摘要 | 必须支持SHA-256<br>应该支持SHA-1接收器<br>应该支持MD5以实现向后兼容性 |
| 使用邮件摘要形成数字签名 | 必须支持带SHA-256的RSA<br>应该支持<br>DSA与SHA-256<br>RSASSA-PSS与SHA-256<br>RSA与SHA-1<br>DSA与SHA-1<br>RSA与MD5 |

130

（续表）

| 功能 | 要求 |
| --- | --- |
| 加密会话密钥通过消息进行传输 | 必须支持RSA加密<br>应该支持<br>RSAES-OAEP<br>Diffie–Hell man短暂静态模式 |
| 使用一次性会话密钥加密消息以进行传输 | 必须支持带CBC 的AES-128<br>应该支持<br>AES-192 CBC和AES-256 CBC<br>三重DES CBC |

S/MIME 规范包括对决定使用哪种内容加密算法的过程的讨论。从本质上讲，发送代理有两个决定要做。首先，发送代理必须确定接收代理是否能够使用给定的加密算法进行解密。其次，如果接收代理只能接受弱加密的内容，则发送代理必须决定使用弱加密发送是否可以接受。为了支持这一决策过程，发送代理可以按照其发送的任何消息的偏好顺序宣布其解密能力。接收代理可以存储该信息以供将来使用。

发送代理应按照以下顺序遵循以下规则。

① 如果发送代理有来自预期收件人的首选解密功能列表，则应选择列表中能够使用的第一个（最高优先级）功能。

② 如果发送代理没有来自预定收件人的此类能力列表，但已从该收件人接收到一条或多条消息，则传出消息应使用与从该预定收件人接收的最后一条签名和加密消息相同的加密算法。

③ 如果发送代理不知道预期接收方的解密能力，并且愿意冒接收方可能无法解密消息的风险，那么发送代理应该使用三重 DES。

④ 如果发送代理不知道预期接收方的解密能力，并且不愿意冒接收方可能无法解密消息的风险，则发送代理必须使用 RC2/40。

如果一条消息要发送给多个收件人，并且无法为所有收件人选择通用加密算法，则发送代理将需要发送两条消息。然而，在这种情况下，需要注意的是，传输一个安全性较低的副本会使消息的安全性变得脆弱。

### 4. S/MIME 消息

S/MIME 使用了许多新的 MIME 内容类型。所有新的应用程序类型都使用名称 PKCS。这是指 RSA 实验室发布的一组公钥密码规范，可用于 S/MIME 工作。

在首先了解了 S/MIME 消息准备的一般过程之后，依次研究了其中的每一个环节。

保护 MIME 实体。S/MIME 通过签名或加密或两者兼得保护 MIME 实体。MIME 实体可以是整个消息（除了 RFC 5322 报头），或者如果 MIME 内容类型是多部分的，则 MIME 实体是消息的一个子部分或多个子部分。MIME 实体是根据 MIME 消息的正常规则准备的。最后，S/MIME 处理 MIME 实体和一些与安全相关的数据，如算法标识符和证书，以生成所谓的 PKCS 对象。最后，PKCS 对象被视为消息内容，并封装在 MIME 中（提供适当的 MIME 头）。当观察特定对象并提供示例时，这个过程变得清晰起来。

在所有情况下，要发送的消息都会转换为规范形式。特别是，对于给定的类型和子类型，消息内容会使用适当的规范形式。对于多部分消息，每个子部分都使用适当的规范形式。

传输编码的使用需要特别注意。在大多数情况下，应用安全算法的结果将是生成一个部分或全部用任意二进制数据表示的对象。然后，它将被封装在一个外部 MIME 消息中，并且可以在该点应用传输编码，通常是 Base64 编码。但是，在多部分签名消息的情况下，其中一个子部分中的消息内容不会因安全过程而改变。除非该内容是七位的，否则应该使用 Base64 编码进行传输编码或引用可打印，这样就不会有更改应用签名内容的危险。

S/MIME 的每种内容类型如下。

（1）信封数据

application/pkcs7-mime 子类型用于 S/MIME 处理的四个类别之一，每个类别都有一个唯一的 SMIME 类型参数。在所有情况下，所产生的实体（称为对象）以 ITU-T 建议 X.209 中定义的基本编码规则（BER）的形式表示。BER 格式由任意八位字节串组成，因此是二进制数据。这样的对象在外部 MIME 消息中使用 Base64 编码进行传输编码。

准备 envelopedData MIME 实体的步骤如下。

① 为特定对称密码算法（RC2/40 或三重 DES）生成伪随机会话密钥。

② 对于每个收件人，使用收件人的公共 RSA 密钥加密会话密钥。

③ 对于每个接收方，准备一个称为 RecipientInfo 的块，该块包含接收方的公钥证书的标识符，用于加密会话密钥算法的标识符及加密的会话密钥。

④ 使用会话密钥对消息内容进行加密。

RecipientInfo 块后面跟着加密的内容构成了 envelopedData。然后将该信息编码到 Base64 编码中。

为了恢复加密的消息，接收方首先去掉 Base64 编码。然后使用收件人的私钥恢复会话密钥。最后，使用会话密钥对消息内容进行解密。

（2）签名数据

signedData smime 类型可以与一个或多个签名者一起使用。为了清楚起见，将描述仅限于单个数字签名的情况。准备签名数据 MIME 实体的步骤如下。

① 选择一个消息摘要算法（SHA 或 MD5）。

② 计算要签名的内容的消息摘要（散列函数）。

③ 使用签名者的私钥对消息摘要进行加密。

④ 准备一个称为 SignerInfo 的块，该块包含签名者的公钥证书、消息摘要算法的标识符、用于加密消息摘要算法的标识符及加密的消息摘要。

signedData 实体由一系列块组成，包括消息摘要算法标识符、要签名的消息和 SignerInfo。签名数据实体还可以包括一组公钥证书，这些证书足以构成从公认的根或顶级证书颁发机构到签名者的链。然后将该信息编码到 Base64 编码中。

为了恢复已签名的消息并验证签名，接收方首先去掉 Base64 编码。然后，签名者的公钥解密消息摘要。接收方独立计算消息摘要，并将其与解密的消息摘要进行比较，以验证签名。

（3）清晰的签名

使用具有签名子类型的多部分内容类型可以实现清除签名。此签名过程不涉及转换要签名的消息，因此消息是"透明"发送的。因此，具有 MIME 功能但不具有 S/MIME 功能的收件人能够读取传入的消息。

一个多部分 / 签名的消息有两部分。第一部分可以是任何 MIME 类型，但必须准备好，以便在从源传输到目标的过程中不会发生更改。这意味着，如果第一部分不是七位，则需要使用 Base64 编码进行编码或引用可打印。然后，以与 signedData 相同的方式处理此部分，但在本例中，将创建一个具有 signedData 格式的对象，该对象具有一个空消息内容字段。此对象是一个分离的签名。然后，它使用 Base64 编码进行传输，成为多部分 / 签名消息的第二部分。第二部分是具有 MIME 内容类型的应用程序和 pkcs7 签名的子类型。

协议参数表示这是一个由两部分组成的清晰签名实体。micalg 参数指示所使用的消息摘要的类型。接收器可以通过获取第一部分的消息摘要并将其与从第二部分的签名中恢复的消息摘要进行比较验证签名。

（4）注册请求

注册请求通常通过应用程序或用户向证书颁发机构申请公钥证书。应用程序 /pkcs10 S/MIME 实体用于传输认证请求。认证请求包括认证请求信息块，后面是公钥加密算法的标识符，再后面是使用发送方私钥生成的认证请求信息块的签名。认证请求信息块包括证书主题的名称（要认证其公钥的实体）和用户公钥的比特串表示。

（5）仅提供证书信息

可以响应注册和请求发送仅包含证书或证书撤销列表（CRL）的消息。该消息是一个应用程序 /pkcs7 mime 类型 / 子类型，其 SMIME 类型参数为 degenerate。所涉及的步骤与创建签名数据消息的步骤相同，只是没有消息内容并且签名者的信息字段为空。

### 5. S/MIME 证书处理

S/MIME 使用符合 X.509 版本 3 的公钥证书。S/MIME 管理器或用户必须为每个客户端配置一个受信任的密钥列表和证书撤销列表。也就是说，本地负责维护验证传入签名和加密传出消息所需的证书。另一方面，证书由认证机构签署。

用户代理角色，S/MIME 用户有几个密钥管理功能要执行。

（1）密钥生成：某些相关管理实用程序（与 LAN 管理相关的管理实用程序）的用户必须能够生成单独的 Diffie-Hell man 和 DSS 密钥对，并且应该能够生成 RSA 密钥对。每个密钥对必须由非确定性随机输入的良好来源生成，并以安全的方式进行保护。用户代理应生成长度在 768 到 1024 位之间的 RSA 密钥对，并且生成的长度不得小于 512 位。

（2）注册：必须向证书颁发机构注册用户的公钥，才能接收 X.509 公钥证书。

（3）证书存储和检索：用户需要访问证书的本地列表，以便验证传入签名和加密传出消息。这样的列表既可以由用户维护，也可以由一些地方行政实体代表一些用户维护。

### 6. 加强安全服务

RFC 2634 为 S/MIME 定义了四种加强的安全服务。

（1）签名收据：可以在 SignedData 对象中请求签名收据。退回已签名的收据可向消息的发起人提供送达证明，并允许发起人向第三方证明收件人收到了该消息。本质上，接收方对整个原始消息加上原始（发送方）签名进行签名，并附加新签名以形成新的 S/MIME 消息。

（2）安全标签：安全标签可能包含在 SignedData 对象的已验证属性中。安全标签是关于受 S/MIME 封装保护内容的敏感度的一组安全信息。指示指明允许哪些用户访问对象，标签可以用于访问控制。其他用途包括优先级（机密、机密、受限等）或基于角色，描述哪类人可以看到信息。例如，患者的医疗团队、医疗账单代理等。

（3）安全邮件列表：当用户向多个收件人发送邮件时，需要对每个收件人进行一定量的处理，包括使用每个收件人的公钥。用户可以通过使用 S/MIME 邮件列表代理（MLA）的服务以此减轻这项工作。MLA 可以接收单个传入消息，对每个收件人执行特定于收件人的加密，并转发该消息。消息的发起者只需要将消息发送给 MLA，并使用 MLA 的公钥进行加密。

（4）签名证书：此服务用于通过签名证书属性将发件人的证书安全地绑定到其签名上。

## 3.4.3  PGP协议

另一种电子邮件安全协议具有良好的保密性（pretty good privacy，PGP），它具有与 S/MIME 基本相同的功能。PGP 由 Phil Zimmerman 创建，并于 1991 年首次发布。它是免费提供的，并在个人使用中非常流行。最初的 PGP 协议是专有的，并使用了一些具有知识产权限制的加密算法。1996 年，IETF RFC 1991《PGP 消息交换格式》定义了 PGP 的 5.x 版本。随后，OpenPGP 被开发为基于 PGP 版本 5.x 的新标准协议。在 RFC 4880（OpenPGP 消息格式，2007 年 11 月）和 RFC 3156（带 OpenPGP 的 MIME 安全性，2001 年 8 月）中定义了 OpenPGP。S/MIME 和 OpenPGP 之间有两个显著的区别。

（1）密钥认证：S/MIME 使用由证书颁发机构（或由 CA 授予颁发证书的权限的本地机构）颁发的 X.509 证书。在 OpenPGP 中，用户生成自己的 OpenPGP 公钥和私钥，然后向认识他们的个人或组织请求对其公钥的签名。如果存在受信任根的有效 PKIX 链，则 X.509 证书是受信任的，而如果 OpenPGP 公钥由另一个受信任的 OpenPGP 公钥签名，则 OpenPGP 公钥是受信任的。这就是所谓的信任网络。

（2）密钥分发：OpenPGP 不在每条消息中包含发件人的公钥，因此 OpenPGP 消息的收件人有必要单独获取发件人的公钥以验证消息。许多组织在受 TLS 保护的网站上发布 OpenPGP 密钥，希望验证数字签名或向这些组织发送加密邮件的人需要手动下载这些密钥并将其添加到他们的 OpenPGP 客户端。密钥也可以向 OpenPGP 公钥服务器注册，该服务器是维护由电子邮件地址组织的 PGP 公钥的数据库的服务器。任何人都可以向 OpenPGP 密钥服务器发布公钥，该公钥可以包含任何电子邮件地址。OpenPGP 密钥没有审查，因此用户必须使用信任的 Web 决定是否信任给定的公钥。

## 3.5 SSH协议

安全外壳（SSH）协议是一种用于安全网络通信的协议，其设计简洁且实现成本低廉。最初，SSH 专注于提供一个安全的远程登录服务，以替代不安全的 TELNET 等远程登录方案。随着 SSH 第 2 个版本的推出，该协议不仅修复了原始版本中的安全缺陷，还扩展了其功能，使其成为远程登录和 X 隧道的首选方法，并迅速成为嵌入式系统之外加密技术最普遍的应用之一。

SSH 分为三个协议，通常运行在 TCP 之上，如图 3.16 所示。

（1）传输层协议：通过前向保密（即密钥在一个会话中被泄露，不会影响早期会话的安全性）提供服务器身份验证、机密性和完整性。它还可以选择性地提供压缩。

（2）用户认证协议：向服务器验证客户端用户身份。

（3）连接协议：将加密隧道多路复用为多个逻辑通道。

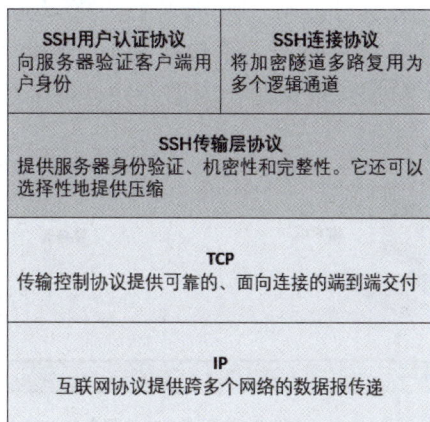

| SSH用户认证协议<br>向服务器验证客户端用户身份 | SSH连接协议<br>将加密隧道多路复用为多个逻辑通道 |
|---|---|
| **SSH传输层协议**<br>提供服务器身份验证、机密性和完整性。它还可以选择性地提供压缩 | |
| **TCP**<br>传输控制协议提供可靠的、面向连接的端到端交付 | |
| **IP**<br>互联网协议提供跨多个网络的数据报传递 | |

图3.16　SSH协议堆栈

### 3.5.1　SSH传输层协议

#### 1. 主机密钥

服务器身份验证发生在传输层，是拥有公钥 / 私钥对的服务器。服务器可以使用多种不同的非对称密码算法，拥有多个主机密钥。多个主机可以共享相同的主机密钥。在任何情况下，在密钥交换期间使用服务器主机密钥验证主机的身份。客户机必须事先知道服务器的公共主机密钥。RFC 4251 规定了可以使用的两种替代信任模型。

客户端具有本地数据库，该数据库将每个主机名（由用户输入）与相应的公共主机密钥相关联。这种方法既不需要集中管理基础设施，也不需要第三方协调。不利的一面是，名称与密钥关联的数据库可能会变得难以维护。

主机名到密钥的关联由受信任的证书颁发机构（CA）进行认证。客户端只知道 CA

根密钥，并且可以验证由接受的 CA 认证的所有主机密钥的有效性。这种替代方案简化了维护问题，因为理想情况下，只需要在客户端上安全地存储一个 CA 密钥。另一方面，在授权之前，每个主机密钥都必须经过中央机构的适当认证。

### 2. 数据包交换

SSH 传输层协议数据包交换的事件序列如图 3.17 所示。客户机建立与服务器的 TCP 连接。这是通过 TCP 协议完成的，不是传输层协议的一部分。一旦连接建立，客户端和服务器在 TCP 段的数据字段中交换数据（称为数据包）。每个数据包的形成如图 3.18 所示。

（1）数据包长度：以字节为单位的数据包长度，不包括数据包长度和 MAC 字段。

（2）填充长度：随机填充字段的长度。

（3）有效载荷：数据包的有用内容。在算法协商之前，此字段是未压缩的。如果协商压缩，那么在随后的数据包中，该字段被压缩。

（4）随机填充：一旦协商了加密算法，就会添加此字段。它包含填充的随机字节，因此数据包的总长度（不包括 MAC 字段）是密码块大小的倍数，或者对于流密码为八个字节。

（5）消息身份验证码（MAC）：如果已协商消息身份验证，则此字段包含 MAC 值。MAC 值是在整个数据包加上一个序列号（不包括 MAC 字段）上计算的。序列号是隐式 32 位数据包序列，其第一个数据包被初始化为零，并且每个数据包都递增。TCP 连接发送的数据包中不包括序列号。

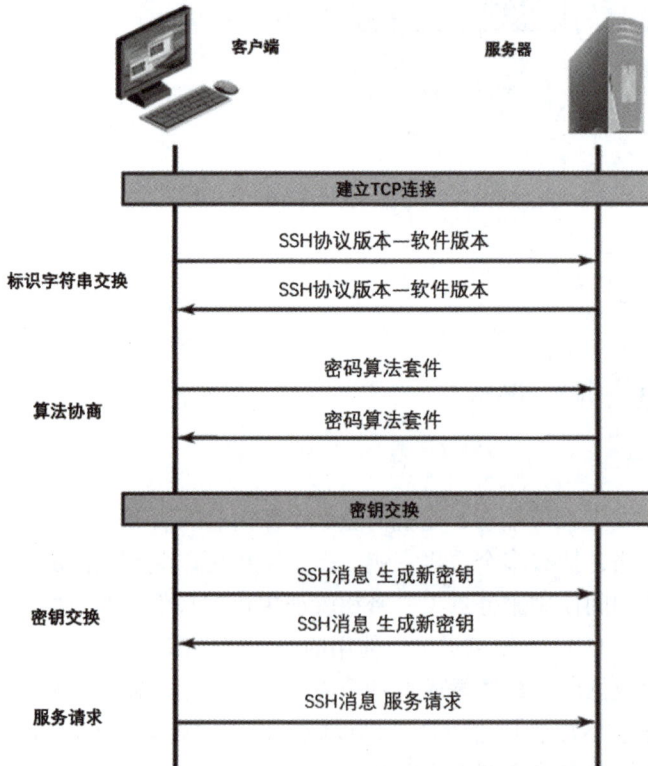

图3.17　SSH传输层协议数据包交换的事件序列

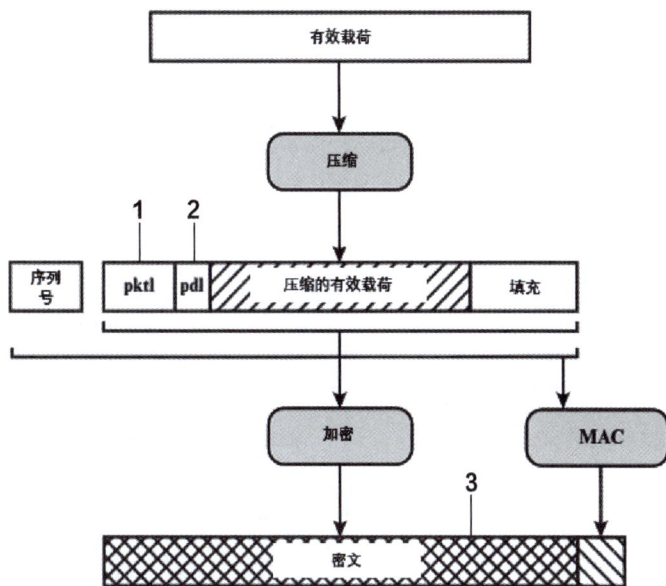

图注：1—pktl数据包长度；2—pdl为填充长度；3—SSH数据包。

图3.18　SSH传输层协议数据包形成

一旦协商了加密算法，则在计算 MAC 值之后对整个分组（不包括 MAC 字段）进行加密。

由图 3.17 可知 SSH 传输层数据包交换由一系列步骤组成。建立 TCP 连接完成后，进行标识字符串交换，从客户端发送一个具有以下形式的标识字符串的数据包开始。

SSH-proto version-software version SP comments CR LF

其中 SP、CR 和 LF 分别是空格字符、回车和换行。一个有效字符串的例子是 SSH-2.0-billsSSH_3.6.3q3 < CR > < LF >。服务器使用自己的标识字符串进行响应。这些字符串用于 Diffie-Hell man 密钥交换。

接下来是算法协商。每一方都向发送方发送一个 SSH_MSG_KEXINIT，其中包含按偏好顺序排列的支持算法列表。每种类型的加密算法都有一个列表。算法包括密钥交换、加密、MAC 算法和压缩算法。SSH 传输层密码算法如表 3.9 所示，其中有加密、MAC 和压缩的允许选项。对于每个类别，所选择的算法是客户端列表上的第一个算法，该算法也由服务器支持。

下一步是密钥交换。该规范允许密钥交换的替代方法，但目前只指定了 Diffie-Hell man 密钥交换的两个版本。这两个版本都在 RFC 2409 中定义，并且在每个方向上只需要一个数据包。交换涉及以下步骤。其中，C 是客户端；S 是服务器；$p$ 是一个大的安全素数；$g$ 是 GF$(p)$子群的生成元；$q$ 是子群的阶；V_S 是 S 的标识字符串；V_C 是 C 的标识字符串；K_S 是 S 的公共主机密钥；I_C 是 C 的 SSH_MSG_KEXINIT 消息，并且I_ 作为算法选择协商的结果，客户端和服务器都知道 $p$、$g$ 和 $q$ 的值。散列函数 hash 也是在算法协商过程中决定的。

表3.9　SSH传输层密码算法

| Cipher | | MAC algorithm | |
|---|---|---|---|
| 3des-cbc* | Three-key3DES in CBC mode | hmac-shal* | HMAC-SHAI;digest length=key length=20 |
| blowfish-cbc | Blowfish in CBC mode | bmac-shal-96** | First 96 bits of HMAC- SHAI;digesl length =12;key length=20 |
| twofish256-cbc | Twofish in CBC mode with a 256-bit key | | |
| twofish192-cbc | Twofish with a 192-bit key | bmac-md5 | HMAC-MD5;digest length=key length=16 |
| twofishl28-cbc | Twofish with a 128-bit key | | |
| aes256-cbc | AES in CBC mode with a 256-bit key | hmac-mdS-96 | First 96 bits of HMAC-MD5; digest length=12; key length=16 |
| aes192-cbc | AES with a 192-bit key | | |
| aes128-cbc** | AES with a 128-bit key | | |
| Serpent256-cbc | Serpent in CBC mode with a 256-bit key | Compression algoritluu | |
| Serpent192-cbc | Serpent with a 192-bit key | none* | No compression |
| Serpent128-cbc | Serpent with a 128-bil key | zlib | Defined in RFC 1950 and RFC 1951 |
| arcfour | RC4 with a 128-bit key | | |
| cast128-cbc | CAST-128 in CBC mode | | |

*=Required
**=Recommended

　　C 生成一个随机数 $x$（$1<x<q$），计算出 $e=g^x \bmod p$。C 将 $e$ 发送给 S。

　　S 生成一个随机数 $y$（$0<y<q$），计算出 $f=g^y \bmod p$。S 接收 $e$。它计算出 $K=e^y \bmod p$，$H=hash$（$V\_C \parallel V\_S \parallel I\_C \parallel I\_S \parallel K\_S \parallel e \parallel f \parallel K$），并使用其私有主机密钥对 $H$ 进行签名，得到签名 S。S 将签名（K_sllfls）发送给 c。签名操作可能涉及第二次哈希操作。

　　C 验证 K_S 确实是 S 的主机密钥。例如，使用证书或本地数据库。C 也被允许在没有验证的情况下接受密钥。然而，这样做会使协议对主动攻击不安全（但在许多环境中，由于短期内的实际原因，这可能是可取的）。然后 C 计算 $K=f^x \bmod p$,$H=$hash（$V\_C \parallel V\_S \parallel I\_C \parallel I\_S \parallel K\_S \parallel e \parallel f \parallel K$），并验证 $H$ 上的签名 S。

　　由于这些步骤，双方现在共享一个主密钥 $K$。此外，服务器已经向客户端进行了身份验证，因为服务器已经使用其私有密钥对 Diffie-Hell man 交换的一半进行了签名。最后，散列值 $H$ 用作该连接的会话标识符。一旦计算出结果，会话标识符就不会改变，即使为该连接再次执行密钥交换以获得新的密钥也是如此。

　　密钥交换的结束是通过交换 SSH_MSG_NEWKEYS 分组发出信号的。在这一点上，双方都可以开始使用从 $K$ 生成的密钥。

　　最后一步是服务请求。客户端发送 SSH_MSG_SERVICE_REQUEST 数据包以请求用户身份验证或连接协议。在此之后，所有数据都作为 SSH 传输层数据包的有效载荷进行交换，并受到加密和 MAC 的保护。

### 3. 密钥生成

用于加密和 MAC 及任何所需的 **IV** 的密钥由共享密钥 $K$、来自密钥交换 H 的哈希值和会话标识符生成，会话标识符等于 $H$，除在初始密钥交换之后有后续的密钥交换外。这些值的计算方式如下。

（1）初始 **IV** 客户端到服务器：HASH($K \parallel H \parallel$ "A" $\parallel$ session_id)。

（2）初始 **IV** 服务器到客户端：HASH($K \parallel H \parallel$ "B" $\parallel$ session_id)。

（3）加密密钥客户端到服务器：HASH($K \parallel H \parallel$ "C" $\parallel$ session_id)。

（4）加密密钥服务器到客户端：HASH($K \parallel H \parallel$ "D" $\parallel$ session_id)。

（5）完整性密钥客户端到服务器：HASH($K \parallel H \parallel$ "E" $\parallel$ session_id)。

（6）完整性密钥服务器到客户端：HASH($K \parallel H \parallel$ "F" $\parallel$ session_id)。

其中 HASH（·）是在算法协商期间确定的哈希函数。

## 3.5.2  SSH用户认证协议

用户身份认证协议提供了向服务器验证客户端的方法。

### 1. 消息类型和格式

用户身份认证协议中始终使用三种类型的消息。来自客户端的身份验证请求的格式为。

| | |
|---|---|
| byte | SSH_MSG_USERAUTH_REQUEST（50） |
| string | user name |
| string | service name |
| string | method name |
| …… | method specific fields |

其中，用户名是客户端请求的授权标识，服务名称是客户端请求访问的设施（通常是 SSH 连接协议），方法名称是此请求中使用的身份验证方法。第一个字节为十进制值 50，它被解释为 SSH_MSG_USERAUTH_REQUEST。

如果服务器拒绝身份验证请求或接受请求但需要一个或多个附加身份验证方法，则服务器发送以下格式的消息。

| | |
|---|---|
| byte | SSH_MSG_USERAUTH_FAILURE（51） |
| name-list | authentications that can continue |
| boolean | partial success |

其中，名称列表是可以有效地继续对话框的方法列表。如果服务器接受身份验证，它将发送一条单字节消息：SSH_MSG_USERAUTH_SCCESS（52）。

### 2. 消息交换

消息交换包括以下步骤。

（1）客户端发送 SSH_MSG_USERAUTH_REQUEST，请求的方法为 none。

（2）服务器检查以确定用户名是否有效。如果不是，则服务器返回 SSH_MSG_USE-

RAUTH_FAILURE，部分成功值为 false。如果用户名是有效的，则服务器进行到步骤 3。

（3）服务器返回 SSH_MSG_USERAUTH_FAILURE，其中包含要使用的一个或多个身份验证方法的列表。

（4）客户端选择可接受的认证方法，并发送具有该方法名称和所需方法特定字段的 SSH_MSG_USERAUTH_REQUEST。在这一点上，可能有一系列的操作执行该方法。

（5）如果认证成功并且需要更多的认证方法，则服务器使用 true 的部分成功值进行步骤 3。如果身份验证失败，则服务器继续执行步骤 3，使用 false 的部分成功值。

（6）当所有所需的身份验证方法都成功时，服务器发送 SSH_MSG_USERAUTH_SCCESS 消息，身份验证协议结束。

### 3. 身份验证方法

服务器可能需要以下一种或多种身份验证方法。

公钥：这个方法的细节取决于所选择的公钥算法。本质上，客户端向服务器发送一条包含客户端公钥的消息，该消息由客户端私钥签名。当服务器收到此消息时，它会检查提供的密钥是否可用于身份验证，如果可以，则会检查签名是否正确。

密码：客户端发送包含明文密码的消息，明文密码受传输层协议加密保护。

主机：身份验证是在客户端的主机上执行的，而不是客户端本身。因此，支持多个客户端的主机将为其所有客户端提供身份验证。这种方法的工作原理是让客户端发送一个用客户端主机的私钥创建的签名。因此，SSH 服务器不是直接验证用户的身份，而是验证客户端主机的身份，此时表示用户已经在客户端进行了身份验证，且相信该主机。

## 3.5.3 SSH连接协议

SSH 连接协议运行在 SSH 传输层协议之上，并假定使用了安全身份验证连接。连接协议使用该安全身份验证连接（称为隧道）多路传输的多个逻辑通道。

### 1. 通道机制

使用 SSH 的所有类型的通信，如终端会话等，都支持使用单独的通道。任何一方都可以开辟一条通道。对于每个通道，每一侧都关联一个唯一的通道编号，其两端编号不必相同。通道使用窗口机制进行流量控制。在接收到指示窗口空间可用的消息之前，不能向通道发送任何数据。

通道的寿命经历三个阶段：打开通道、数据传输和关闭通道。

当任何一方希望打开一个新通道时，它会为该通道分配一个本地号码，然后发送以下形式的消息。

| | |
|---|---|
| byte | SSH_MSG_CHANNEL_OPEN |
| string | channel type |
| uint32 | sender channel |
| uint32 | initial window size |
| uint32 | maximum packet size |

······                    channel type specific data follows

其中 uint32 表示无符号 32 位整数。通道类型标识该通道的应用程序类型。发送方通道编号是本地通道编号。初始窗口大小指定可以在不调整窗口的情况下向此消息的发送方发送多少字节的通道数据。最大数据包大小指定可以发送给接收方的单个数据包的最大大小。例如，人们可能希望使用较小的数据包进行交互连接，以便在慢速链路上获得更好的交互响应。

如果远程端能够打开通道，它将返回一条 SSH_MSG_channel_open_CONFIRATION 消息，其中包括发送方通道号、接收方通道号及传入流量的窗口和数据包大小值。否则，远程端返回 SSH_MSG_CHANNEL_OPEN_FAILURE 消息，其中包含指示失败原因的原因代码。

一旦通道打开，就使用 SSH_MSG_channel_data 消息执行数据传输，该消息包括接收方通道号和数据块。只要通道打开，这些双向消息就可能继续传播。

任何一方希望关闭通道时，它会发送一条 SSH_MSG_channel_close 消息，其中包括接收方的通道号。SSH 连接协议消息交换示例如图 3.19 所示。

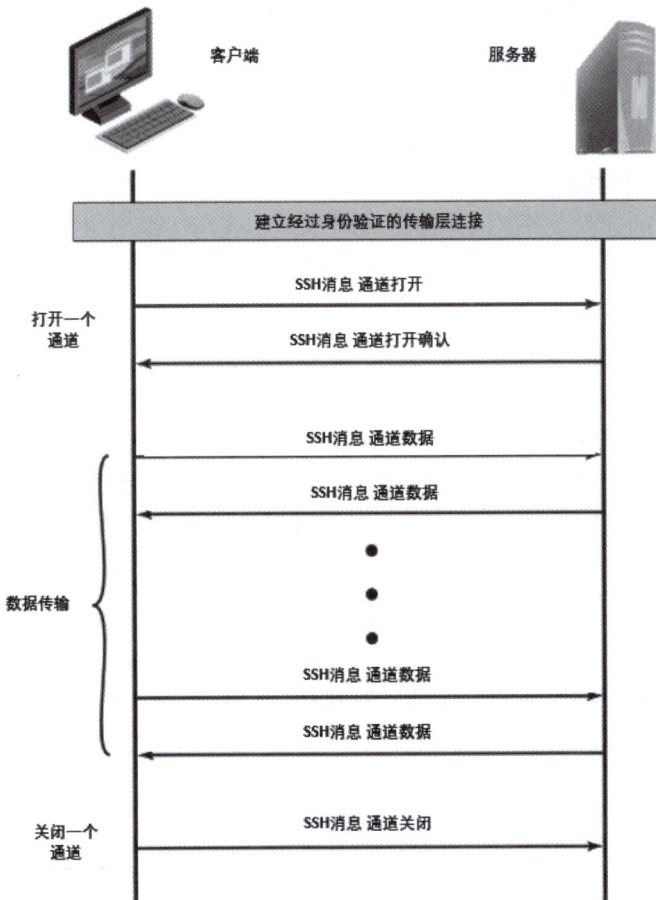

图3.19　SSH连接协议消息交换示例

### 2. 通道类型

SSH 连接协议规范中识别了四种通道类型。

（1）会话：程序的远程执行。该程序可以是 shell、文件传输或电子邮件等应用程序、系统命令或某些内置子系统。一旦会话通道打开，随后的请求将用于启动远程程序。

（2）x11：这是指 X Window 系统，一种为互联网计算机提供图形用户界面（GUI）的计算机软件系统和网络协议。X 允许应用程序在网络服务器上运行，但可以在台式计算机上显示。

（3）forwarded tcpip：这是远程端口转发。

（4）directtcpip：这是本地端口转发。

### 3. 端口转发

SSH 最有用的特性之一是端口转发。从本质上讲，端口转发提供了将任何不安全的 TCP 连接都转换为安全 SSH 连接的能力。这也被称为 SSH 隧道。在这种情况下，我们需要知道什么是港口。端口号是 TCP 用户的标识符。因此，任何运行在 TCP 之上的应用程序都有一个端口号。传入的 TCP 流量根据端口号传递到相应的应用程序。一个应用程序可以使用多个端口号。例如，对于简单邮件传输协议（SMTP），服务器端通常在端口 25 上侦听，因此传入的 SMTP 请求使用 TCP 并将数据寻址到目标端口 25。TCP 识别出这是 SMTP 服务器地址，并将数据路由到 SMTP 服务器应用程序。

端口转发背后的基本概念如图 3.20 所示。有一个由端口号 x 标识的客户端应用程序和一个由端口号 y 标识的服务器应用程序。在某个时刻，客户端应用程序调用本地 TCP 实体并请求到端口 y 上的远程服务器的连接。本地 TCP 实体与远程 TCP 实体协商 TCP 连接，使得该连接将本地端口 x 链接到远程端口 y。为了确保该连接的安全，SSH 传输层协议在 SSH 客户端和服务器实体之间建立 TCP 连接，TCP 端口号分别为 a 和 b。通过此 TCP 连接建立了一个安全的 SSH 隧道。来自端口 x 的客户端应用程序的流量被重定向到本地 SSH 的实体，并通过隧道传输，远程 SSH 的实体在隧道中将数据传递到端口 y 上的服务器应用程序。其他方向的流量也被类似地重定向。

SSH 支持两种端口转发方式：本地转发和远程转发。本地转发允许客户端建立一个"劫持"进程。这将拦截选定的应用程序级流量，并将其从不安全的 TCP 连接重定向到安全的 SSH 隧道。SSH 被配置为侦听选定的端口。SSH 使用选定的端口抓取所有流量，并通过 SSH 隧道发送。在另一端，SSH 服务器将传入的流量发送到客户端应用程序指定的目的端口。

示例用于澄清本地转发。假设您的桌面上有一个电子邮件客户端，并使用它通过邮局协议（POP）从邮件服务器获取电子邮件。为 POP3 分配的端口号是 110。可以通过以下方式保护此流量。

（1）SSH 客户端建立与远程服务器的连接。

（2）选择一个未使用的本地端口号，如 9999，并配置 SSH 以接受来自该端口的流量，该流量目的地为服务器上的端口 110。

（3）SSH 客户端通知 SSH 服务器创建到目的地的连接，在这种情况下，邮件服务器端口为 110。

（4）客户端获取发送到本地端口 9999 的任何二进制数据，并将它们发送到加密 SSH 会话内的服务器。SSH 服务器对进入的二进制数据进行解密，并将明文发送到端口 110。

（5）在另一个方向上，SSH 服务器获取在端口 110 上接收到的任何二进制数据，并将它们在 SSH 会话内发送回客户端，客户端对它们进行解密并将它们发送到端口 9999 的进程。

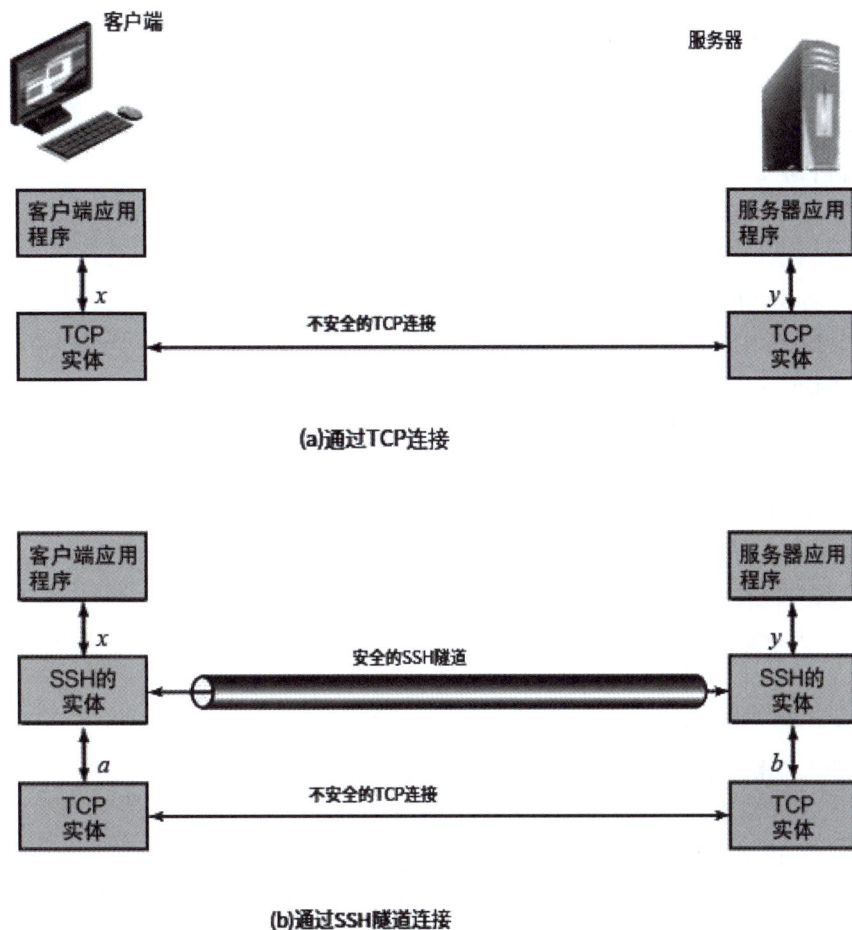

图3.20　端口转发背后的基本概念

通过远程转发，用户的 SSH 客户端代表服务器进行操作。客户端接收具有给定目的地端口号的流量，将流量放置在正确的端口上，并将其发送到用户选择的目的地。远程转发的典型示例如下。您希望利用家用计算机访问工作中的服务器。因为工作服务器位于防火墙后面，所以它不会接受来自家庭计算机的 SSH 请求。但是，在工作中，您可以使用远程转发设置 SSH 隧道。这包括以下步骤。

（1）在工作计算机上，设置与家庭计算机的 SSH 连接。防火墙允许这样做，因为它是受保护的传出连接。

（2）将 SSH 服务器配置在本地端口（22）上侦听，并通过寻址到远程端口（2222）的 SSH 连接传递数据。

（3）您现在可以转到您的家庭计算机，并将 SSH 配置为接受端口 2222 上的流量。

（4）您现在有了一个 SSH 隧道，可以用于远程登录工作服务器。

## 习题

1.PPPoE 的主要作用是什么？

2. 描述 PPPoE 客户端和 PPPoE 服务器在 PPPoE 网络架构中的角色。

3. 在 PPPoE 的工作过程中，发现阶段的主要任务是什么？

4. 解释 LCP 协商的目的和过程。

5. 简述 CHAP 认证的过程。

6.IPsec 协议在网络层提供哪些安全功能？

7. 描述 IPsec 中的两种主要工作模式：传输模式和隧道模式。

8. 在 IPsec 中，安全关联（SA）是如何定义的？

9. 解释 IPsec 安全策略数据库（SPD）的作用。

10. 描述 ESP（封装安全有效载荷）的主要功能。

11. 什么是 IPsec 中的组合安全关联，它如何工作？

12. 在 Web 安全中，SSL/TLS 协议主要用于解决哪些安全问题？

13.TLS 记录协议在 TLS 架构中扮演什么角色？

14.TLS 中的握手协议有什么作用？

15.HTTPS 是如何利用 SSL/TLS 实现安全的 HTTP 通信的？

16.TLS 中的"修改密码规范协议"有什么作用？

17.TLSv1.3 相对于 TLSv1.2 有哪些主要的变化？

18. 什么是 S/MIME，它提供了哪些安全服务？

19. 什么是 PGP 协议，它与 S/MIME 有何不同？

20. 解释 SPF（发件人策略框架）如何增强电子邮件安全。

21.SSH 协议主要包含哪三个子协议？

22. 在 SSH 传输层协议中，服务器如何进行身份验证？

23. 描述 SSH 传输层协议中数据包的一般结构。

24.SSH 连接协议如何实现多路复用多个逻辑通信通道？

25.SSH 支持哪两种端口转发方式？

# 第 4 章
# 存储保护

本章详细介绍存储保护技术，帮助读者理解和掌握如何保护敏感数据，防止未授权访问和数据泄露的情况发生。本章还介绍对整个存储设备进行加密的整盘加密技术，通过加密整个磁盘的数据，确保数据在设备丢失或被盗时不会被未授权访问；阐述文件级加密技术，允许用户选择保护特定的文件，而不是保护整个存储设备，这种加密方式提供了更细粒度的控制，允许用户根据文件的敏感程度选择加密策略；介绍针对数据库数据的数据库加密机制，保护存储在数据库中的敏感信息，支持对整个数据库、表、列或行进行加密。

## 4.1 整盘加密

存储保护是确保数据安全的关键措施，尤其在当今数字化时代，数据泄露和非法访问的风险日益增加。为了有效地保护、存储数据，多种加密技术应用于不同的层次，包括整盘加密、文件级加密和数据库级加密。

整盘加密是一种数据保护技术，其含义是指对整个磁盘或存储设备上的所有数据进行加密，从而确保存储在其上的所有信息都受到保护。这种加密技术是在数据写入磁盘之前进行的，使得即使磁盘被盗或丢失，没有相应的解密密钥，也无法读取其中的任何信息。

整盘加密提供了强大的数据安全保障。与传统的文件级加密相比，整盘加密具有更高的安全性。文件级加密虽然可以保护特定的文件，但对于磁盘上的元数据（文件数量、大小等）和其他非加密部分仍然可能泄露信息。而整盘加密则能够确保磁盘上的所有数据，包括操作系统、应用程序、文件及其元数据等，都受到同等的保护，没有任何部分会被遗漏。

整盘加密为用户和组织提供了透明的数据保护。用户无须关心数据的加密和解密过程，只需像平常一样使用计算机和存储设备，加密和解密操作会在底层自动进行，用户无须进行额外的操作。这种透明性使得整盘加密更易于被接受和使用，特别是在企业级应用中。

对于企业和组织来说，整盘加密尤为重要。由于企业的数据往往包含重要的商业机密和客户信息，一旦泄露可能带来严重的损失。所以整盘加密能够确保在最不利的情况下（设备丢失或被盗），企业的数据也不会被未经授权的人员访问。此外，整盘加密还可以满足一些法规和合规性要求，这些法规要求组织必须采取适当的安全措施保护个人数据的隐私。

总之，整盘加密是一种高效、安全的数据保护技术，它能够为个人和企业提供强大的数据安全保障，确保数据在存储过程中的机密性和完整性。

### 4.1.1　整盘加密的重要性

笔记本计算机被盗导致数据泄露的例子屡见不鲜，以下是几个具体的案例。

案例一：某公司员工在下班时，将笔记本计算机遗忘在办公室的会议桌上。当晚，办公室遭到盗窃，小李的笔记本计算机被盗走。这台计算机中存储了公司的客户资料、项目文档及内部通信记录等敏感信息。由于计算机未设置加密措施，盗贼轻易地获取了这些数据，并将其出售给竞争对手，导致公司遭受重大损失。

案例二：一位科研人员在参加学术会议时，将装有实验数据和研究成果的笔记本计算机带在身边。然而，在会议期间，他的笔记本计算机被盗。这些数据对于科研机构来说具有极高的价值，一旦泄露，可能导致研究成果被剽窃，甚至影响整个科研领域的进展。

案例三：一位政府工作人员在出差期间，将包含政府机密文件的笔记本计算机放在酒店房间内。不幸的是，房间遭到盗窃，笔记本计算机被盗走。这些机密文件的泄露可能对国家安全造成威胁，引发严重的政治后果。

这些案例都表明，笔记本计算机被盗后，存储在其中的数据很容易遭到泄露。为了保护数据安全，用户应该采取一系列措施，如设置复杂的密码、启用加密功能、定期备份数据等，特别是要进行整盘加密。这样即使笔记本计算机被盗和丢失，能拿到的只有密文数据，无法获得明文数据的任何信息。

### 4.1.2　整盘加密的特点

整盘加密不同于一般的加密，其独特之处主要体现在以下几个方面。

（1）自动加密与解密：整盘加密技术会在数据写入硬盘时自动进行加密，而在读取硬盘数据时自动解密。这种自动化的过程使得用户在日常使用中几乎感受不到加密的存在，保持了使用上的透明性和便利性。

（2）全盘保护：与传统的文件加密不同，整盘加密是对整个硬盘进行加密，包括操作系统、应用程序及所有用户数据。这意味着无论数据以何种形式存在，都会被保护起来，不存在因为遗漏某个文件或目录而导致安全风险的情况。

（3）灵活性：整盘加密通常支持多种加密算法，用户可以根据需要选择适合的加密算法。这些算法经过严格的安全测试和验证，能够提供足够强度的保护，防止数据被破解或篡改。

（4）密钥管理：整盘加密技术通常具有强大的密钥管理能力。密钥是解密数据的关键，因此密钥的安全性和管理至关重要。整盘加密通常提供密钥的生成、存储、备份和恢复等功能，确保密钥的安全性和可用性。

（5）安全性与性能平衡：整盘加密在追求安全性的同时，也注重性能的优化。加密算法的选择和实现会考虑到对系统性能的影响，尽量减少加密带来的性能损耗，确保用户在使用加密硬盘时能够获得良好的体验。

需要注意的是，整盘加密的加密算法的特点因不同的加密软件或解决方案而有所差异。不同的产品可能采用不同的加密算法和加密策略，以满足不同用户的需求和场景。因此，在选择整盘加密解决方案时，用户需要仔细了解其具体的加密算法和技术特点，以确保满足自己的安全需求。

## 4.1.3　整盘加密的挑战

加密可以在不同的级别上实现：从文件到基于扇区的加密。文件加密旨在使用不同的密钥独立加密每个文件，通常不加密相应的元数据。文件系统加密将文件和元数据（包括内部层次结构）加密起来。整盘加密是对磁盘数据单元的加密，其优点是确保对存储在磁盘中的所有数据进行无条件加密，而不是选择性地只加密要保密的数据。这是与文件级加密相比的一个优势，文件级加密无法加密额外的数据，如文件数量或文件大小。因此，整盘加密具有所有数据的机密性，同时具有对用户透明的特性。在不可避免存在人为错误的情况下，这些优势对组织和公司尤为重要，这些地方必须强制执行数据保护。但是，要实现这些特点，整盘加密也面临较大的技术挑战，主要包括如下几点。

（1）数据存储和读取 / 写入访问的计算效率：由于移动电子设备的普及，保护设备上的数据变得尤为重要。整盘加密需要在不显著影响性能的情况下，实现对数据的加密和解密操作。

（2）存储效率：整盘加密通常假设加密方案必须保持长度不变，这意味着它不能存储额外的数据，如初始化向量或消息认证码值，以避免存储和对齐问题。

（3）安全性与性能的平衡：整盘加密需要在保证数据安全性的同时，尽量减少对磁盘性能的影响，包括读写延迟和整体性能。

（4）数据完整性保护：虽然整盘加密提供了数据机密性，但它通常不提供加密数据完整性保护。系统应能够检测到磁盘上的未授权修改，并在检测到时提醒用户。

（5）存储和性能的额外成本：任何面向身份验证的加密系统至少需要存储认证标签，这可能会导致额外的读 / 写访问和标签计算产生一些延迟。

（6）安全性证明：整盘加密的安全性分析不应仅限于抵抗已知攻击，而应通过数学假设形式化证明其安全性，这一证明通常是复杂的。

（7）实际部署的挑战：整盘加密的实际部署需要考虑不同的设备和环境，以及如何在不同的系统和组件中实现加密，同时保持系统的其他功能。

（8）密钥管理：整盘加密需要有效的密钥管理策略，以确保加密密钥的安全性，同时允许用户方便地访问加密数据。

（9）跨平台兼容性：整盘加密需要在不同的操作系统和硬件平台上保持兼容性，以确保广泛的适用性。

这些挑战需要综合考虑技术、性能、安全性和用户体验等多方面的因素进行解决。文档中提到的研究和分析旨在通过密码学构造和安全证明应对这些挑战，以实现既安全又高效的磁盘加密解决方案。

## 4.1.4　整盘加密解决方案

操作系统自带的整盘加密功能能够提供系统级别的数据保护，防止未授权访问。以下是一些主流操作系统中自带的整盘加密解决方案。

（1）Windows BitLocker

BitLocker 是 Microsoft Windows 操作系统提供的一种加密功能，它允许用户对整个硬盘驱动器或外部存储设备进行加密。BitLocker 提供强大的数据保护，并且与 Windows 操作系统集成，提供便捷的加密管理。

（2）MacOS FileVault

FileVault 是 MacOS 操作系统中的磁盘加密功能，它使用 XTS-AES-128 加密算法加密用户的主分区。FileVault 与系统安全功能集成，需要用户的登录密码解锁加密的磁盘。

（3）Linux dm-crypt / LUKS

Linux 操作系统使用 dm-crypt 作为其内核加密层，而 LUKS（Linux Unified Key Setup）是 dm-crypt 的前端工具，用于管理加密卷。LUKS 提供了安全性高且易于使用的磁盘加密解决方案。

（4）Android 和 iOS 的设备加密

移动操作系统 Android 和 iOS 都提供了设备加密功能。Android 的加密通常是在设置中启用的，而 iOS 设备在激活时就自动加密了用户的个人数据。

（5）OpenBSD GEOM

OpenBSD 提供了一个名为 GEOM 的磁盘管理工具，其中包括了基于 GEOM 的加密功能，允许用户对整个磁盘或单个文件系统进行加密。

（6）Linux 操作系统中的 ZFS

ZFS 文件系统在 Linux 操作系统上提供数据完整性检查和可选的加密功能。虽然 ZFS 本身不提供加密，但它可以通过与其他工具（dm-crypt）结合使用实现整盘加密。

（7）VeraCrypt

虽然 VeraCrypt 不是操作系统自带的，但 VeraCrypt 是一个开源的加密工具，可以在多种操作系统上运行，包括 Windows、MacOS 和 Linux 操作系统。它是基于 TrueCrypt 的一种工具，提供了整盘加密、加密容器和可引导加密卷的功能。

使用这些操作系统自带的整盘加密功能或者 VeraCrypt 等开源加密工具时，重要的是要了解它们的特性、限制和配置选项。正确配置和管理这些工具可以显著提高系统的安全性。然而，需要注意的是，加密并不是万能的，它应该与其他安全措施（安全备份、强密码和定期更新）结合使用，以形成一个全面的安全策略。

以下重点介绍 BitLocker 和 FileVault 两种操作系统自带的整盘加密方案。

### 1. Windows BitLocker

BitLocker 是 Microsoft Windows 操作系统中的一个数据保护功能，它提供了整个卷的加密功能。BitLocker 旨在保护计算机上存储的敏感数据，即使在计算机被盗或丢失的情况下也能保持数据安全。以下是 BitLocker 的一些详细介绍。

（1）Bitlocker 的主要特点

① 整盘加密：BitLocker 对整个硬盘驱动器或特定分区进行加密，包括操作系统、程序文件和用户数据。

② 加密强度：BitLocker 使用 XTS-AES 加密算法，这是一种非常安全的加密方式，提供了强大的数据保护功能。

③ 与 TPM 配合使用：BitLocker 可以与可信平台模块（Trusted Platform Module，TPM）配合使用，TPM 是一种安全芯片，可以存储加密密钥并提供额外的安全保护措施。

④ 启动保护：当与 TPM 配合使用时，BitLocker 能够保护计算机在启动时免受攻击，确保只有经过验证的操作系统才能加载。

⑤ 密码保护：用户可以设置一个密码解锁 BitLocker 加密的卷，增加一层额外的保护。

⑥ 智能卡支持：BitLocker 支持使用智能卡作为解锁加密卷的一种方式。

⑦ 可移动驱动器加密：除了内部硬盘驱动器，BitLocker 还可以加密可移动驱动器，如 USB 闪存盘。

⑧ 系统恢复：BitLocker 提供了一种系统恢复方式，允许在忘记密码或丢失智能卡的情况下恢复数据。

（2）使用方法如下

① 启用 BitLocker：在 Windows 操作系统控制面板中找到"BitLocker 驱动器加密"。选择要加密的驱动器并按照向导指示操作。

② 配置解锁选项：用户可以选择使用密码、智能卡或 TPM 加密解锁驱动器。

③ 启动加密过程：一旦配置完成，BitLocker 将开始加密过程。对于整盘加密，这可能需要一些时间，取决于驱动器的大小和系统的性能。

④ 管理 BitLocker：加密完成后，用户可以通过控制面板管理 BitLocker，如暂停或恢复加密、更改密码或备份恢复密钥。

（3）注意事项

在加密过程中，用户应该避免关闭计算机，否则可能会导致数据丢失。如果使用 TPM 芯片，确保 BIOS/UEFI 设置中启用了 TPM 支持。

（4）系统要求：

① BitLocker 通常在 Windows Pro、Enterprise 和 Education 版本中可用。

② 需要有足够的存储空间创建一个系统恢复驱动器或使用外部存储设备存储、恢复密钥。

③ 计算机应具备 TPMv 1.2 或更高版本，或者能够通过 USB 连接外部 TPM 模块。

BitLocker 是一个强大的工具，可以帮助保护个人和企业的数据安全。然而，它也要求用户了解如何正确使用和管理加密技术，以确保数据的安全和可访问性。

### 2. MacOS FileVault

MacOS FileVault 是一种整盘加密功能，它为用户提供了强大的数据保护。通过启用 FileVault,MacOS 操作系统上的整个硬盘或特定分区都会被加密，从而防止未经授权的访问和数据泄露。以下是关于 MacOS FileVault 的详细介绍。

（1）加密机制

FileVault 使用 AES-XTS 加密算法，是经过广泛验证且被公认为是非常安全的加密算法。它不仅加密硬盘上的数据，还加密元数据（文件名、目录结构等），确保硬盘上的所有内容都得到保护。

（2）启用与设置

用户可以在 MacOS 操作系统上的偏好设置中"安全性与隐私"部分找到 FileVault 的选项，并轻松启用它。在启用过程中，用户需要设置一个恢复密钥，这个密钥在遗忘密码或需要重置加密磁盘时非常重要。

（3）透明性

一旦启用 FileVault，用户在日常使用中几乎不会感受到任何变化。文件系统依然保持透明，用户可以像往常一样读取、写入和访问文件。加密和解密过程在后台自动进行，无须用户干预。

（4）安全性

FileVault 提供了强大的安全保护，即使硬盘被盗或丢失，未经授权的用户也无法访问加密的数据。除非拥有正确的密码或恢复密钥，否则无法解密硬盘上的内容。

（5）兼容性与性能

FileVault 与 MacOS 操作系统的其他功能无缝集成，包括 Time Machine 备份和 Boot - Camp。虽然加密和解密过程需要一定的计算资源，但在现代 Mac 硬件上，性能影响几乎可以忽略不计。

（6）远程管理

对于使用 MacOS 的企业或教育机构，FileVault 还提供了远程管理和部署的选项，方便管理员统一配置和管理加密策略。

总之，MacOS FileVault 是一项功能强大且易于使用的整盘加密功能，它为用户提供了高效的数据保护机制，确保敏感信息的安全性。无论是个人用户还是企业用户，都可以通过启用 FileVault 增强他们的数据安全防护能力。

## 4.1.5 整盘加密算法

整盘加密通常用到可调加密方案 (Tweakable Enciphering Schemes, TES)，这是一类提供保持数据长度的加密方案，同时允许使用一个额外的公开"调柄（tweak）"输入影响加密过程，调柄在加密过程中通常对应于扇区地址。可调加密方案为数据扇区提供了一种安全且长度保持的加密方式，因此非常适合整盘加密和其他需要保持数据长度不变的场景。

可调加密方案的主要特性包括。

（1）长度保持：密文长度与明文长度相同，这对于磁盘扇区加密等需要保持数据长度不变的场景很有用。

（2）可调：除密钥和明文外，还使用一个公开的"调柄"值（通常取作磁盘扇区号）作为加密函数的额外输入。这确保了相同的明文在不同的调柄下加密结果不同，从而增强了安全性。

（3）强伪随机置换 (SPRP)：对于任何固定的密钥和调柄，加密函数都是一个独立的强伪随机置换，这意味着每一个扇区都相当于用一个独立的随机置换加密。这保证了加密方案的机密性。

一些流行的可调加密方案构造包括 CMC、EME、XCB、HCTR 和 XTS。由于效率高、可并行化及经过安全性验证的特性，HCTR 和 XTS 已纳入我国分组密码工作模式标准 GB/T 17964—2021 中。

以下重点介绍 XTS 和 HCTR 两种可调加密方案。

XTS 和 HCTR 都是基于分组密码的工作模式，都可以采用 AES、SM4 等分组密码算法实现。XTS 和 HCTR 主要的不同点在于处理数据的颗粒度大小不同。XTS 是以分组为颗粒度的，对于一个磁盘扇区的数据，按照分组大小进行分组，每一个分组的数据用前后异或过秘密值的分组密码进行加密，如果不能完整分组，则采用密文窃取 (Ciphertext Stealing) 的方式处理。HCTR 则是以扇区为颗粒度进行数据处理的。由于颗粒度的不同，如果改变密文一个二进制的数据，在 XTS 中，相应一个分组的明文将会发生随机变化，而在 HCTR 中，则是整个扇区的数据都会发生随机变化。

（1）XTS 的加密过程如图 4.1 所示。其中，$E$ 表示分组密码，TW 是调柄，一般取扇区地址。可以看到，其颗粒度是以分组为单位的。

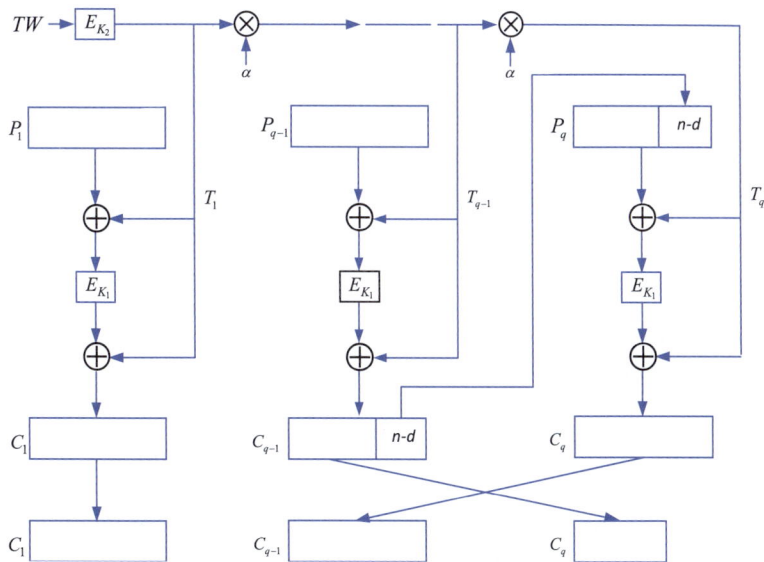

图4.1　XTS的加密过程

（2）HCTR 的加密过程如图 4.2 所示。其中，$E$ 表示分组密码，TW 是调柄，一般取扇区地址。可以看到，其颗粒度是以扇区为单位的。

整盘加密总结：整盘加密是防止数据泄露的关键技术，特别是在设备丢失或被盗时。它提供自动化加密解密过程、全面保护、灵活算法、强大的密钥管理及在安全性和性能之间取得平衡。整盘加密面临计算效率、存储效率、安全性与性能的平衡、数据完整性保护、额外成本、安全性证明、部署挑战、密钥管理和跨平台兼容性等诸多挑战。解决方案包括 Windows 操作系统的 BitLocker、MacOS 操作系统的 FileVault、Linux 操作系统的 dm-crypt/LUKS、移动操作系统的设备加密、OpenBSD 的 GEOM，以及 VeraCrypt 等。本节还介绍了两种可调加密算法 XTS 和 HCTR，为整盘加密提供了安全且长度保持的加密方式，适用于需要保持数据长度不变的场景。

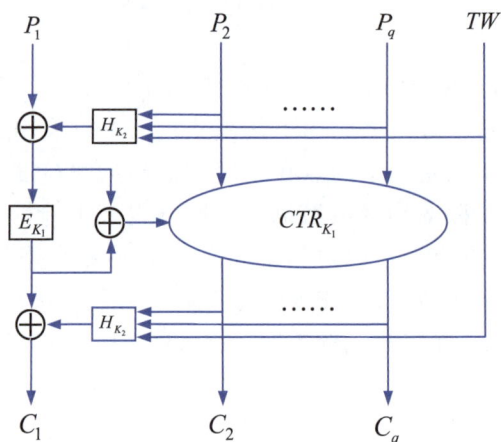

图4.2　HCTR的加密过程

## 4.2　文件级加密

文件级加密允许用户对存储在计算机或移动设备上的单个文件或文件夹进行加密。这种加密方法提供了比整盘加密更具体的细粒度控制，使得用户可以针对特定数据实施保护措施。文件级加密的主要目的是在不影响系统性能的情况下，为敏感数据提供额外的安全层。本节首先介绍关于文件级加密的基本知识、原理及特点。接着分别探讨移动设备和桌面平台上典型的文件加密机制的工作原理。

### 4.2.1　文件级加密概述

文件级加密技术的核心原理是使用加密算法将指定的文件内容或文件名转换成不可读的形式，只有拥有相应解密密钥的用户才能访问原始数据。这一过程通常涉及以下几个关键步骤。

（1）密钥生成：为每个需要加密的文件生成一个唯一的加密密钥（也称为文件加密密钥或 FEK）。

（2）密钥加密：使用一个安全的方法（公钥加密）将 FEK 加密，以确保只有授权用户能够解密。

（3）文件加密：使用 FEK 对文件内容进行加密。某些系统还会对文件名进行加密，以防止通过文件名推断文件内容。

（4）存储加密文件：将加密后的文件及其加密的密钥信息进行安全存储。

相比整盘加密，文件级加密具有如下优势。

（1）细粒度控制：用户可以有选择性地对特定文件或文件夹进行加密，而不是对整个磁盘进行加密，从而实现更精细的数据保护。

（2）灵活性：用户可以轻松地对文件进行加密或解密操作，以适应不同的安全需求。

（3）性能影响较小：与传统的全盘加密相比，文件级加密由于只加密特定数据，所以对系统性能的影响较小。

在桌面平台和移动设备上实施的文件级加密技术在设计理念、实现方式和使用场景上体现了各自环境的特定需求。

移动终端的加密技术特别考虑到设备的频繁睡眠/唤醒周期、多用户环境（设备所有者、儿童模式）及设备可能更频繁遭遇丢失或被盗的风险。FBE 允许在不同用户和应用程序间进行细粒度的加密控制，同时在系统启动早期就可以访问部分数据。相比之下，桌面平台的加密技术通常更多地用于桌面环境，重点在于操作系统层面的数据保护，并考虑到多用户操作系统中的数据隔离和保密。

在加密密钥管理上，两者也有所不同。移动设备通常使用基于硬件的密钥存储机制，如可信执行环境（TEE）或安全元素（SE），将密钥绑定于设备硬件，从而提供较高的安全性。Android 操作系统还可以通过用户的屏幕锁凭证（PIN 码、密码或图案）增强密钥的保护。而在桌面平台上，密钥管理可能不如移动设备那样严格依赖硬件安全模块。尽管一些高安全性实现（使用 TPM 芯片的 BitLocker）采用硬件加密，但其他如 EFS 和 EncFS 主要依赖于软件管理密钥。

在透明度和用户体验方面，移动设备的加密对用户而言通常是透明的，不需要用户进行特别操作，系统和应用会自动管理加密过程。这种自动化管理不仅简化了用户的操作，还提高了加密的效率和便利性。而在桌面平台上，用户可能需要进行更多的配置和管理，如选择加密哪些文件或文件夹，管理加密密钥和恢复信息等。这种手动配置和管理虽然增加了用户的操作负担，但也提供了更多的灵活性和控制权，使用户能够根据自己的需求和偏好定制加密策略。

最后，性能影响也是移动设备和桌面平台加密技术的一个考虑因素。移动设备的加密必须在不显著影响电池续航的前提下实现，因此其加密算法和实现方式都需高效利用资源。这要求加密技术在保持安全性的同时，也要兼顾移动设备的性能和续航能力。而桌面平台，尽管也考虑性能，但由于通常拥有更多的资源（处理器性能和内存），因此可以支持更复杂或计算强度更高的加密方案，以提供更高的安全性和保护等级。

## 4.2.2 移动设备上的文件级加密

在 Android 操作系统中，数据加密技术的发展经历了从整盘加密（Full-Disk Encryption，FDE）到文件级加密（File-Based Encryption，FBE）的转变。最初，Android 操作系统采用整盘加密的方式保护用户数据，这意味着整个存储设备在每次启动时都需要用户输入密码才能解锁。这种方法虽然提高了数据安全性，但也带来了一些不便：在设备未解锁之前，一些应用和功能无法正常运行，如闹钟可能无法响铃，来电无法接听，甚至一些无障碍功能也无法使用，用户只能执行紧急拨号等基本操作。为了解决这些问题，Android 7.0 开始引入了文件级加密。与整盘加密不同，文件级加密允许使用不同的密钥对不同的文件或文件夹进行加密，同时也支持对单个加密文件进行解密。这种加密方式提供了具有更细粒度的控制，允许设备在未解锁的情况下，某些应用和功能仍然可以运行，从而提高了用户体验。随着 Android 操作系统不断更新，从 Android 10.0 开始，文件级加密成为了新的标准加密方式，而不再支持整盘加密。这一变化意味着，Android 10.0 及更高版本的移动设备在出厂时默认采用文件级加密，以提供更好的用户体验和数据保护。

### 1. 不同安全等级的存储

在 Android 文件级加密中，可以使用不同的密钥对不同的文件进行加密，也可以对加密文件单独解密。同时，对于没有安全要求的文件，可以选择不加密。基于这些特性，Android 操作系统对用户数据分区的目录做了安全等级划分，划分的安全等级包括。

（1）不加密的存储位置，存放无须加密的文件。

（2）与用户无关的系统设备存储位置，存储与设备相关、用户无关的数据。

（3）与用户相关的存储位置分为两类。

① Device Encrypted (DE) Storage：存储与用户相关的数据，安全性等级较低。该存储位置在设备启动后和用户解锁设备后均可使用。

② Credential Encrypted (CE) Storage：默认存储位置，存储与用户相关的数据，安全性等级高。如果用户设置了锁屏密码，必须在用户解锁设备后这些存储位置的数据才可用。

基于上述存储分区，Android 操作系统引入了一项称为"直接启动"的新功能，允许设备在启动时绕过传统解锁步骤，直接进入锁定屏幕，从而快速响应，如闹钟和来电等基本功能。具体来说，在系统启动过程中，区分了 DE Storage 和 CE Storage。DE Storage 在设备启动后即可访问，而 CE Storage 则需要用户解锁后才能访问。当用户未设置锁屏密码时，DE Storage 的密钥和 CE Storage 的密钥安全等级一致，即设备启动后，App 可以直接访问 DE Storage 和 CE Storage。当用户设置锁屏密码后，只有校验用户密码成功后，用户 CE Storage 的密钥才可用，即用户输入锁屏密码解锁设备后，App 才可访问 CE Storage，同时访问到文件的明文数据。与此配合的是直接启动感知型（Direct Boot aware）应用，这类应用能够识别当前的加密状态和存储空间的可用性，确保在用户未解锁设备时，仅访问 DE Storage 中的数据；在设备解锁后，能够无缝过渡到访问 CE Storage 中的敏感数据。因此，在提高设备的响应速度和用户体验的同时确保了用户数据的安全性，实现了便捷性与安全性的平衡。

### 2. 密钥管理

不同存储位置的加解密顺序存在以下依赖关系：解密系统 DE Storage 所需的密钥信息被存储在未加密目录 /data/unencrypted 中；解密用户 Device Encrypted (DE) Storage 和用户 Credential Encrypted(CE) Storage 所需的密钥信息被存储在系统 DE Storage 的目录 /data/misc/vold/user_keys 中。FBE 存储类别及其保护的目录如图 4.3 所示。

| 存储类别 | 说明 | 目录 |
|---|---|---|
| 系统 DE Storage | 未与特定用户关联的设备加密数据 | /data/system、/data/app 及 /data 的各种其他子目录 |
| 按启动 | 无须在重新启动后保留临时系统文件 | /data/per_boot |
| 用户 CE Storage (内部) | 内部存储设备中按用户的凭据加密数据 | /data/data (/data/user/0 的别名)<br>/data/media/${user_id}<br>/data/misc_ce/${user_id}<br>/data/system_ce/${user_id}<br>/data/user/${user_id}<br>/data/vendor_ce/${user_id} |
| 用户 DE Storage (内部) | 内部存储设备中按用户的设备加密数据 | /data/misc_de/${user_id}<br>/data/system_de/${user_id}<br>/data/user_de/${user_id}<br>/data/vendor_de/${user_id} |
| 用户 CE Storage (可合并) | 可合并的存储设备中按用户的凭据加密数据 | /mnt/expand/${volume_uuid}/media/${user_id}<br>/mnt/expand/${volume_uuid}/misc_ce/${user_id}<br>/mnt/expand/${volume_uuid}/user/${user_id} |
| 用户 DE Storage (可合并) | 可合并的存储设备中按用户的设备加密数据 | /mnt/expand/${volume_uuid}/misc_de/${user_id}<br>/mnt/expand/${volume_uuid}/user_de/${user_id} |

图4.3　FBE存储类别及其保护的目录

除在每次启动时才使用的 FBE 密钥（系统根本不存储）外，所有其他 FBE 密钥均由 vold 管理并加密存储在磁盘上。各种 FBE 密钥的存储位置如图 4.4 所示。

| 密钥类型 | 密钥位置 | 密钥位置的存储类别 |
|---|---|---|
| 系统 DE Storage 密钥 | /data/unencrypted | 非加密 |
| 用户 CE Storage (内部) 密钥 | /data/misc/vold/user_keys/ce/${user_id} | 系统 DE Storage |
| 用户 DE Storage (内部) 密钥 | /data/misc/vold/user_keys/de/${user_id} | 系统 DE Storage |
| 用户 CE Storage (可合并) 密钥 | /data/misc_ce/${user_id}/vold/volume_keys/${volume_uuid} | 用户 CE Storage (内部) |
| 用户 DE Storage (可合并) 键 | /data/misc_de/${user_id}/vold/volume_keys/${volume_uuid} | 用户 DE Storage (内部) |

图4.4　各种FBE密钥的存储位置

如图 4.4 所示，FBE 密钥的存储方式具有嵌套特性，即大多数 FBE 密钥被存储在由其他 FBE 密钥加密的目录中。这种设计意味着要访问某个密钥，必须先解锁包含该密钥的上一层存储类别。此外，vold（Android 操作系统的卷管理守护进程）为增强安全性，对所有 FBE 密钥实施了额外的加密措施。除用于内部存储的 CE Storage 密钥外，每个 FBE 密钥都利用其专用的 Keystore 密钥进行加密，使用的是 AES-256-GCM 算法。这种加密方式确保了只有在操作系统启动并被认为是受信任的情况下，密钥才能被成功解锁。为了提高安全性，Keystore 密钥引入了抗回滚特性。这一特性允许在支持 Keymaster 的设备上安全地删除 FBE 密钥，防止密钥在设备恢复或重置过程中被恢复。如果抗回滚特性不可用，系统会采用一种回退机制。这个机制依赖于与每个 FBE 密钥一起存储的 secdiscardable 文件。这个文件包含了 16 384 个随机字节，其 SHA-512 哈希值被用作 Keystore 密钥的应用 ID 标记。只有当这些随机字节被完整恢复时，相应的 FBE 密钥才能被恢复。

用于内部存储设备的 CE Storage 密钥采用更高级别的保护，可以防止在缺少用户锁屏知识因素（PIN 码、图案或密码）或安全密码重置令牌的情况下的密钥泄露，同时在设备重启后也能保持加密状态。只有在管理设备或工作资料的特定情况下，系统才允许创建密码重置令牌。vold 使用基于每个用户随机生成的高熵合成密码派生的 AES-256-GCM 密钥加密 CE Storage 密钥，而 LockSettingsService 组件则负责管理这些合成密码及其保护策略。为了增强合成密码的安全性，LockSettingsService 通过 scrypt 算法扩展用户的锁屏知识因素（LSKF），尽管这一步骤本身提供的安全性有限，但它为后续的安全措施打下了基础。如果设备配备了安全元件（SE），LockSettingsService 将使用 Weaver HAL 将扩展后的 LSKF 映射到 SE 中的高熵随机密钥上，并进行两次加密，首次使用软件密钥，第二次使用 Keystore 密钥，从而利用 SE 强制实施速率限制抵御 LSKF 的猜测攻击。如果没有 SE，LockSettingsService 将使用扩展后的 LSKF 作为 Gatekeeper 密码，并执行类似的两次加密过程，利用 TEE 强制的速率限制提供保护。一旦 LSKF 被更改，LockSettingsService 会清除所有与旧 LSKF 和合成密码的绑定信息，确保在支持 Weaver 或具有抗回滚能力的 Keystore 密钥的设备上安全地管理密钥，从而在用户没有输入 LSKF 的情况下，系统依然能够维持其加密密钥的安全性，防止未授权的访问。

文件级加密还天然地支持多用户环境，多用户环境中的每位用户均会获得单独的加密密钥。每位用户均会获得两个密钥：一个 DE Storage 密钥和一个 CE Storage 密钥。用户 0 由于是特殊用户，因此必须先登录设备。直接启动感知型应用可以按照以下方式在用户间互动：INTERACT_ACROSS_USERS 和 INTERACT_ACROSS_USERS_FULL 允许应用与在设备上的所有用户进行互动。不过，这些应用只能访问已解锁用户的 CE Storage 加密目录。应用或许能够在 DE Storage 区域间自由互动，但一位用户已解锁并不意味着设备上的所有用户均已解锁。应用在尝试访问这些区域之前，应先检查解锁状态。

### 3. 启用 FBE 的流程

在 Android 操作系统上启用文件级加密（FBE），需要对内部存储设备进行相应设置，这通常也会自动为可合并的存储设备启用 FBE。通过修改 fstab 文件中的 fileencryption 选项，可以定义加密格式。该选项由三个部分组成：contents_encryption_mode、filenames_encryption_mode 和 flags，它们之间用冒号分隔。

（1）contents_encryption_mode 决定用于加密文件内容的算法，可以是 AES-256-XTS 或 Adiantum。从 Android 11.0 起，默认为 AES-256-XTS。

（2）filenames_encryption_mode 决定用于加密文件名的算法，有多种选项，如果不指定，默认取决于 contents_encryption_mode 的设置。

（3）flags 是 Android 11.0 新增的，包含一系列以加号分隔的标记，如 v1 和 v2 标记选择不同版本的加密政策，inlinecrypt_optimized 和 emmc_optimized 标记优化密钥派生过程，wrappedkey_v0 标记允许使用硬件封装的密钥。

对于不使用内嵌加密硬件的设备，通常设置 fileencryption=aes-256-xts。若使用内嵌加密硬件，则设置可能为 fileencryption=aes-256-xts:aes-256-cts:inlinecrypt_optimized。在缺乏 AES 加速的设备上，可以选择 Adiantum 算法。从 Android 14.0 开始，AES-HCTR2 成为首选的文件名加密模式，但仅在较新的内核上支持。对于旧版本设备，还可以使用 fileencryption=ice 指定 FSCRYPT_MODE_PR*IV*ATE 模式，但这在 Android 11.0 及以上版本中不再被允许。自 Android 9.0 起，FBE 支持与可合并的存储设备一起使用，且通过设置 fileencryption 选项，可自动为这些设备启用 FBE 和元数据加密。可以通过 PRODUCT_PROPERTY_OVERRIDES 中的属性覆盖这些设置。

FBE 软件流程的启动首先需要准备 FBE Master Key，并设置和校验加密存储位置的加密策略（Encryption Policy）。这些策略定义了使用哪个 Master Key、文件数据和文件名的加密算法等。文件系统的 Encryption Policy 支持递归继承，意味着只需为部分目录设置策略即可，新创建的文件或目录将自动继承这些策略。

设备首次启动时，系统将初始化加密密钥，创建系统 DE Master Key，并为系统 DE Storage 设置 Encryption Policy。对于用户 0，系统将创建相应的 Master Key 和 Encryption Policy，并准备用户 0 DE Storage。在后续启动中，系统将加载这些密钥并验证策略。用户 0 CE Storage 的设置则在设备启动的后续流程中由 vold 完成，确保了加密策略的正确实施。

### 4.2.3  桌面平台上的文件级加密技术

EFS（Encrypting File System，加密文件系统）是 Windows 操作系统中基于 NTFS（New Technology File System，新技术文件系统）实现对文件进行加密与解密服务的一项技术。EFS 采用核心文件加密技术，当文件或文件夹被加密之后，对于合法 Windows 用户来说不会改变其使用习惯。当操作经 EFS 加密后的文件时与操作普通文件没有任何区别，所有的用户身份认证和解密操作由系统在后台自动完成。而对于非法 Windows 用户来说，则无法打开经 EFS 加密的文件或文件夹。在多用户 Windows 操作系统中，不同的用户可通过 EFS 加密自己的文件或文件夹，实现对重要数据的安全保护。

EFS 是 NTFS 文件系统的组件之一，它可在多个版本 Windows 操作系统上使用，包括 Windows 11.0、Windows 10.0、Windows 8.1、Windows 8.0、Windows 7.0、Windows Vista、Windows XP、Windows 2000 和 Windows Server 等。换句话说，从 Windows 2000 版本开始，所有的 Windows 操作系统版本均支持 EFS。

当用户决定加密文件时，EFS 首先通过随机密码生成器创建一个对称密钥，称为文件加密密钥（File Encryption Key，FEK），该密钥用于加密文件内容以及之后的解密过程。接下来，EFS 利用用户的公钥（来自用户的个人证书）加密 FEK，生成的加密结果称为数据解密域（Data Decryption Fields，DDF）。如果是用户首次进行文件加密，EFS 会生成一对新的密钥对；如果不是首次，则使用现有的公 / 私密钥对。此外，为了可能的数据恢复，EFS 使用数据恢复代理（Data Recovery Agent，DRA）的公钥加密 FEK，每个数据恢复代理都可能有不同的公钥，因此同一 FEK 可能被多个不同的 DRA 公钥加密。这些加密后的 FEK 汇总形成了数据恢复域（Data Recovery Fields，DRF）。加密过程完成后，EFS 将 DDF 和 DRF 存放在加密文件的头部，而由 FEK 加密的文件数据存放在文件体中。

为增强安全性，Windows 为私钥的安全存储添加了两层保护。首先，一个 64 字节的主密钥用来加密私钥，这个加密后的私钥存放在操作系统所在分区的特定路径下。其次，主密钥本身由用户的账户密码派生的密钥加密，并存储在另一个特定目录中。用户的公钥则存放在不同的目录下，这些关键文件属于用户的配置文件，如果用户被删除且选择了删除配置文件，这些敏感信息也会随之被系统清除。

通过这样的安全链条，解密文件需要用户密码解密主密钥，主密钥用来解密私钥，私钥再解密 FEK，最后 FEK 用于解密文件数据。这样的多层加密机制确保了即使在多种潜在的安全威胁下，文件内容的安全也能得到有效保护。

文件级加密总结：文件级加密是一种保护技术，它将文件内容转换成密文，只有拥有正确密钥的用户才能将其解密并访问原始内容。这种加密可以通过软件应用程序在用户级别或通过操作系统在更底层进行。文件加密有助于保护数据免受未经授权的访问，无论是在线还是离线状态，尤其是当存储设备丢失或被盗时，可以保护数据安全。在 Windows 操作系统中，EFS 作为 Windows 的一个核心组件，它也允许用户加密他们在 NTFS 文件系统上的单个文件和文件夹。这种加密是透明的，用户只需通过文件或文件夹的属性即可启用加密。从 Android 7.0 开始引入 FBE，它允许对单独的文件和目录进行加密。FBE 支持设备在锁定和解锁状态下的不同加密级别。这意味着某些数据可以在设备锁定时保持加密。例如，闹钟能够在没有解锁设备的情况下触发。而更敏感的数据则需要设备解锁后才能访问。FBE 提高了设备的安全性和可用性，允许更精细地控制权限和访问策略。

## 4.3 数据库级加密

对数据库加密技术的研究最早开始于 20 世纪 80 年代初，IBM 公司发表了文章《Database Security:Requirement,Policies,and Models》，以及 George I, Davida LW,John BK 在 1981 年发表了题为《A Database Encryption System with Subkey》的文章。1982 年，研究人员又发表了著名的《Cyrptography and Data Security》一文。之后，数据库加密技术逐渐被应用于一些数据库产品，一些主流数据库管理软件，如 Oracle、SQL Server 等逐渐开始添加加密功能。Oracle 公司在 Oracle 8i 版本中首次引入加密函数，至今仍然有大量的用户在使用 Oracle 加密函数和加密数据。使用加密函数实现透明加密，需要有应用程序自身的函数调用或者插入数据库触发器。在数据被传送到用户应用程序之前需要解密数据。Oracle 透明数据加密技术 (Transparent Data Encryption，TDE) 最早出现在 Oracle 10g 的第二版中。TDE 提供内置的密钥管理和完全透明的数据加密。IBM 的数据库产品 DB2 从 7.2 版本开始内置了一些加、解密函数，这些函数可以直接在 SQL 语句中使用。Microsoft 公司的 SQL Server 数据库从 2005 版本以后也内置了数据加密功能并提供了多层次的密钥和多种加密算法。 Microsoft SQL Server 2008 也推出了透明数据加密功能。透明数据加密的加密特性是应用于界面级别的，一旦激活了，界面就会在它们写到磁盘之前加密，在读取到内存之前解密。

在实际操作系统中，数据库以文件形式管理，这使得它们容易受到网络攻击者的利用。这些攻击者可能会利用操作系统的漏洞窃取数据库文件，或者恶意篡改数据库表的内容。此外，数据库管理员通常拥有涵盖所有数据的访问权限，这一范围经常超出其指定的责任范围，因此带来了重大的安全风险。因此，保护数据库中数据安全的手段已经不仅局限于简单的加密和在数据传输过程中的访问控制，还包括对存储的重要数据进行加密。这种方法确保即使数据泄露，也能够减轻泄露的影响。同时，数据库加密使用户能够使用自己的密钥对其敏感信息进行加密，从而防止数据库管理员进行解密，增强了对隐私数据的保护。数据库级加密示意图如图 4.5 所示。

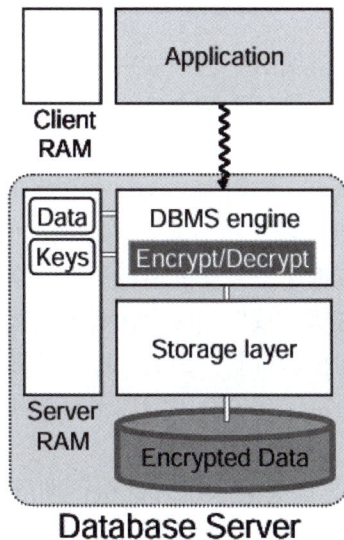

图4.5　数据库加密示意图

数据库级加密允许在向数据库插入数据或从数据库检索数据时保护数据。因此，加密策略可以成为数据库设计的一部分，并且可以与数据敏感性和用户特权相关。用户可以选择性地对数据进行加密，并且可以在各种粒度（表、列、行）上执行加密。数据库加密甚至还可以与一些逻辑条件相关。

根据加密功能与数据库管理系统（DBMS）的集成程度，加密过程可能会对应用程序作出一些改变。此外，它可能会导致 DBMS 性能下降，因为加密通常禁止对加密数据使用索引。事实上，除非使用特定的加密算法或操作模式，否则对加密数据进行索引是无效的。因此，数据库中存储密文数据后，如何进行高效查询是一个重要的问题。

传统的查询方法通常涉及对加密数据的全面解密，然而，这种操作在涉及大型数据库或数据表时会有巨大的计算开销。在实际操作中需要通过有效的查询策略直接执行密文查询或较小粒度的快速解密。通常，一个优秀的数据库加密系统，不仅应具备足够高的加密强度以确保长时间的安全防护，还应注重优化加密数据后的存储效率，避免数据的过度膨胀。此外，加密算法的选择应优先考虑其加、解密速度，以最小化对应用系统性能的影响。对于用户而言，数据的加密、解密过程应保持透明，无须额外的操作。最后，密钥管理机制的安全性和合理性至关重要，必须确保密钥的安全使用得到全面保障。通过综合这些要素，可以构建出既安全又高效的数据库加密系统。

## 4.3.1　数据库加密方式

按照加密组件与数据库管理系统的关系，数据库存储加密可以分成两种加密方式：数据库库内加密和库外加密。库内加密是指在数据库管理系统内部实现支持加密的模块。库外加密是指在数据库管理系统外，由专门的加密组件完成加密/解密操作。也就是在数据存储到数据库前，先将数据加密，然后再将加密后的数据存进数据库。

（1）库内加密，即在数据库管理系统内部实现数据的加密操作，其显著特点在于加密、解密过程对用户而言是完全透明的。这种加密方式的主要优势在于其强大的数据加密功能，该功能已无缝集成于数据库管理系统之中，实现了数据加密功能与数据库管理系统之间的紧密耦合。对于数据库使用者而言，库内加密是完全透明的，无须关注加密细节，从而简化了数据的使用过程。然而，库内加密也存在一些明显的缺点。首先，由于加密操作会增加系统负担，数据库管理系统在执行基本功能的同时，还需进行加密、解密操作，这可能导致系统性能下降，对数据库服务器的运行造成一定影响。其次，密钥管理是库内加密中的一项重要挑战，由于密钥与数据均保存在数据库服务器中，其安全性在很大程度上依赖于数据库管理系统的访问控制机制。最后，库内的加密功能往往依赖于数据库生产商的支持，而数据库管理系统通常仅提供有限的加密算法和强度，这限制了加密的自主性和灵活性。

（2）库外加密，是指在数据库管理系统外部执行加解密操作，其中数据库管理系统仅负责管理密文数据，而实际的加密、解密过程则通常在用户客户端或专门的加密服务器上完成。这种加密方式具有多个显著优点。首先，由于加解密过程不依赖数据库服务器，从而大幅减轻了服务器的运算负担，有助于提升系统的整体性能。其次，库外加密允许将密钥与数据分开存储，如将密钥保存在专业的加密设备中，这显著增强了密钥的安全性，降低了密钥泄露的风险。然而，库外加密存在一些缺点。其主要的不足在于，数据库加密后可能会对其功能性造成一定影响。例如，密文数据在未经解密的情况下无法正常建立索引，这可能会影响数据的检索效率。此外，加密数据还可能破坏关系数据的一致性和完整性，从而给数据库的应用带来一定的挑战。这些影响需要在使用库外加密时予以充分考虑，并采取相应的措施进行缓解。

综上所述，库内加密在提供便捷的数据加密服务的同时，也面临着性能下降、密钥管理风险增加及加密自主性受限等问题。库外加密通过分离加、解密过程与数据库管理，减轻了服务器负担并提升了密钥安全性。然而，它也可能对数据库的功能性造成一定影响。因此，在实际应用中，需要根据具体需求和场景权衡利弊，选择合适的加密方式。

## 4.3.2　数据库加密粒度

数据库加密粒度分为 4 种，即表级加密、字段级加密、记录级加密及数据项级加密。不同加密粒度有其不同的特点，总体来讲，加密粒度越小，灵活性越好，安全性也越高，但实现也更为复杂，对应用系统的效率影响也越大。

（1）表级加密，是一种对整个数据库表进行统一加密的方法，其操作原理类似于操作系统中对整个文件进行加密的处理方式。这种方法特别适用于需要对整个表进行保密的场景，如金融数据、交易记录等敏感信息的存储。表级加密通过对整个表中的数据进行统一的加密处理，并在查询时进行相应的解密操作，从而实现对数据的保护。表级加密的优点在于其能够相对减少对数据库性能的影响，因为加密和解密操作是在整个表级别上进行的，而不是针对表中的每一行或每一个字段。然而，表级加密也存在明显的缺点。当需要对表中的不同字段采用不同的加密方式时，表级加密的实现将变得相对复杂。此外，由于表级加密需要对整个表的所有数据进行解密才能访问其中的任何数据，这导致了效率相对较低，并且浪费了大量的系统资源。因此，在当前的实际应用中，表级加密方法已经逐渐被更为灵活和高效的加密策略所取代。尽管表级加密在简单性方面具有一定的优势，但由于其效率较低且资源消耗较大，它已经不再是主流的数据库加密方法。

（2）字段级加密，亦被称为"属性加密"，它针对数据库表中每个字段进行独立加密，即针对表中的每一列进行特定的加密处理。一般而言，由于数据表中的属性（列）数量通常少于记录（行）的条数，因此相较于其他加密方式，字段级加密所需的密钥数量相对较少，这在一定程度上简化了密钥管理的复杂性。字段级加密特别适用于需要对特定字段进行保护的场景，如敏感信息、个人隐私等敏感数据的存储。通过这种加密方式，可以确保只有经过授权的用户才能访问这些特定字段的明文数据，从而有效提升了数据的安全性。在实施字段级加密时，可以使用对称密码算法（AES）或非对称密码算法（RSA）实现。对称密码算法具有加密 / 解密速度快、效率高的特点，适用于大量数据的加密处理；而非对称密码算法，这样处理提供了更高的安全性，但是导致对密钥管理的要求更高。

（3）记录级加密，是一种针对数据库表中每一条记录（行）进行独立加密的方法。当数据库中需要加密保护的记录数量相对较少时，可以采用这种加密策略。然而，当数据量变得庞大时，记录级加密的开销将显著增加，可能会影响数据库的性能和效率。记录级加密的优势在于其能够实现对特定记录的精确保护，适用于那些只对部分记录敏感或需要单独保护的场景。然而，随着数据量的增长，记录级加密所需的加密和解密操作次数将大幅增加，从而导致加密、解密的开销急剧上升。这不仅会降低数据库的处理速度，还会增加系统的资源消耗。因此，在选择是否采用记录级加密时，需要权衡其安全性需求与可能带来的性能开销。对于记录数量较少且对安全性要求较高的场景，记录级加密可能是一个合适的选择。然而，在处理大量数据时，可能需要考虑其他更为高效和灵活的加密策略，以平衡数据的安全性和系统的性能。

（4）数据项级加密，是以记录中的每个数据项为加密单位，这代表了数据库加密的最小粒度。这种加密方法因其精细化的加密策略而展现出较高的安全性和灵活性。在数据项级加密中，不同的数据项可以采用不同的密钥进行加密，使得相同的明文数据能够生成不同的密文，从而显著增强抗统计攻击的能力。然而，数据项级加密也存在一些明显的缺点。首先，由于需要对每个数据项进行独立的加密操作，这导致需要大量的密钥支持这一加密过程，从而大幅增加了密钥管理的复杂性。其次，这种加密方法可能会对系统性能产生较大的影响，因为大量的加密和解密操作会导致数据处理的效率降低。尽管如此，为了获得更高的安全性和灵活性，数据项级加密在实际应用中仍然被广泛采用。同时，为了使数据库中的数据能够充分、灵活地共享，加密后的数据允许用户以不同的粒度访问。

### 4.3.3　密钥管理

数据加密技术的核心在于加密算法的选择与应用。一个优质的数据库加密算法应当确保输出的密文频率均衡且随机无重复，以抵御攻击者通过对密文数据分布频率或数据重复模式等特征分析推断原始数据信息。同时，加密算法必须充分适应数据库系统的特性，特别是在加解密过程中（尤其是解密过程）的响应时间应尽可能短。目前，尚缺乏针对数据库加密算法的标准化规范，因此在实施数据库加密时，通常需要根据特定数据库的特点选择适合的加密算法。对称密码算法因其执行速度远超过公钥密码算法，所以成为数据库加密技术中的主流选择。并且在公钥密码算法中，每个用户都有一个密钥对，而如果用于数据库加密的密钥因人而异，则将产生庞大的密钥存储量。因此，在多数情况下，数据库加密算法会优先考虑对称密码算法。

在实际的数据库加密中，通常根据加密单元的不同采用差异化的密钥管理策略。以数据项级加密为例，若多个数据项使用相同的密钥，那么同一字段中的数据项分布概率可能会暴露给攻击者，使其能够无须破解密文即可通过统计方法获取有关原文的信息。然而，大量密钥的存在也引发了密钥管理的复杂性问题。加密粒度越小，所产生的密钥数量往往越多，从而增加了密钥管理的难度。一个优秀的密钥管理系统不仅应确保数据库信息的安全性，还需确保密钥的快速交换，以提高数据加解密的效率。当前，对于密钥的研究与应用多基于多级密钥管理体制，如三级密钥管理体制。在三级密钥管理体制中，加密粒度为数据项级，整个加密系统由主密钥、表密钥及数据项密钥组成。表密钥通过主密钥加密后保存于数据字典中，而数据项密钥则通过主密钥及数据项所在的行、列信息经由特定函数自动计算生成，无须单独存储。其中，主密钥是整个加密系统的核心，其安全性对于整个系统的稳定性至关重要。因此，在设计和实施密钥管理系统时，必须充分考虑其安全性和高效性。

# 习题

1. 为什么整盘加密对于保护数据安全至关重要？

2. 整盘加密与传统文件级加密相比有哪些独特之处？

3. 整盘加密在实现过程中面临哪些技术挑战？

4. 描述 Windows BitLocker 和 MacOS FileVault 两种整盘加密方案的主要特点。

5. 可调加密方案（TES）在整盘加密中扮演什么角色，其主要特性是什么？

6. 桌面平台上的文件级加密和移动设备上的文件加密有何异同。

7. 简要叙述 Windows 操作系统的文件加密是如何实现的。

8. 简要叙述 Android 操作系统的文件级加密是如何实现的。

9. 简要叙述 Android 操作系统的文件级加密是如何对用户数据分区的目录进行安全等级划分的。

10. 简要叙述如何设置透明数据加密。

11. 按照加密组件与数据库管理系统的关系，数据库存储加密可以分成哪两种方式。

12. 数据库加密的粒度有哪几种？

13. 数据库加密的三级密钥管理体系的典型示例有哪些？

# 第5章
# 版权保护

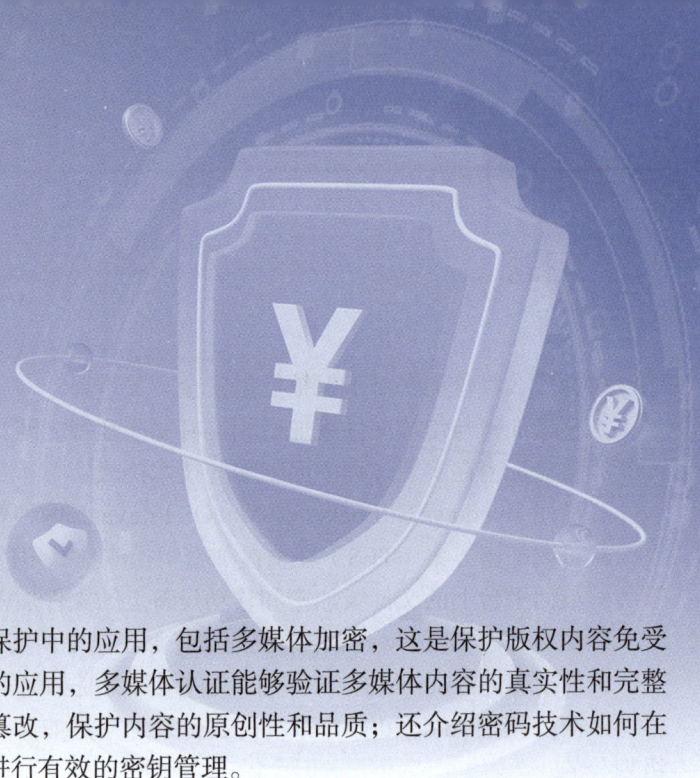

本章介绍密码在多媒体版权保护中的应用，包括多媒体加密，这是保护版权内容免受未授权访问的基础；多媒体认证的应用，多媒体认证能够验证多媒体内容的真实性和完整性，确保用户接收到的内容未被篡改，保护内容的原创性和品质；还介绍密码技术如何在多媒体内容的访问和分发过程中进行有效的密钥管理。

## 5.1 多媒体加密

本节着重介绍多媒体加密的基本原理。

### 5.1.1 概述

多媒体压缩和通信技术的进步及计算能力的增加，使得多媒体服务和应用的数据以惊人的趋势增长。多媒体内容可以高效地被压缩，并通过 CD、DVD、有线和无线网络等媒介分发给用户。这些分发渠道通常并不安全，应开发技术保护有价值的多媒体资产，防止未经授权的访问和使用。多媒体加密是一种应用于多媒体的技术，用以保护媒体内容的机密性，防止未经授权的访问，并提供持久的访问控制和内容权利管理。它是通用加密的一种特殊应用，通过加密多媒体的表示形式，使内容无法被清晰地渲染或达到可接受的感知质量。多媒体加密有许多独特的问题，这些问题在文本加密中并未出现，并在现代数字多媒体服务和应用中扮演着关键角色。与通用加密一样，多媒体加密为多媒体服务提供足够隐私和机密性是其目标。目前多媒体加密已应用在许多实际应用中。这些应用大致可以分为以下三类。

（1）多媒体内容的机密性。多媒体加密阻止他人了解即将存储、播放或传输的多媒体内容。

（2）访问控制。多媒体加密允许授权用户访问和使用受保护的内容。典型的应用包括按次付费频道、高级卫星和有线电视，以及其他基于订阅的多媒体服务。

（3）数字版权管理（DRM）。DRM 系统为多媒体内容提供从创作到消费整个生命周期的持久权利管理。这是一种比访问控制更精细的控制。

## 5.1.2 多媒体文件压缩技术

为了便于阐述多媒体加密，下面简要介绍多媒体文件在压缩中采用的技术。

### 1. 离散余弦变换

离散余弦变换（DCT）的基础压缩技术是一种利用信号的频率特性实现数据压缩的方法。DCT 将一组 $N$ 个数据点转换为 $N$ 个余弦分量，每个分量都是原始数据点与不同频率余弦波的加权和。

DCT 压缩技术的核心在于将数据从其原始形式转换到频域，以便更有效地表示和压缩数据。下面是 DCT 基础压缩技术的压缩步骤和原理。

（1）压缩步骤

① 分块处理：对于图像数据，将图像分割为更小的块。

② 使用 DCT：对每个块单独执行 DCT，将它们从空间域转换到频域。这个过程会生成一系列频率分量，每个分量代表该块内的一种特定频率的强度。

③ 量化：对 DCT 后的频率分量进行量化。量化是一个有损过程，它根据人类视觉系统的特性降低了高频分量的精度。

④ 编码：量化后的数据被进一步编码，通常使用霍夫曼编码或算术编码等方法，以减少表示数据所需的二进制数。

（2）压缩原理

在自然图像中，大部分的能量集中在较低的频率分量中。DCT 能有效地将图像能量聚焦在少数几个分量上。这就是 DCT 的压缩原理。DCT 压缩是有损的，意味着一旦图像被压缩，一些细节信息就会丢失，无法完全恢复。但是 DCT 在实现过程中通过降低对人眼不敏感的高频部分的精度，DCT 压缩在减少数据大小的同时保持了相对较高的视觉质量。

DCT 的应用在图像压缩、视频压缩、音频压缩中均有应用，如 JPEG 格式。在许多视频压缩标准中，如 MPEG 系列，DCT 用于压缩单个视频帧。在某些音频压缩格式中，如 MP3，DCT 也被用来分析和压缩音频信号。

### 2. 小波基压缩技术

小波基压缩技术是一种高效的数据压缩方法，广泛应用于图像和视频压缩领域。它使用小波变换（Wavelet Transform）作为核心工具分析和处理数据。小波变换（Wavelet Transform）是一种数学变换，用于分析具有不同尺度或分辨率的信号或图像。它是传统傅里叶变换方法的一个重要扩展，特别适用于处理非平稳信号。

小波基压缩的工作原理如下。

（1）分解：在压缩过程中，首先使用小波变换将图像或信号分解为一系列小波系数。这一过程涉及将数据分解成不同的频率带，每个频率带包含不同分辨率的信息。

（2）量化：小波系数随后被量化，这是一个有损过程。在量化过程中，根据人类视觉系统的特性，对不同频率带的系数进行不同程度的量化，以此优化视觉质量。

（3）编码：量化后的小波系数接着被编码。这通常使用霍夫曼编码、算术编码或其他高效编码技术降低数据传输速率。

小波基压缩技术应用广泛，在图像、视频压缩等方面都有应用。

### 5.1.3　多媒体加密范式

多媒体加密是通用加密的一种特殊应用，其中多媒体内容被转换成不同的表示形式，目的是在未经授权的情况下，阻止内容被清楚理解。例如，视频无法高清观看，音频无法正常播放等。

最直接的多媒体加密方案，通常被称为简单加密，这种加密方式将多媒体视为一般消息，并相应地对其进行加密。简单加密的一个变种是对网络传输的每个数据包进行加密，将数据包的内容视作文本进行加密，以在传输过程中提供机密性。这些方案虽实现了保护多媒体机密性的目标，但牺牲了多媒体应用可能需要的许多期望特性。例如，必须应用解密技术提取多媒体的基本信息。多媒体加密有许多在文本加密中看不到的独特问题，下面讨论这些问题。

在本书中，比特流（bitsream）被定义为多媒体数据生成的符号序列编码的实际比特序列。它可能包含用于低级数据分组的头部。码流（codestream）被定义为一个或多个比特流及其解码和扩展到多媒体数据所需的相关信息的集合。文献中经常使用比特流来代指码流。有时也以这种方式使用它。和通用加密中使用的明文和密文类似，明比特流（plain bitstream）和明码流（plain codestream）被定义为未加密的多媒体比特流和码流，而密比特流（cipher bitstream）和密码流（cipher codestream）分别被定义为加密的多媒体比特流和码流。

#### 1. 多媒体加密的期望特性和要求

作为一种特殊应用，多媒体加密与通用加密有许多相同的要求和期望特性。多媒体加密确实具有一些通用密码系统不具备的独特要求和期望特性。多媒体加密的一个基本要求是，某些信息，如格式、比特率、创作者等应对公众开放。以下列出了多媒体加密的主要要求和期望特性。在这些要求中有些要求彼此相关，还有一些要求则有冲突。不同的应用可能有不同的加密要求。在设计实用多媒体密码系统时，需要权衡相互冲突的要求。

（1）复杂度。多媒体，尤其是视频，包含大量数据要传输或处理。多媒体数据通常被高效压缩以减少存储空间和传输带宽。多媒体加密和解密需要大量的计算开销。多媒体加密和解密可能会带来显著的处理开销，特别是当处理大量多媒体数据，如视频数据时。多媒体加密和解密的复杂性是设计多媒体密码系统时的一个重要考虑因素。

（2）可感知性。多媒体加密的一个独特特性是，加密内容在没有解密密钥的情况下可以被部分感知，即加密后允许一些内容被泄露出来。通常，不同的应用对受保护内容的可感知性水平有不同的要求。这类应用的多媒体加密的主要目的是内容降级而非保密。加密的目标是破坏多媒体内容的娱乐价值。另一方面，军事和金融应用可能需要最高保护级别，以便对手无法从受保护的内容中提取任何可感知的信息。这类应用的多媒体加密的重点是内容保密。不同的可感知性水平通常意味着不同的方法和不同的复杂性与成本。多媒体加密应设计为以最低的复杂性满足应用期望的可感知性水平。

（3）压缩效率开销。多媒体加密会给多媒体的压缩效率带来影响。多媒体加密可能通过修改精心设计的压缩参数或压缩程序，或者修改随后要压缩的数据的统计属性，进而降低多媒体文件的压缩效率。可能会向压缩码流中添加额外的头部，用于解密参数、加密段的边界指示等。一般来讲，在多媒体加密的过程中，由于加密而产生的压缩效率开销应尽可能地小。

（4）容错性。多媒体应用通常需要通过网络传输多媒体数据。网络传输过程中可能引起传输错误和数据包丢失等问题。由于拥堵、缓冲区溢出和其他网络缺陷，数据包可能在传输过程中丢失。加密可能会导致错误的信息。一个设计良好的多媒体密码系统应将加密引起的错误限制在最小范围内，并能够快速从误码中恢复，然后快速从数据包丢失中重新同步信息。这些加密算法在多媒体传输过程中发生误码或数据包丢失时，可能会显著影响其算法的鲁棒性。

（5）可适应性和可扩展性。加密的多媒体可能会在具有不同特性和处理能力的设备上播放，加密后可能无法适应特定设备。多媒体传输中的带宽可能是波动的，因此可能需要进行自适应或速率整形。在理想情况下，多媒体加密对适应过程是透明的，以便在必要时能够适应需要进行加密的多媒体内容。对于可扩展多媒体格式的加密尤其重要。可扩展编码已被开发出来，用于将多媒体编码成一个分层结构的可扩展比特流，该比特流可以容易地被截断以适应不同的应用要求。可扩展多媒体的加密应在加密后保持底层可扩展编解码器提供的可扩展性，从而不损害易于适应的理想特性。

（6）多级加密。多媒体加密的一个独特特性是可以对单个码流进行加密，以使对同一密码流的多次访问成为可能。多媒体数据可以分组和加密，以提供用户可以选择的几个质量级别。多级加密使不同的用户能够从最适合其网络和播放设备的单一密码流中获得相同内容的不同版本，这些设备可能具有很大的特征和功能变化。用户只能访问其授权的级别，不能访问需要更高权限的数据。

（7）语法兼容性。如 MPEG-1/2 等流行的编码技术可能有大量的安装基础。许多多媒体系统在设计时没有过多考虑加密技术，因此后来添加的加密技术可能无法被现有基础设施和已安装设备识别或支持。为解决这种"向后"兼容的问题，通常需要甚至强制要求加密码流与多媒体格式的特定语法兼容，以便它可以在不解密的情况下呈现，尽管呈现的结果可能无法理解。这种类型的多媒体加密被称为语法兼容加密。语法兼容加密是透明的。它还具有可适应性、可扩展性和容错性的优势。语法兼容性在标准 ISO/IEC 15444 中有明确的要求。

（8）内容不可知。多媒体有三种主要类型：音频、图像和视频。对每种多媒体类型，可以应用许多压缩技术。每种编码器、解码器都生成其自己的比特流。可以将这些不同的比特流打包成通用的多媒体格式。微软的高级系统格式（ASF）是一种支持多种多媒体类型和编码、解码器的通用多媒体格式。为了降低复杂性，在理想情况下，这种格式的多媒体加密应该是内容不可知的，即加密不依赖于内容类型或压缩中使用的特定编码技术。这样，单个加密或解密模块就可以用来处理多种多媒体类型和编码的比特流。微软的 Windows Media Rights Manager（WMRM）和 Open Mobile Alliance（OMA）的 DRM 采用了内容不可知的方法。

除上述要求外，某些应用可能对加密的多媒体码流还有其他要求，如随机访问、场景变化检测、基于内容的搜索或过滤等，这些要求无须解密。

### 2. 多媒体密码系统的安全性

不同的密码系统提供不同级别的安全性。这取决于它们被破解的难度。与通用密码系统一样，多媒体密码系统的安全性也依赖于破解它的复杂性。如果破解多媒体密码系统所需的成本超过了加密多媒体的价值，那么该密码系统可以被认为是安全的。多媒体内容的价值在发布后随时间增加而迅速减少。如果破解密码系统所需的时间超过了加密多媒体数据的有价值时间，那么该密码系统也可以被认为是安全的。

破解可以按严重程度降序分类为以下几类。

（1）完全破解。攻击者找到了密钥或一种算法，可以将加密的多媒体解密为与有权访问密钥的授权用户所获得的相同的明比特流。

（2）感知破解。攻击者找到了一种算法，在不知道密钥的情况下，将加密的多媒体渲染成可接受的感知质量级别，或成功恢复了本应保密的内容信息。

（3）局部破解。攻击者推导出密码比特流的局部明比特流，并恢复了一些局部内容信息。

（4）信息推导。攻击者获得了关于密钥和明比特流的一些信息，但尚未达到上述更严重的破解。

多媒体密码系统的安全性需求取决于其应用领域。一些高安全性的多媒体应用，如军事应用，可能不允许上述任何破解，而其他应用，如家庭娱乐应用，可能容忍感知破解，只要渲染的多媒体质量显著低于授权用户获得的质量就可以应用。成功破解多媒体密码系统的复杂性，以及受保护多媒体内容的价值，也应在安全评估中考虑。多媒体，特别是视频，具有非常高的码率，但在许多多媒体应用中，每单位数据的价值可能较低。低成本、轻量级的密码系统应该能够以合理的成本为这类应用提供足够的安全性。在设计多媒体系统时，首要考虑的是确定目标应用的适当安全级别。保护不足显然是不可接受的，但过度保护意味着存在不必要的更高计算复杂性和成本，也是不可取的。

### 3. 针对多媒体加密的攻击

除讨论过的对密码系统的密码学攻击外，攻击者还可以利用多媒体数据的独特特性发起额外的攻击。

（1）统计攻击。攻击者利用密码流中特定数据段的可预测性或不同数据段之间的可预测关系，推断明文，而不需要知道解密密钥，可大幅减少搜索空间，增加暴力攻击的成功率。多媒体数据的不同部分之间存在强相关性，无论是短距离还是长距离。这种相关性可以被利用，进而发起统计攻击。这对于选择性加密尤其如此，选择性加密只加密部分数据，未加密部分与加密部分之间的相关性可以帮助攻击者推断有关加密部分的信息或进行破解。但是，多媒体数据通常会被压缩。良好的压缩技术是减少多媒体中冗余的有力工具。因此，大部分存在于多媒体数据中的相关性通过现代压缩技术被移除，这使得发起统计攻击变得困难。

（2）错误隐蔽攻击。压缩并不能移除多媒体数据中所有存在的感知冗余。剩余的冗余已被利用进行隐藏由误码或数据丢失引起的感知质量退化。同样的技术也可以用来对多媒体密码系统发起攻击，特别是当使用选择性加密方案进行加密时，可以实现感知破解。成功的错误隐蔽攻击通常产生的输出质量比授权用户获得的质量低。在某些多媒体应用中，这种推断出的较低播放质量可能被视为破解之道。

对已知明文攻击的安全性通常在实用的多媒体密码系统中非常重要，特别是对音频和视频的加密。许多提出的多媒体密码系统的设计中并未给予这一问题足够的考虑。这一要求有两个原因。第一个原因是商业视频通常以一些已知的短片作为开头，如米高梅电影公司的咆哮狮子标志，攻击者能够知道多媒体内容中的固定部分。第二个原因是攻击者通常很容易猜测多媒体数据的局部部分，如音频中的静默部分，图像或帧中的平滑区域，或视频中的静态部分。选择性加密可能特别容易受到已知明文攻击，因为未加密的数据部分可能被用来推断局部明文，进而用来发起成功的已知明文攻击。

## 5.1.4　多媒体加密方案

多媒体包含大量数据，通常通过压缩减少需要存储和传输的数据量。因此，多媒体加密通常与压缩结合在一起。基于应用多媒体加密和压缩的顺序，有三种方式可以将这两个过程结合起来。多媒体加密可以在压缩之前、压缩过程中或压缩之后进行。加密在输出中引入随机性。在第一种组合方式中，即在压缩之前应用多媒体加密，加密将破坏多媒体数据中压缩利用的强相关性以减少数据量。因此，第一种类型组合的多媒体加密将导致显著的压缩效率降低，强烈不建议用于实际密码系统。实际上，几乎所有提出的多媒体加密方案都属于第二种或第三种类型的组合，即在压缩过程中或之后应用多媒体加密。大致将多媒体加密分为以下几类：完全加密、选择性加密、联合压缩和加密、语法兼容加密，以及可扩展加密和多访问加密。完全加密加密所有数据，除了头部。选择性加密的加密部分通常重要的数据，以减少需要加密的数据量。联合压缩和加密修改压缩参数或程序以达到混淆多媒体内容的目的。语法兼容加密产生一个符合格式语法的加密码流，即使是不知道加密的解码器也能解码这个加密码流。可伸缩加密和多访问加密产生一个可伸缩且可多种方式访问的加密码流。本节详细介绍了每个类别中的典型多媒体加密方案。

### 1. 完全加密

（1）完全加密方案

完全加密在压缩之后进行。它是一个简单直接的加密方案。与简单加密中作为整体加密的压缩码流不同，完全加密首先将压缩的比特流分割和打包成结构化的数据包。每个包由一个头部字段和一个数据字段组成。然后使用密码对每个包的数据字段进行独立加密，就像对一般消息进行加密一样，并保留未加密的头部字段。解密信息可以插入到头部字段。这种多媒体加密方法通常与支持加密的多媒体格式一起使用。例如，微软的 WMRM 和 OMA 的 DRM 采用了这种方法。支持完全加密的格式是微软的 ASF 和 OMA 的 DRM 内容格式。

（2）完全加密的利与弊

由于头部未加密，完全加密允许播放器在不解密的情况下从密码流中解析并提取受保护内容的基本信息。由于数据字段中的所有数据都被加密，预计完全加密不会泄露任何内容，即如果可呈现的话，未经解密的多媒体内容将完全混乱。安全性也预计是所有多媒体加密方案中最高的。完全加密在压缩之后应用。压缩效率不会直接受到影响，但完全加密确实会对压缩效率造成小幅度开销。每个包中的数据独立加密可能需要一个 **IV**。这个 **IV** 可以被插入到每个包的头部字段中，每个包的开销为加密中使用的密码的块大小，当使用 DES 算法时为 64 位，使用 AES 算法时为 128 位。通过从视频序列中的帧和包的唯一标识符等全局空间中的"全局" **IV** 生成这些 **IV**，可以减少这种开销，使压缩效率的开销极小。可以使用哈希函数生成这些 **IV**。当一个包的密文中发生误码时，由于加密的错误扩展，包中的整个解密数据通常会受到损坏。即使在加密每个包中的数据时使用了同步流密码，但不会在解密中引起错误扩展，解密数据中的错误二进制数据仍可能在解压过程中引起解码错误。通常，带有错误二进制数据的包将被丢弃。在不解密的情况下进行某些调整是可行的。密码流中允许的调整将取决于底层比特流是如何打包的。对于通用支持格式，如 ASF 或 DRM 内容格式，完全加密的内容是不可知的。它可以应用于不同的多媒体类型和用不同编码和解码器压缩的比特流。

完全加密有一些缺点。主要缺点是加密和解密过程的复杂度较高。由于所有数据都被加密，尤其是视频文件的码率会非常高，所以完全加密需要显著的处理能力。

## 2. 选择性加密

与加密除头部外的所有数据的完全加密相反，选择性加密只加密部分数据，利用压缩特性，某些数据在比特流中相较于其他数据不那么重要或依赖于其他数据。其余数据将保持未加密状态。选择性加密通常是一种轻量级加密，它以内容泄露和安全性为代价，减少了处理复杂度。目前已经有了诸多的选择性加密方案。尽管所有这些方案都利用了相同的原理，但每个方案都被设计为适用于特定类型的比特流，以利用用于生成比特流的编码和解码器的固有属性。它们在选择不同的数据部分、加密方式和工作域上也有所不同。大多数选择性加密方案的重点是感知退化而非内容保密。在本节中选取了几个具有代表性的选择性加密方案进行阐述。

为了便于描述，将选择性加密方案分为四类：根据多媒体类型分别是针对图像、视频和音频的选择性加密，以及感知加密。需要注意的是，由于图像和视频压缩技术之间的相似性，所以为其中一种视觉类型设计的加密方案可能在经过少量修改，甚至不修改的情况下，同样适用于使用类似技术编码的另一种视觉类型。例如，JPEG 和 MPEG 之间的相似性可能使最初为 MPEG 设计的加密方案同样适用于 JPEG 图像，只要去掉利用 MPEG 特定特性的部分即可使用。应当特别注意，未经修改地将最初为一种类型设计的加密方案扩展到不同类型可能导致意外的内容泄露。

（1）选择性图像加密

选择性图像加密加密部分图像数据。根据它所采用的压缩技术，这些选定的数据可以是 DCT 基础压缩技术中的 DCT 系数，小波基压缩技术中的小波系数和小波分解的四叉树结构，或者是重要的像素位。

① 针对 DCT 系数的选择性加密方法。在讨论 JPEG 图像压缩技术中，对 DCT 系数的选择性加密方法是一个值得关注的话题。在 JPEG 压缩算法中，图像被分割成小块，并对每块应用 DCT，从而得到一组 DCT 系数。这些系数描绘了图像块的频率信息，是压缩过程的核心。为了加强安全性，可以对这些 DCT 系数实施选择性加密。一种策略是加密每个 DCT 块的领先系数，即加密代表每块主要频率信息的 DCT 系数的特定比特流。尽管这种方法可以增强加密图像的安全性，但它可能不足以在视觉上显著降低图像质量，特别是当图像中的高阶 DCT 系数包含大量的边缘细节时。这是因为这些高阶系数承载着图像的重要边缘信息，仅加密领先系数可能不足以达到期望的保护效果。

另一种方法则是加密除了直流（DC）系数的所有系数，或者仅加密 DC 系数及低频交流（AC）系数。这种方法通过保持 JPEG 图像压缩中使用的赫夫曼编码的可变长度码（VLC）不变，并仅加密之后指定的非零 AC 系数的符号和大小，从而实现加密。这样的做法既能保持一定的压缩效率，又能通过加密关键的系数提高安全性。

② 针对小波图像压缩的选择性加密方法。其他图像压缩技术也可以使用选择性加密方案。基于零树的小波压缩算法根据其重要性以分层方式编码信息。这非常适合选择性加密，因为压缩比特流中存在固有依赖性，所以对少量重要数据的加密会使剩余未加密数据变得无用。

对于视频加密，可以进行小波系数块的置换及对其他数据的选择性加密。对于小波图像压缩算法，存在加密四叉树子带分解结构的方案。由于小波系数在子带间的相关性和子带内的不均匀能量分布，这些置换方案的安全性不是很高。例如，与平滑区域相比，高频子带中对应于纹理区域的小波系数幅度更大。这些信息可以用来推断应用于小波系数的秘密置换。

③ 空间域中的选择性加密。在空间域中也可以应用选择性加密。一种简单的方法是在压缩之前对图像的位平面进行加密或单独不进行压缩。由于高有效位平面比低有效位平面包含更多的视觉信息，因此选择加密从最高有效位平面加密到最低有效位平面是很自然的。这种加密方案对于 8 位平面的灰度图像，及对最高有效位平面进行加密仍然会留下一些可见的结构信息，但对两个最高有效位平面进行加密会使直接解压的图像没有任何可见的结构，而对四个最高有效位平面进行加密可以提供高保密性。

（2）选择性视频加密

对于诸如 MPEG 视频这样的压缩视频格式，用于加密的部分数据可以是头部、帧、宏块、DCT 系数、运动矢量等。由于 MPEG-1 和 MPEG-2 是两种广泛用于视频压缩的编码标准，大多数选择性视频加密方案，尤其是早期开发的方案，都是为 MPEG-1 和 MPEG-2 设计的。

选择性视频加密可以根据不同的需求和应用场景采取多种策略。例如，某些方案可能选择加密视频中的特定帧或特定区域，以减少需要加密的数据量，从而降低处理复杂性。这些方案通常适用于在带宽受限或计算资源受限的环境中，如移动设备或流媒体应用。

由于视频数据通常具有较高的码率，选择性加密的一个关键优势是它可以提供一种有效的平衡方式，即在保护内容的同时，降低加密的计算成本和数据传输开销。然而，这种方法的挑战在于确定哪些数据是重要的，应该被加密，以及如何在不牺牲太多安全性的前提下实现有效的加密。此外，选择性加密方案的设计还需要考虑可能的已知明文攻击和其他密码分析技术。

① 基于预测的选择性加密。在 MPEG 视频编码中，基于预测的选择性加密是一种常见的方法。在这个编码体系里，预测编码帧（$P$ 帧）和双向编码帧（$B$ 帧）是根据帧内编码帧（$I$ 帧）进行预测的。这意味着，如果没有对应的 $I$ 帧、$P$ 帧和 $B$ 帧将无法被解码，因此变得无用。利用这一机制，一种选择性加密方案被提出，即只对 $I$ 帧进行加密。这种方法的优势在于可以显著减少需要加密的数据量，但这也取决于 $I$ 帧出现的频率。由于 $I$ 帧通常包含更多的二进制数据，除非 $I$ 帧非常不频繁地出现，否则仍需要加密大量的数据。

② 选择性加密的 DCT 系数和运动矢量。在视频加密的领域，选择性加密是一种常用的方法，尤其是在处理 DCT 系数和运动矢量时。选择性加密的一种常见做法是对 MPEG 视频的选定或全部 DCT 系数和运动矢量的符号位进行加密。

在一种视频加密算法中，使用一个密钥随机翻转所有 DCT 系数的符号位。这是通过将每个系数的符号位与伪随机数生成器产生的重复比特流进行异或运算实现的。然而，这种加密方案的安全性较低。因为密钥流的重复性，它容易受到已知明文攻击和仅密文攻击的威胁。

③ 选择性数据置换。选择性数据置换是视频加密中的一种关键技术，主要涉及对视频数据的不同部分进行随机或系统性置换。这种方法特别适用于 DCT 系数和运动矢量，可以显著提高加密的复杂度。在某些早期的视频加密方案中，这种技术被用于对块进行编码前，在将 DCT 系数从二维转换为一维向量的过程中。通过这种置换，DC 系数被分割，而 AC 系数的一部分被调整以增强安全性。

同时，这种方法还可以与符号位加密相结合，进一步加强加密效果。例如，在一些研究中提出将 DCT 系数的符号位加密与在相同频率位置的 $8 \times 8$ 块或宏块内的 DCT 系数置换结合起来。这种结合使用不仅提高了安全性，而且适用于不同的视频压缩技术，包括基于小波的方法。在这些方法中，通过对块或子带系数的旋转进行密钥控制，可以达到更高级别的加密。

（3）选择性音频加密

选择性加密也已用于加密压缩音频比特流。MP3 比特流由帧组成。每个帧包含一个帧头、侧信息和从编码 1 152 个原始音频样本得到的主数据。与最关键频带相关的压缩主数据部分被分组成等大小的块，并使用块密码加密。然后重组加密的比特流部分以保留 MP3 格式。由于加密是在压缩之后应用的，该方案对压缩效率的开销非常小。

感知加密旨在产生一种降级但仍可识别和播放的加密码流，无须解密。如果使用正确的解密密钥对加密的码流进行解密，则原始质量将完全恢复。降级由质量因子控制。语法兼容性是感知加密系统的基本要求。感知加密系统示意图如图 5.1 所示。除在所有多媒体加密方案中使用的加密和解密密钥外，感知加密系统在加密和解密两侧还有两个额外参数。第一个是质量因子，它控制多媒体密文的降级程度。第二个是加密区域，它指定应用加密的视觉区域。感知音频加密通常不使用第二个参数。之前在选择性图像加密部分中描述的从最不重要的位平面到最重要的位平面加密的选择性加密方案都属于感知加密。

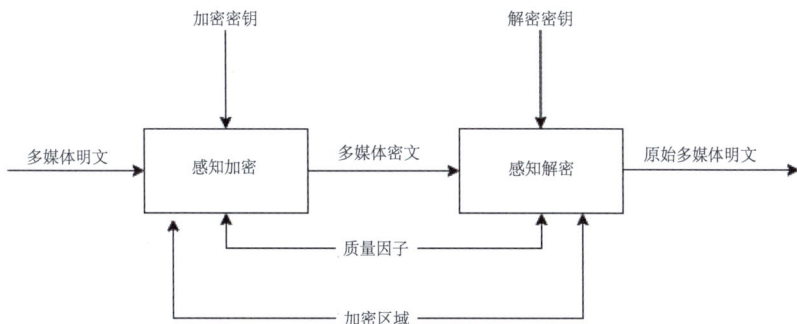

图5.1　感知加密系统示意图

在 MP3 中，修改的 MDCT 系数在霍夫曼编码过程中被划分为几个频率区域。音频信号的大部分频谱能量集中在 20 Hz 至 14 kHz 的范围内，MP3 编码器通常将这一段能量映射到大值区域。这个区域进一步细分为三个子区域，分别称为 region0、region1 和 region2，频率逐渐增加。每个子区域都使用最适合该子区域统计特性的不同霍夫曼表进行编码。这种感知加密方案加密更高频率子区域的一小部分二进制数据，并保留较低频率的子区域不加密。为确保 MP3 播放器丢弃加密的子区域，用于这些加密子区域的霍夫曼表索引被设置为"未使用"，大值数被设置为最大值。用于解密的自定义头部也被插入加密的比特流中。头部被 MP3 播放器忽略。这些措施确保了加密的 MP3 比特流可以在降级的质量下被 MP3 播放器播放。这种感知加密方案生成一个加密的 MP3 比特流，具有两种可能的质量级别之一：region0 或 region0 加 region1。

（4）选择性加密的问题

对于选择性加密来说，加密较少数据的好处并非没有任何代价。上述提出的选择性加密算法存在以下一些问题。在为特定应用设计多媒体密码系统时，需要仔细权衡和折中。

① 安全性不足。选择性加密只加密部分信息。大多数选择性加密方案的重点是感知退化而非内容保密。使用选择性加密的加密比特流通常仍包含内容的一些结构信息。即使对于感知退化，许多选择性加密方案也容易受到感知攻击的影响，简单的信号处理技术可以显著改善内容的感知。例如，对 I 帧、DCT 系数和运动矢量的符号位、DC 和低频 AC 系数及 DCT 系数的重要位平面的加密可能部分通过错误隐藏和其他图像处理技术逆转，以恢复内容的重要结构信息。实验显示，即使对 JPEG 压缩图像的所有 DCT 系数的四个最重要二进制数据进行加密，图像中对象的轮廓仍可通过一些简单的图像处理技术恢复。

② 计算减少不显著。像对 I 帧、I 帧加 I 块或选定位平面进行加密的选择性加密方案仍需要加密整体数据的大部分。其他选择性加密方案，如对 DCT 系数和运动矢量的符号位进行加密，只加密一小部分数据，但加密和解密需要深入解析压缩比特流。用于解析和加密选定数据的时间可能比完全加密方案还要长，特别是当解密与解压缩分开执行时。许多选择性加密方案与完全加密相比可能无法显著地减少计算量。

③ 显著影响压缩效率。某些选择性加密方案修改了待压缩数据的统计特性或压缩参数，这大幅降低了压缩效率。例如，对选定位平面的加密改变了受影响位平面的原始统计特性，使它们更难被后续应用的压缩方案压缩。随机置换 DCT 系数的之字形扫描顺序改变了原始 JPEG 和 MPEG 压缩的最佳设计，导致压缩效率下降。

④ 缺乏语法兼容性。许多选择性加密方案，如头部加密和 I 帧加密，产生的输出与底层压缩语法不兼容，不能使用旧版本或不符合标准的播放器解码。这将限制选择性加密方案的广泛采用。

### 3. 联合压缩和加密

联合压缩和加密算法与其他多媒体加密算法的不同之处在于，它们修改了压缩过程或参数以实现混淆多媒体内容的目的。前面描述的 DCT 系数之字形扫描顺序的随机置换可以被视为一种联合压缩和加密方案。许多联合方案也可以被归类为选择性加密，其中压缩参数或过程被选择性加密，其余数据则保持未加密。

使用和隐藏自定义的霍夫曼编码表可用于联合压缩和加密，因为在不知道霍夫曼编码表的情况下解码霍夫曼编码的比特流非常困难。但是这种方案容易受到已知明文和选择明文攻击的威胁。为了减少对编码效率的影响，可用的霍夫曼表数量是有限的，这使得仅密文攻击也成为可能。可以使用 $m$ 个统计模型而不是一个统计模型引入随机性增强安全性。基于一个随机序列选择 $m$ 个统计模型中的一个编码传入符号。$m$ 应该足够大以确保安全性。尽管可以通过霍夫曼树变异技术有效地生成大量的霍夫曼表，但管理大量的霍夫曼表是复杂的。

### 4. 语法兼容加密

语法兼容加密确保加密的比特流仍符合特定格式的语法规范，以便不具备加密意识的格式兼容播放器可以直接播放加密的比特流，尽管渲染后的内容可能无法理解。这种加密对解码器来说是透明的。与 JPEG 2000 第 1 部分的向后兼容性是 JPEG 2000 安全性部分（JPSEC）开发的基本要求。

### 5. 可扩展加密和多路访问加密

可扩展编码是一种将多媒体信号以可扩展的方式编码的技术，可以从单个码流中提取出多种表示，以适应广泛的应用。早期的可扩展编码提供了分层可扩展性。更新的可扩展编码，如 MPEG-4 FGS 和 JPEG 2000 等，提供了更细粒度的可扩展性。类似地，可扩展加密将多媒体信号加密为一个单一的码流，因此可以直接从加密的码流中提取出多个表示，而无须解密。可扩展加密的基本要求是加密应具有鲁棒性，以允许截断。否则，截断可能会使解密器失去同步，或者移除解密剩余数据所需的解密参数，导致错误地解密。多路访问加密还支持使用单个加密的码流的多个表示。不同的密钥用于加密码流的不同部分，以确保用户只能解密其被授权消费的密码流部分。可扩展加密和多路访问加密通常与可扩展编码技术一起使用。

多媒体加密为多媒体内容提供了机密性，并防止用户未经授权的访问。它在现代数字多媒体服务和应用中起着关键作用。在本节中，介绍了多媒体加密的基础知识，包括现代加密的基础知识、多媒体加密中的独特问题和要求，以及典型的多媒体加密方案。

## 5.2 多媒体认证

### 5.2.1 概述

随着数字技术的发展，对多媒体数据的篡改变得更加简单，而且这种篡改对人类的听觉 / 视觉系统来说几乎不可察觉。这显著地降低了多媒体数据的可信度。认证技术旨在确保多媒体数据的可信度。

不同研究背景的研究人员对"认证"一词可能有不同的理解。例如，多媒体水印领域的人通常将认证用于内容完整性保护，而生物特征领域的人可能将其用于真实性或安全性验证。在本节中，我们将同时讨论这两个问题。实际上，这两个问题与数据认证非常接近，数据认证已经在密码学领域研究了几十年。本节将介绍一些数据认证的解决方案在多媒体数据认证领域的应用。

#### 1. 多媒体认证的基本概念

在数据认证中，原始数据与接收到的数据之间的一位差异会导致认证失败。然而，在大多数多媒体应用中，接收到的数据不是原始数据的精确副本，尽管数据的含义得到保留。例如，在视频应用中经常使用有损压缩，以节省传输带宽或存储容量。解压缩后的视频在数据表示方面与原始视频明显不同；然而，多媒体数据的含义保持不变，多媒体内容的完整性仍然保持不变。因此，需要探索一种与数据认证不同的认证方案。称这种类型的认证方案为内容认证。在本节中，术语"内容"或"多媒体内容"表示多媒体数据的含义，而"数据"或"多媒体数据"则指其精确表示在传输或者变换过程中的数据。

在内容认证中，只要多媒体数据的含义保持不变，多媒体内容就被认为是真实的，而不考虑多媒体数据经历的任何过程或转换。与内容认证相反，不允许对多媒体数据进行任何改变的认证方案被定义为完整认证。

多媒体认证包括完整认证和内容认证。在实践中，选择完整认证还是内容认证取决于应用程序。例如，在医疗或金融应用中经常使用完整认证，以防止数据的每一位被篡改；在民用或家庭应用中经常使用内容认证，只关注多媒体数据的含义。多媒体认证的要求与数据认证类似，包括完整性保护、不可否认性和安全性。然而，完整认证和内容认证中对完整性的定义是不同的。

在完整认证中，"完整性"指的是整个多媒体数据；即使有一个数据发生改变，也会被声明为不真实。主要关注的是认证方案的安全性。

在内容认证中，完整性指的是多媒体数据的内容；只要多媒体数据的含义保持不变，就被认为是真实的。因此，除安全要求外，还需要一定程度的对畸变的容忍度。畸变可以分为两类，即偶然畸变和故意畸变。偶然畸变指的是来自真实应用中引入的不改变多媒体数据内容的畸变，如有损压缩、视频转码等。故意畸变指的是由内容修改或恶意攻击者引入的畸变。内容认证应该容忍所有偶然畸变，同时检测任何故意畸变。换句话说，它应该对偶然畸变具有鲁棒性，同时对故意畸变具有敏感性。

对畸变具有一定鲁棒性的要求是完整认证和内容认证之间的主要区别。这使得对多媒体内容进行认证变得更具挑战性和复杂性。

在多媒体应用中，操作是否定义为可接受通常是和该多媒体应用的类型紧密相关的，不同的可接受操作会导致不同的畸变。例如，在基于帧的图像应用中不允许旋转物体，但在基于对象的图像应用中允许旋转物体。因此，旋转物体引入的畸变在基于对象的图像认证系统中是偶然畸变，而在基于帧的图像认证系统中是故意畸变。

由于数字签名标准（DSS）在数据认证方面取得了巨大的成功，它直接应用于许多多媒体认证方案。然而，DSS 对任何畸变都没有鲁棒性，只适用于完整认证。

媒体签名方案（MSS），MSS 流程图如图 5.2 所示，是 DSS 的扩展。MSS 和 DSS 之间唯一的区别在于加密模块的输入 MSS 流程图。

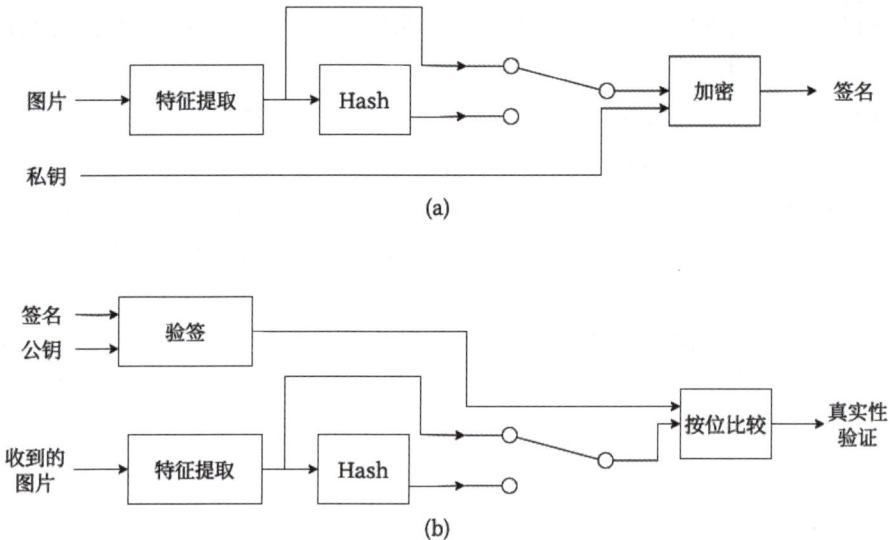

图5.2　MSS流程图

在 MSS 中，输入是多媒体数据的特征或特征的哈希摘要。在 DSS 中，输入是多媒体数据的哈希摘要。由于 MSS 中保留了 DSS 的机制，MSS 也具有完整性保护、源标识和安全性的特性。在 MSS 中，通过寻找一组能够表示多媒体内容同时对可接受的操作具有鲁棒性的特征满足对偶然畸变的鲁棒性和对故意畸变的敏感性的要求。在多媒体认证中使用的特征是应用相关的，如音频认证中的过零率（ZCR）或音高信息，图像和视频认证中的像素或变换系数之间的关系，以及基于对象的认证中的对象描述符。

在实际应用中，媒体签名可以存储在压缩比特流的头部，如 JPEG/MPEG 比特流中的"用户数据"，或附加到原始多媒体数据的一个单独文件中，以供后续认证使用。这些基于媒体签名的多媒体认证方案的缺点是多媒体数据的大小会不可避免地增加，并且签名可能会在恶意攻击或多次压缩等真实应用中丢失。可以使用水印技术发送媒体签名，以克服这些缺点。基于 MSS 的多媒体身份验证如图 5.3 所示。

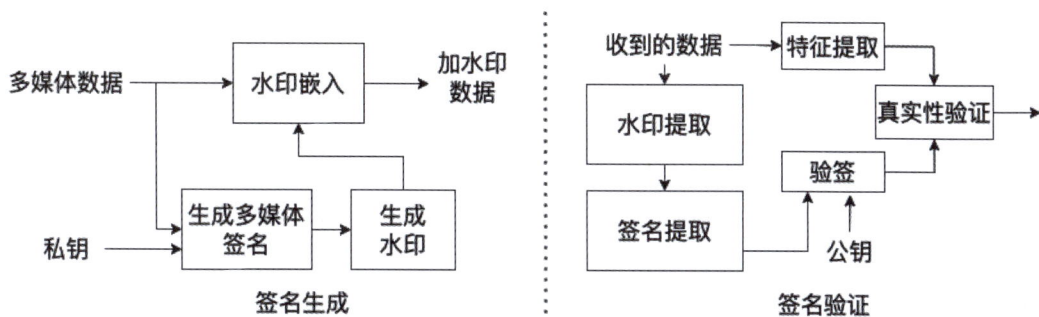

图5.3 基于MSS的多媒体身份验证

媒体签名进一步编码生成基于内容的水印，最后将此水印嵌入到原始多媒体数据中，以获得带水印的多媒体数据。在真实性验证过程中，首先根据与签名生成过程相同的过程提取接收到的数据的特征。然后从接收到的数据中提取嵌入的水印，再通过解码该水印获取媒体签名。可以通过解密媒体签名进一步提取原始特征。最后，比较原始数据和接收到的多媒体数据的特征确定真实性。在这里，想强调一点，基于媒体签名的多媒体认证对水印算法的要求与用于其他应用的水印算法的要求不同。多媒体认证的水印算法应具有较大的负载能力，同时要求其鲁棒性达到一定水平。此外，在多媒体认证中，水印过程也应被视为一种保持内容的操作。本节将重点介绍基于多媒体签名的多媒体认证。

### 2. 基于水印的多媒体认证

基于水印的多媒体认证解决方案通过修改原始多媒体数据，插入水印以供后续认证使用。将原始水印与待认证的多媒体数据中提取的水印进行比较，进行真实性验证。水印可以是二进制字符串、标志、或者多媒体内容的特征，并且水印可以在像素域或变换域中进行，如离散余弦变换（DCT）、离散小波变换（DWT）或离散傅里叶变换（DFT）。

根据水印引起的失真，基于水印的认证解决方案可以分为无损认证和有损认证。有损认证可以进一步分为脆弱认证和半脆弱认证，根据它们对可接受操作的鲁棒性进行分类。

（1）无损基于水印的认证。无损认证最初用于不允许失真的应用领域，如军事和医疗应用。为了实现这一目标，使用哈希摘要或数字签名作为认证信息，可以检测到多媒体数据中的一些变化。使用无损数据隐藏技术将该认证信息插入到原始多媒体数据中，以便在接收端恢复由水印引起的失真。在无损图像认证中，通常会压缩一位最低有效位（LSB）或一定数量的 LSB 的变换系数，为认证信息的插入腾出一些空间，使认证信息可以在 LSB 的位平面解压缩之前从图像中提取出来。

（2）脆弱基于水印的认证。与无损认证类似，脆弱认证也以脆弱的方式对多媒体进行认证。然而，在脆弱认证中，确定图像为真实后，不需要恢复原始图像。因此，如果由水印引起的失真是不可察觉的，那么允许水印引起的失真。允许水印失真与无损认证相比，在脆弱认证中可以插入更多的认证信息。因此，脆弱认证方案不仅可以检测多媒体数据的修改，还可以定位这些修改。

（3）半脆弱型基于水印的认证。虽然脆弱型认证可以检测甚至定位多媒体数据的修改，但它无法确定这些修改是可接受的操纵还是恶意攻击。半脆弱认证旨在对意外失真具有鲁棒性，同时对故意失真具有敏感性。

在数字图像处理中，设计鲁棒性较强的水印方案通常在变换域中进行，因为变换域具有频率定位的特性。大多数半脆弱图像认证方案的鲁棒性，是通过将水印嵌入到图像的低频或中频离散余弦变换（DCT）系数中实现的。

与 DCT 不同，离散小波变换（DWT）域除提供频率定位外，还具有空间定位的特性。这使得在 DWT 域中执行的水印方案可能对几何攻击更具有鲁棒性。在这类方案中，水印被嵌入到图像的 DWT 系数中，提供了一种在面对几何变换时依然保持鲁棒性的图像认证方法。

多媒体认证的要求与主要技术之间的关系如图 5.4 所示。基于数字签名的解决方案在完整性保护和源识别方面表现良好，但其鲁棒性较弱。基于水印的解决方案可以实现高鲁棒性的完整性保护，但无法鉴定多媒体数据的源头。基于多媒体签名的解决方案在这三个要求之间需要取得平衡。

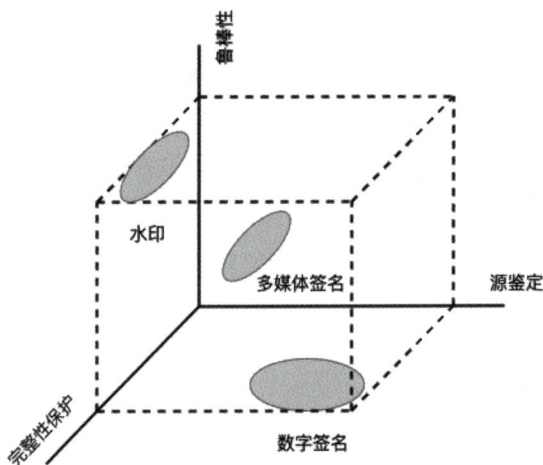

图5.4　多媒体认证的要求与主要技术之间的关系

根据多媒体的类型，多媒体认证可以分为数据认证、图像认证、视频认证和音频认证。语音认证包含在音频认证中，尽管它们之间存在一些差异但并不影响使用。数据认证已经得到深入研究，将重点关注图像、视频和音频认证。

## 5.2.2　图像认证

图像认证解决方案根据加密模块的输入可以分为两类：基于直接特征的图像认证和基于哈希摘要的图像认证。

### 1. 直接特征

在某些图像认证解决方案中，使用发送者的私钥对原始图像的特征进行签名，生成所谓的媒体签名。在验证阶段，接收方使用公钥对接收到的签名进行解密，以获取原始的特征信息。然后，将这些特征与从接收到的图像中提取的特征进行比较，以判断图像的真实性。如果使用的公钥是授权的，并且原始特征与提取的特征相匹配，那么接收到的图像可以被认定为真实的。

然而，判定原始特征和提取的特征是否匹配并非易事。即使图像仅经历了不改变内容的操作，两者之间也可能存在差异。通常，这种比较涉及使用一个阈值。例如，可以选取图像的边缘作为其特征，比较原始图像和接收的图像的边缘差异，以确定图像的真实性。但即便如此，确定一个合适的阈值也是一个挑战。

需要注意的是，基于直接特征的签名大小与直接特征本身的大小成正比。在某些情况下，这可能导致签名尺寸过大，进而增加了签名生成的计算量，并且大尺寸签名的存储或传输也可能成为问题。

### 2. 哈希摘要

图像认证中利用了两种类型的哈希函数：内容哈希和加密哈希。

（1）内容哈希摘要

为了减小签名的大小，提出了内容哈希摘要，避免直接使用提取的特征生成媒体签名。因此，内容哈希摘要部分具备了基于加密哈希的签名和基于图像特征的签名的一些良好特性。与加密哈希摘要类似，内容哈希摘要的长度是固定的，与图像的大小无关。与图像特征类似，视觉上相似的图像的内容哈希摘要是相似的，而视觉上不同的图像的内容哈希摘要是不同的。

内容哈希是一个在图像处理领域的重要概念，它被用来生成图像的独特指纹或哈希值。这种方法涉及使用秘密密钥生成一系列随机但平滑的模式。这些模式在数值范围 [0, 1] 内均匀分布，并用于处理图像。

在这个过程中，图像首先被分割成大小相等的块。然后，每个块都被投影到这些随机模式上，从而提取出一个特定长度的数据字符串。这个字符串对不同类型的图像操作具有鲁棒性，意味着即使图像经过某些更改，这个哈希值仍然保持相对稳定。

接下来，所有块的数据字符串被组合成一个完整的内容哈希摘要。这种方法的安全性在很大程度上依赖于随机模式的机密性。如果攻击者不知道秘密密钥，他们就无法准确地修改或预测这些投影。这种做法在某种程度上类似于加密哈希方案，提供了一种保护图像内容和验证图像真实性的有效手段。

为了生成小尺寸的媒体签名，内容哈希摘要的大小也应该很小。这导致了基于内容哈希的认证解决方案的限制。很难区分偶然畸变和故意畸变，特别是当故意失真只影响图像的一部分时。因此，很难为认证决策设置适当的阈值。

（2）加密哈希摘要

由于加密哈希在数据认证中具有安全性和广泛应用，研究人员倾向于在设计媒体签名时使用加密哈希。在这种类型的解决方案中，单向哈希函数的输入是图像的特征，而不是图像数据。与内容哈希不同，内容哈希摘要之间的相似性与对应图像之间的相似性成比例，而在加密哈希中，输入特征的一位差异将导致完全不同的输出。因此，基于加密哈希的图像认证中不再需要使用内容哈希认证中使用的阈值。即使两个哈希摘要之间仅存在一位差异，接收到的图像也将被视为篡改的图像。

在图像认证解决方案中，如何处理由于合理的图像操作引起的特征变化是一个挑战。传统的加密哈希方法对输入特征的微小变化非常敏感，这可能导致即使在可接受的图像操作下也会出现完全不同的输出哈希值。为了解决这个问题，可以使用纠错编码（ECC）方案纠正这些微小的变化。

这种解决方案的一般模型包括以下几个步骤：首先，原始图像的特征通过纠错编码方案进行编码，生成一个纠错编码词和奇偶校验位（PCB）。这种编码方法允许在一定程度上纠正错误或变化，保持原始信息的完整性。然后，对这个编码词的加密哈希摘要进行数字签名，生成多媒体签名。接着，将这个多媒体签名与 PCB 数据结合，生成认证信息并嵌入回原始图像中，形成带有水印的图像。

在验证过程中，提取并结合 PCB 数据和接收图像的特征，创建一个特征 ECC 编码词。使用相同的 ECC 方案对其进行解码。如果无法成功解码，表明接收到的图像可能不是真实的。否则，解码后的编码词再次进行加密哈希处理，与解密的媒体签名进行比较，以确定图像的真实性。

## 5.2.3　视频认证

与图像认证相比，视频认证具有以下特殊要求。

（1）盲认证。在真实性验证过程中，原始视频不可用。

（2）时间攻击检测。时间攻击是指在视频序列中添加、剪切或重新排序视频帧等时间轴上的攻击。

（3）低计算开销。认证解决方案不应过于复杂，因为通常需要实时认证。

（4）对转码的鲁棒性。视频流中经常使用视频转码，如重新量化、帧大小调整和帧丢失，以创建适应各种通道和终端的新视频比特流。在重新量化中，采用较大的量化步长对 DCT 系数进行重新量化，以降低比特率。帧大小调整意味着减小帧分辨率以适应最终用户的显示器。在帧丢失中，如原始视频每秒有 25 帧，可以通过丢弃 20 帧将其重新编码为每秒 5 帧的新视频。

（5）对基于对象的视频操作的鲁棒性。在基于对象的视频应用中，相应的认证解决方案应针对基于对象的视频操作。

根据应用程序，视频认证的解决方案可以分为基于帧和基于对象的解决方案。前者适用于 MPEG-1/2 相关应用，而后者适用于 MPEG-4 相关应用。

### 1. 基于帧的视频认证

视频的完整性认证不仅包括对每个视频帧的完整性的验证，还包括对视频帧序列完整性的验证。对于视频帧的认证，可以借鉴许多已有的图像认证解决方案，并对其进行适当的修改以适应视频格式。为了检测视频帧序列中的时间攻击，常用的方法包括使用时间戳、图像索引或特定视频格式（MPEG）中的组图片（GOP）索引。

在处理视频的不同类别时，如转码和编辑、视频的运动矢量、图像类型和 GOP 结构等可能保持不变或发生变化。基于这些特征，可以设计不同的认证签名。这些签名利用 DCT 块中 DCT 系数的关系检测内容的改变，并利用时间和结构信息的哈希摘要检测时间扰动。

### 2. 基于对象的视频认证

基于对象的视频认证是为 MPEG-4 相关应用设计的。在 MPEG-4 中，视频帧被视为具有形状、运动和纹理的有意义的视频对象的组合，而不是像在 MPEG-1/2 中的像素集合，只具有亮度和色度，视频编码或编辑是在视频对象平面上进行的。

基于对象的认证系统是一种半脆弱的认证系统，即它对意外畸变具有鲁棒性，同时对故意畸变具有敏感性。然而，与基于帧的视频认证相比，基于对象的视频认证中的意外和故意畸变是不同的，因为可接受的视频处理和有意攻击是不同的。下面列出了一些常见的可接受的视频处理和有意攻击。

一些常见的可接受的视频处理包括。

（1）RST（旋转、缩放和平移）。在基于对象的应用中，视频对象可能会被旋转、缩放和平移以满足最终用户的特殊要求。旋转角度可以是任意度数，平移可以采用任何方式，缩放因子可以在合理范围内。

（2）分割错误。分割错误是指发送站点原始对象的形状与接收站点重新分割对象之间的差异。

（3）MPEG-4 编码。在 MPEG-4 编码中，影响视频认证系统鲁棒性的过程可以分为两类。其中一类是传统的编码过程，包括量化、运动估计和运动补偿，与 MPEG-1/2 编码类似。另一类是 MPEG-4 编码独特的过程，如 VOP 形成和填充。

常见的有意攻击包括传统攻击和基于对象的攻击。基于对象的攻击可以是对对象或背景的内容修改、对象替换或背景替换。

在签名过程中，输入可以是原始视频格式或对象、背景 MPEG-4 兼容格式，而输出是带有签名的 MPEG-4 比特流。首先，我们需要提取对象及其关联背景的鲁棒特征。其次，生成认证信息。生成认证信息的过程类似于基于帧的视频认证系统中的过程，其中采用 ECC 方案处理可减少因视频处理引起的特征畸变。唯一的区别是除对象特征外，还使用背景的特征创建对象的哈希摘要。将背景的特征包含在认证信息中，创建对象与其关联背景之间的安全链接。因此，不允许将对象与其他背景组合在一起。换句话说，可以轻松检测到恶意攻击，如对象或背景替换。再使用水印技术发送认证信息。最后，将签名的对象和背景压缩成 MPEG-4 比特流。需要注意的是，可以使用发送者的私钥对哈希摘要进行签名进而生成视频的数字签名。

要对接收到的视频进行认证，必须对 MPEG-4 比特流进行解压以获取对象和背景。按照签名部分的相同步骤，可以获得对象和背景的特征。同时，从水印中提取认证信息。

该系统意外畸变的鲁棒性水平取决于如何选择鲁棒特征和设计鲁棒的水印算法。为了选择鲁棒特征，首先将 MPEG-7 中的视觉形状描述符 —— 角度径向变换（Angular Radial Transformation，ART）的定义从对象掩码扩展到对象内容，然后选择 ART 系数作为对象和背景的特征。ART 具有以下特点：它以一种紧凑高效的方式描述对象；ART 系数对于分割错误具有鲁棒性，并且对于对象的旋转和形状畸变是不变的。

## 5.2.4　音频认证

音频信号，尤其是语音信号，常被用作法庭证据。在多媒体认证的所有类型中，音频认证扮演着极其重要的角色。尽管如此，与图像和视频认证相比，音频认证的方法相对较少，且有一些方法是从图像认证方案衍生而来的。

音频认证的一种自然方法是通过比较原始音频信号和待认证信号的特征确定真实性。这种方法通常涉及使用语义特征，如音高信息、声道变化和能量包络，验证音频信号。与语音的句法特征（能量函数和过零率）相比，语义特征的数据量通常更小。例如，在较低的采样率下，句法特征产生的数据量可能过大，无法有效存储和传输。因此，提取这些特征的计算成本可能较高，但可以通过结合特定的编码技术降低这些成本。

在音频处理中，转码或模拟数字转换可能导致信号不同步。为了解决这个问题，可以使用显著点的位置重新同步原始和接收到的音频信号。这些显著点是指音频信号中能量迅速上升到峰值的位置，可以被用作同步的参考点。

对于高安全性应用，系统应能检测到音频轨道中的微小变化，并在必要时还原原始音频数据。这要求系统具备类似于无损图像认证的能力。然而，直接应用无损图像认证的解决方案于音频领域存在一定的挑战，如长时间录音的数据量较大，以及原始数据的不完整可能会影响内容的完整性。

在本节中，介绍了一系列用于多媒体应用的身份验证方案。根据对失真的鲁棒性，这些方案可以分为完整认证和内容认证。在设计这些方案时，签名和水印是两种重要的技术。签名可以进一步分为数字签名和多媒体签名，分别用于完整认证和内容认证。然后，重点讨论了基于多媒体签名的各种多媒体应用的身份验证技术，如图像、视频和音频等。一个良好的内容认证解决方案不仅应对恶意攻击足够安全，而且对可接受的操作具有足够的鲁棒性。这样的好系统还应该与特定应用相关联。

## 5.3　多媒体访问和分发的密钥管理

在本节中，讨论常用的多媒体分发架构中的标准化密钥管理。总体来说，向消费者提供多媒体方式主要有五种，即卫星、有线、地面、互联网和预录媒体（光学和磁性）。在数字分销网络中，版权多媒体内容受加密保护，对应如下三种密钥分发途径。

（1）卫星、有线和地面分发。条件访问（CA）系统提供加密技术，以控制对数字电视服务的访问。数字内容经过压缩、分组、加密，并与授权消息复用。与每个节目相关联的通常使用两种类型的授权消息：授权控制消息（ECMs）和授权管理消息（EMMs）。ECMs携带解密密钥和节目的简短描述，而EMMs指定与服务相关的授权级别。授权用户可以使用适当的解码器对节目进行解密。

（2）互联网分发。数字版权管理（DRM）是指与使用数字内容相关的权利的保护、分发、修改和执行。DRM 系统的主要责任包括安全传递内容，防止未经授权的访问，执行使用规则及监控内容的使用。顾客从互联网上的服务器获取加密文件以进行观看。为了能够解密文件，需要从一个清算中心下载包含使用权和解密密钥的许可证。清算中心的主要责任之一是根据客户的凭据对其进行身份认证。客户设备应该具备支持相关 DRM 系统的播放器，以根据许可证中包含的权限播放文件。超级分发是一个允许客户将加密文件发送给其他人的过程。然而，由于许可证不可转让，每个新用户都需要购买另一个用于播放的许可证。

（3）数字家庭网络分发。数字家庭网络是一组互连的消费电子设备（数字电视、DVD 播放器、DVCR 和 STB）的集群。多媒体内容在跨每个数字接口和存储媒体上的传输中被加密。在数字家庭网络中，多媒体内容从一个设备移动到另一个设备，以进行存储或显示。这些设备需要相互进行身份验证，以确保它们配备了经许可的保护技术。

## 5.3.1 卫星、有线和地面分发的条件访问系统

CA 系统通过身份识别、授权、认证和注册等机制，控制用户对不同服务的访问权限。服务提供商利用 CA 系统通过卫星、有线或地面传输，向用户提供包括免费节目和付费服务（付费电视、按次付费观看和点播视频）在内的多媒体内容。CA 系统的典型架构及其主要组成部分如图 5.5 所示。这个通用模型中的活动为。

（1）数字内容经过压缩以减小带宽要求。

（2）节目被发送到 CA 系统进行保护，并与表示访问条件的授权一起打包。

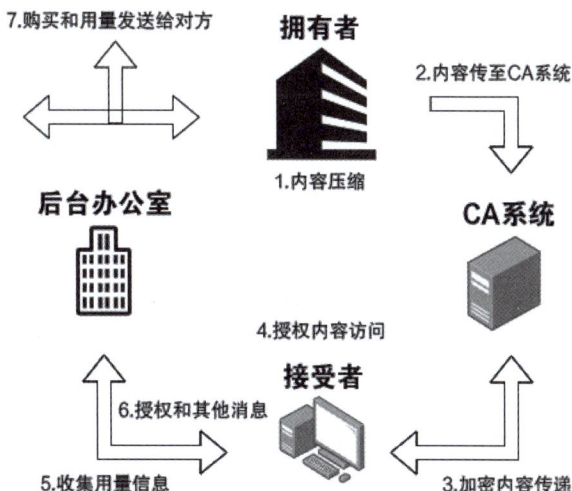

图5.5　CA系统的典型架构及其主要组成部分

（3）A/V 流（音 / 视频流）经过加密，并与授权消息复用。与每个节目相关联的有两种类型的授权消息。ECMs 携带解密密钥和节目的简短描述，而 EMMs 指定与服务相关的授权级别。

（4）如果客户已获得观看受保护节目的授权，A/V 流将由接收器解密，并发送到显示单元进行观看。可移动的安全模块为 ECMs、EMMs 和其他敏感功能提供安全的运行环境。

（5）后台办公室是每个 CA 系统的重要组成部分，负责处理计费和付款、EMMs 的传输及交互式电视应用。后台办公室与解码器之间通过"返回通道"建立一对一的连接。该通道的安全性可能由 CA 系统提供商私下定义。

（6）授权和其他消息被传递到客户的接收器。

（7）付款和使用信息被发送给适当的各方。

在当前的 CA 系统中，安全模块负责恢复解密密钥并将密钥传递给接收器以解密 A/V 流。目前支持两种基本的 CA 方法，即"Simulcrypt"和"Multicrypt"。

Simulcrypt：每个节目传输时都携带了多个 CA 系统的授权消息，使得不同的 CA 解码器能够接收并正确解密该节目。

Multicrypt：每个解码器都内置了一个适用于多个 CA 系统的通用接口（CI）。来自不同 CA 系统运营商的安全模块可以插入同一个解码器的不同插槽中，以实现在不同的 CA 系统之间进行切换。

## 5.3.2　互联网分发的数字版权管理系统

DRM 是一套用于保护、分发、修改和执行数字内容使用权利的系统。其目的是确保内容在分发和使用过程中的安全性和合规性。一般而言，DRM 系统的主要职责包括：内容打包、安全交付和存储、防止未经授权访问、执行使用规则、监控内容使用。DRM 系统以对称密钥密码、公钥密码和数字签名作为安全相关功能的核心，这些功能通常包括内容的安全交付、内容密钥和使用权的安全交付及客户端身份验证。

DRM 系统架构如图 5.6 所示，其中包括：发布者、服务器、客户端设备和交换中心。假设服务器和客户之间的通信是点对点的，DRM 系统的细节可能各不相同。以下步骤总结了 DRM 支持的电子商务系统中的典型活动。

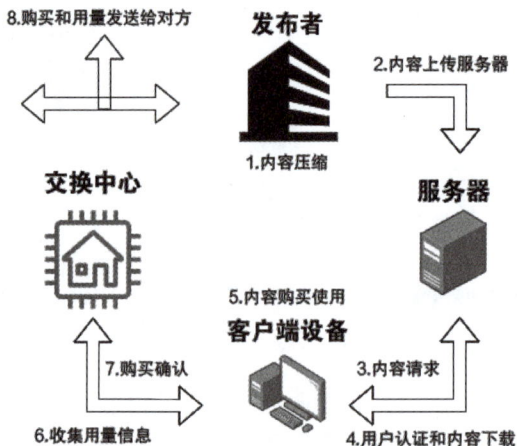

图5.6　DRM系统架构

（1）发布者将媒体文件进行打包，并使用对称密码进行加密。打包后的文件中可能包含内容提供商、零售商或用于获取权益的网址等信息。

（2）受保护的媒体文件被放置在服务器上供下载或流媒体播放。可以使用适当的内容索引通过搜索引擎找到它。

（3）客户从服务器请求媒体文件。

（4）在客户端设备经过身份验证后，文件被发送。客户还可能被要求完成一个购买交易，通常使用基于公钥证书的身份验证。

（5）客户购买内容并根据权利和规则使用它。

（6）交换中心定期从客户端收集财务记录和使用信息。

（7）支付确认和其他消息（安全更新等）被发送到客户端。

（8）支付和使用信息被发送给适当的各方（内容提供商、出版商、分销商、作者、艺术家等）。

可更新性是通过升级 DRM 系统组件和防止被入侵设备接收内容实现的。新的安全软件可作为定期增强功能或应对威胁或黑客攻击而发布。吊销列表允许服务器拒绝为被吊销的客户提供服务。DRM 使内容所有者能够在管理内容使用时指定自己的业务模式，可以支持广泛的销售模式，包括订阅、按次使用和超级分发。超级分发是一种在互联网上重新分发内容的相对较新的概念。这个过程允许消费者将他们获得的内容转发给市场上的其他消费者。转发给潜在买家的内容在获得新的权利之前无法访问。

如今，有许多标准可确保消费电子设备的互操作性。消费者可能会购买一台东芝电视机，然后将其连接到索尼 DVD 播放器上，希望它们能一起工作。互操作性对于内容保护系统也至关重要。发送和接收设备都需要支持特定媒体的内容保护系统。CSS 和 DTCP 等系统可从许可机构获得，在 CE（消费电子）设备中实施。遗憾的是，用于互联网分发的 DRM 系统并非如此。支持 DRM 系统 A 的客户端设备只能下载受同一系统保护的内容。目前，DRM 系统之间没有互操作性，其重要原因包括。

（1）每个 DRM 系统都有秘钥/算法。DRM 供应商担心共享秘钥/算法会有风险。

（2）元数据是关于数据的数据，用于描述数据的内容、质量、条件和其他特征，虽然权利表达语言（REL）正逐渐成为 DRM 系统的重要组成部分，但尚未实现标准化。

### 5.3.3　数字家庭网络中的复制保护系统

复制控制信息（CCI）传达了消费者被授权制作副本的条件。CCI 的一个重要子集是数字复制控制的两个复制生成管理系统（CGMS）位。

11：禁止复制。

10：仅可复制一次。

01：不再复制。

00：免费复制。

应确保 CCI 的完整性，以防止未经授权的修改。CCI 可以通过两种方式与内容关联，CCI 包含在 A/V 流的指定字段中和 CCI 作为水印嵌入到 A/V 流中。

### 1. DVD 视频的内容加密系统（CSS）

CSS 是一种保护系统，使 DVD 播放机视频光盘上的内容无法理解。它防止未经授权的电影被复制，保护所有者的知识产权。DVD 播放机复制控制协会是一个非营利性公司，负责向 DVD 播放机硬件、DVD 播放机和相关产品的制造商授权 CSS。CSS 规范分为两个部分：程序规范和技术规范。程序规范仅提供给 CSS 许可证持有人、潜在的 CSS 许可证持有人及与 CSS 许可过程的意图和目的一致、有商业需求的其他人。针对某个会员类别的技术规范仅提供给相应会员类别的 CSS 许可证持有人。CSS 算法使用 40 位密钥和两个线性反馈移位寄存器（LFSR），一个 17 位 LFSR 和一个 25 位 LFSR。第一个 LFSR 以密钥的前两个字节作为种子，第二个 LFSR 以密钥的剩余三个字节作为种子。两个 LFSR 的输出通过 8 位加法进行组合，形成伪随机比特流。这个比特流与明文进行异或运算，生成密文。

在异或运算之前，明文字节会通过基于表的 S 盒进行处理。

除加密机制外，DVD 播放机还包含了区域码，用于指示其在世界的哪个区域可以播放。目前，定义了 8 个区域，每个区域都有一个唯一的编号。例如，一部最近的电影可能已经在美国的影院上映并发布到家庭视频市场，但同一部电影可能尚未在其他国家上映。在制造的 DVD 中，只有与相同区域制造的 DVD 播放机上才能播放电影。

CSS 系统中有三个级别的密钥：主密钥、光盘密钥和标题密钥。每个制造商被分配一个独特的主密钥，该密钥嵌入在其生产的所有 DVD 播放机中。总共有 409 个主密钥。每个 DVD 播放机都包含一个隐藏扇区，其中包含一个使用所有 409 个主密钥对光盘密钥进行加密的表格。DVD 播放机使用自己的主密钥解密表格中的相应条目，获取光盘密钥。然后光盘密钥用于解密标题密钥，标题密钥用于解密 DVD 播放机上的电影内容。每个 DVD 播放机只有一个光盘密钥，但可能有多个标题。因此，光盘密钥可以解密 DVD 播放机上的所有标题密钥。

如果某个主密钥被泄露，将会被替换为新密钥，并用于后续 DVD 播放机的制造。未来发行的 DVD 播放机将使用新主密钥对光盘密钥进行加密，防止在使用被泄露密钥制造的 DVD 播放机上播放。

在 PC 上实施 CSS 需要额外的元素。在 DVD 播放机驱动器上将数据通过总线发送到主机 PC 之前，它首先与主机 PC 进行相互认证。这使得双方可以检查对方是否有权处理 CSS 扰乱内容。在此过程中，将生成会话密钥，用于加密在总线上传输的数据。

DVD 播放机驱动器使用其主密钥解密光盘密钥，并使用会话密钥对光盘密钥和标题密钥进行加密后发送给主机 PC。主机 PC 可以使用光盘密钥解密标题密钥，并用于解密 DVD 播放机上的电影，实现播放功能。

### 2. 针对 DVD-Audio 的预录制媒体（CPPM）的内容保护

针对 DVD-Audio，开发了一种名为 CPPM 的系统。CPPM 规范定义了一种可更新的方法，用于保护预录制媒体上分发的内容。CPPM 使用的常见加密函数基于 Cryptomeria Cipher (C2)。C2 是一种基于 Feistel 网络的块密码，设计用于数字娱乐内容保护领域。4C 实体有限责任公司负责许可 CPPM 和 CPRM 技术。

（1）媒体密钥块（MKB）。CPPM 使用 MKB 实现了系统的可更新性。MKB 由 4C

Entity,LLC 生成密钥，允许所有符合规范的设备使用其各自的秘密设备密钥计算出相同的媒体密钥。如果一组设备密钥以威胁系统完整性的方式被破坏，可以发布更新的 MKB，使具有受损设备密钥的设备计算出与其他符合规范的设备不同的媒体密钥。通过这种方式，新的 MKB 使受损的设备密钥被"吊销"。

（2）设备密钥。在制造过程中，每个符合 CPPM 标准的播放设备都会分配一组秘密设备密钥。这些密钥由 4C Entity,LLC 提供，并用于处理 MKB 以计算媒体密钥。密钥集可以是每个设备独有的，也可以由多个设备共用。每个设备会收到 $n$ 个设备密钥，分别表示为 $K_{d\_i}$，其中 $i=0,1,\cdots,n-1$。对于每个设备密钥，都有相应的列值和行值，分别表示为 $C_{d\_i}$ 和 $Rd\_i$，其中 $i=1,\cdots,n-1$。列值和行值从 0 开始计数。对于给定的设备，没有两个设备密钥会有相同的列值。但是，一个设备可能会有一些具有相同行值的设备密钥。

CPPM 内容保护流程如图 5.7 所示。以下是使用 CPPM 内容保护时所遵循的步骤。

① 4C 实体有限责任公司向设备制造商提供秘密设备密钥，用于嵌入到每个制造的设备中。

② 媒体制造商在包含受保护内容的每个媒体上放置两个信息：由 4C Entity,LLC 生成的 MKB 和一个与标题相关的标识符，媒体 ID。

③ 媒体上的受保护内容通过内容密钥加密，该密钥由以下信息的单向函数派生而来：秘密媒体密钥、媒体 ID、与内容相关的 CCI。

④ 当包含受保护内容的媒体放入符合规范的驱动器或播放器中时，设备使用其密钥和存储在媒体上的媒体密钥块计算出秘密媒体密钥。媒体密钥用于计算内容密钥，进而解密内容。

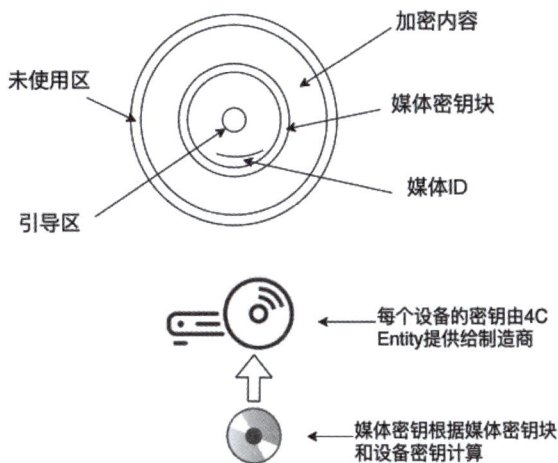

图5.7 CPPM内容保护流程图

### 3. 针对可记录媒体的内容保护

CPRM 规范定义了一种用于保护记录在多种物理介质上的内容的可更新方法。CPRM 使用的常用密码函数基于 C2 分组密码。MKB 和设备密钥与 CPPM 类似。

CPRM 内容保护流程图如图 5.8 所示。以下步骤适用于使用 CPRM 内容保护。

（1）4C 实体有限责任公司向设备制造商提供秘密的设备密钥，以便每个制造的设备中都包含该密钥。

（2）媒体制造商在每个符合规范的媒体上放置两个信息：由 4C 实体有限责任公司生成的 MKB 和媒体 ID。

（3）当符合规范的媒体放入符合规范的驱动器或播放机 / 录制机中时，设备使用其密钥和媒体上存储的 MKB 计算出一个秘密的媒体密钥。

（4）存储在媒体上的内容通过一个由步骤 1 提供的秘密标题密钥和步骤 2 生成的与内容关联的 CCI 的单向函数派生出的内容密钥进行加密 / 解密。标题密钥使用由媒体密钥和媒体标识的单向函数派生的密钥进行加密，并存储在媒体上。

DVD-RAM 媒体上的 CPRM 组件和 DVD-R、DVD-RW 媒体上的 CPRM 组件类似。

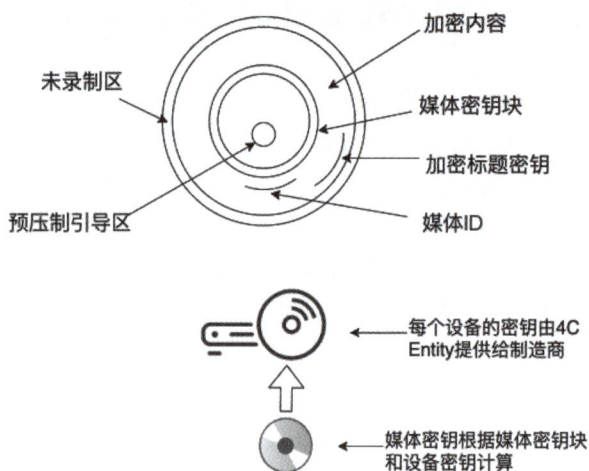

图5.8　CPRM内容保护流程图

### 4. 数字传输内容保护（DTCP）

日立、英特尔、松下、索尼和东芝这五家公司共同开发了 DTCP 规范。DTCP 规范定义了一种加密协议，用于在高性能数字总线上传输时，保护音 / 视频娱乐内容免受非法复制、拦截和篡改。该复制保护系统保护经过另一个经批准的复制保护系统（CSS）传送到源设备的合法内容。

数字传输许可管理机构（DTLA）负责部分基于该规范建立和管理内容保护系统。实施 DTCP 规范需要从 DTLA 获得许可。

DTCP 规范使用了日立的 M6 作为基准密码。M6 密码算法是一种基于置换—替代的对称密钥分组密码算法。

DTCP 系统涵盖了四个基本的复制保护层：身份验证和密钥交换、内容加密、复制控制信息、系统可更新性。

（1）身份验证和密钥交换。该规范包括两个身份验证级别：完全验证和受限验证。

① 完全验证可用于系统保护的所有内容，并且必须用于"禁止复制"（11）的内容。

该协议使用基于公钥的数字签名算法（DSA）和 Diffie-Hell man 密钥交换算法。系统中的 DSA 和 Diffie-Hell man 实现都采用椭圆曲线加密技术。

② 受限验证是一种适用于计算资源有限设备的 AKE 方法。它可以保护"只复制一代"和"不再复制"内容。如果设备采用"只复制一代"或"不再复制"保护方案，那么该设备必须支持受限验证。DV 记录机、D-VHS 记录机及与它们通信的设备使用这种类型的身份验证和密钥交换。对于自由复制的内容，不需要进行身份验证。

这两种身份验证都涉及计算三个加密密钥，身份验证密钥：在身份验证过程中建立，用于加密交换密钥；交换密钥：用于建立和管理受版权保护的内容流的安全性；内容密钥：用于加密正在交换的内容。

（2）内容加密。为确保互操作性，所有设备必须支持指定的基准密码。通道密码子系统还可以支持其他密码，在使用该子系统时需要在身份验证期间进行协商。所有密码均以转换的密码块链接方式使用。

（3）复制控制信息（CCI）。内容保护系统必须支持利用 CCI 在设备之间传输加密数据。如果源设备和目标设备的能力不同，它们应该遵循源设备确定的最严格的 CCI 方法。有两种方法可以使用。

① 加密模式指示器（EMI）通过等时分组头部的同步字段的最高两位提供了易于访问且安全的 CCI 传输。EMI 位的编码区分内容的加密 / 解密模式："自由复制""禁止复制""只复制一代""不再复制"。如果 EMI 位被篡改，加密模式和解密模式将不匹配，导致内容解密错误。

② 嵌入式 CCI 作为内容流的一部分进行传输。许多内容格式都分配了用于携带与流相关的 CCI 的字段。嵌入式 CCI 的完整性得到了保证，因为对内容流的篡改会导致内容解密错误。

（4）系统可更新性。支持完全身份验证的设备可以接收和处理系统可更新性消息（SRM）。这些 SRM 由 DTLA 生成，并通过内容和新设备进行传递。系统可更新性提供了撤销未经授权设备的能力。有几种机制可以将更新的 SRM 分发到数字家庭网络中。

① DVD 播放机可以从预录制的 DVD 播放机或其他兼容设备的新版本中接收更新。

② 数字机顶盒可以从内容流或其他兼容设备接收更新。

③ 数字电视可以从内容流或其他兼容设备接收更新。

④ 录制设备可以从内容流接收更新或其他兼容设备。

⑤ 个人计算机可以从互联网服务器接收更新。

### 5. 高带宽数字内容保护（HDCP）

HDCP（High-Bandwidth Digital Content Protection）旨在保护特定高带宽接口上的音 / 视频内容，这些接口称为 HDCP 受保护接口，以防止其被复制。在 HDCP 1.1 版本中，HDCP 受保护接口被包括 DVI（数字视频接口）和高清多媒体接口（HDMI）。数字内容保护公司（Digital Content Protection，LLC）授权用于保护商业娱乐内容的技术。

在 HDCP 系统中，两个或多个 HDCP 设备通过 HDCP 受保护接口相互连接。由 HDCP 保护的音 / 视频内容称为 HDCP 内容，从上游内容控制功能流入 HDCP 系统的最上游

HDCP 发射器。然后，由 HDCP 系统加密的 HDCP 内容通过 HDCP 受保护接口上的 HDCP 接收器的树状拓扑结构流动。HDCP 系统内容拓扑如图 5.9 所示。

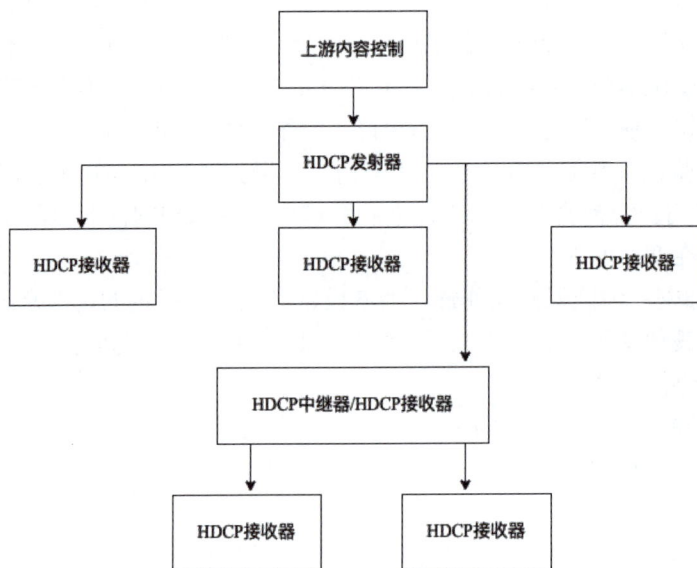

图5.9　HDCP系统内容拓扑

该规范描述了以下内容的保护机制。

（1）对 HDCP 接收器进行身份验证，验证其与直接上游连接器（HDCP 发射器）的关系。

（2）在 HDCP 发射器和下游 HDCP 接收器之间的 HDCP 受保护接口上，对音 / 视频内容进行 HDCP 加密。

（3）撤销由数字内容保护公司确定为无效的 HDCP 接收器。

HDCP 接收器的身份验证。HDCP 身份验证协议是 HDCP 发射器和 HDCP 接收器之间的交换协议，用于向 HDCP 发射器确认 HDCP 接收器被授权接收 HDCP 内容。这种确认是通过 HDCP 接收器展示对一组秘密设备密钥的了解实现的。每个 HDCP 设备都配备了一组唯一的秘密设备密钥，称为设备私有密钥，由数字内容保护公司提供。通信交换允许接收器展示对这些秘密设备密钥的了解，同时还使得两个 HDCP 设备能够生成对于窃听者无法确定的共享密钥值。通过将这个共享密钥形成与授权的展示融合在一起，这个共享密钥可以作为对仅授权设备使用的对称密钥加密 HDCP 内容。

每个 HDCP 设备包含 40 个 56 位秘密设备密钥的数组，这些密钥组成了设备的设备私有密钥，并且还包含从数字内容保护公司接收到的相应标识符。该标识符是分配给设备的密钥选择向量（Key Selection Vector，KSV），是一个 40 位的二进制值。

HDCP 身份验证协议可以分为三个部分。

（1）在两个 HDCP 设备都具有数字内容保护公司的有效设备密钥集的情况下建立共享值。

（2）允许 HDCP 中继器报告连接的 HDCP 接收器的 KSV。

（3）发生在启用加密的每个帧之前的垂直消隐间隔中，为该帧内的 HDCP 内容提供初始化状态。

HDCP 加密。HDCP 密码是一种专门设计用于身份验证协议适当鲁棒性和无压缩视频数据加密高速流传输要求的特殊密码。HDCP 加密和解密流程如图 5.10 所示。HDCP 加密是将 HDCP 内容与 HDCP 密码生成的伪随机数据流进行逐位异或操作。DVI 使用过度最小化差分信号传输。

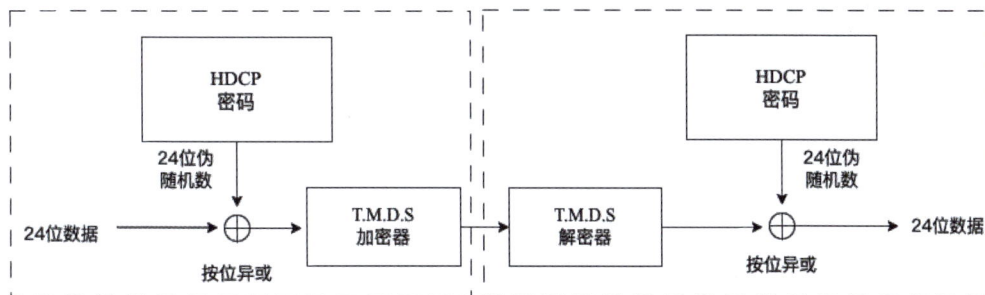

图5.10　HDCP加密和解密流程

HDCP 的可更新性。如果身份验证协议中的授权参与方遭到破坏，可能会使其拥有的设备私有密钥暴露给未经授权方，从而被滥用。因此，每个 HDCP 接收器都会获得一组唯一的设备私有密钥，与一个非秘密的标识符（KSV）相匹配，统称为设备密钥集。通过 HDCP 采用者许可证中定义的过程，数字内容保护公司可以确定一组设备私有密钥是否被破坏。然后，将相应的 KSV 放入 HDCP 发射器在身份验证过程中检查的撤销列表中。其他经过授权的 HDCP 接收器不受此撤销的影响，因为它们具有不同的设备私有密钥集。

HDCP 发射器需要管理携带 KSV 撤销列表的系统可更新性消息（SRM）。这些消息随内容一起传递，并在可用时必须进行检查。SRM 的有效性通过数字内容保护公司指定的公钥验证其签名的完整性。

## 6. 数字版权保护系统架构（CPSA）

CPSA 提供了一个框架，描述了 CPSA 兼容设备如何处理能够确保全面和一致的内容保护方案的三个关键领域：内容管理信息、访问和记录。以下是这些原则。

（1）内容管理信息原则

内容所有者选择内容管理信息（CMI）。内容所有者从支持的选项中选择 CMI。不同类型的内容的可用选项根据内容所有者和设备制造商之间的协议而有所不同。

确保数字 CMI 的完整性。在内容保持加密的数字形式时，使用加密和密钥管理协议确保 CMI 的完整性，包括传输和存储过程。

可选水印。根据内容所有者的选择，原始内容可以添加水印，以便将 CMI 与内容一起传输，独立于其具体的模拟、数字或加密数字表示形式。

（2）访问控制原则

加密预录内容。所有预录媒体上的 CPSA 内容都会被加密。内容加密是 CPSA 的关键特征，它确保内容在解密之前无法访问。

加密授权副本。除非另有明确约定，所有经授权的 CPSA 内容副本都会进行加密。

播放控制。符合要求的播放模块在未加密内容中检测到水印 CMI 时，会做出适当的响应，以防止播放未经授权的副本。

输出保护。针对加密内容，符合要求的播放和源模块根据数字 CMI 设置对所有输出应用批准保护方案，除非另有明确约定。

管理未加密内容的受保护输出。符合要求的源模块在进行受保护的数字输出之前，会检查未加密内容的水印 CMI，并根据需要为输出设置数字 CMI。

（3）记录控制原则

在复制之前检查 CCI 并做出相应响应。符合要求的记录模块在复制之前会检测和适当响应 CCI，其中包括加密内容的数字 CCI 和未加密内容的水印 CCI。

在复制之前更新 CCI。符合要求的记录模块在进行复制之前会适当更新数字 CCI 和水印 CCI。

临时图像。符合要求的记录模块在创建临时和局部化的图像时不会检查或更新数字 CCI 或水印 CCI。

CPSA 一致的内容保护技术如下。

① CSS 用于保护预录制的 DVD-Video 内容。

② CPPM 用于保护预录制的 DVD-Audio 内容。

③ CPRM 用于保护存储在可记录媒体（DVD 或数码闪存卡）上的内容。

④ DTCP 用于在 IEEE 1394 和 USB HDCP 上保护数字传输期间的内容，用于保护内容跨高带宽接口移动到数字显示器 4C/Verance 水印，用于在音频内容中嵌入和读取水印 CMI。

⑤ 由 DVD CCA 确定的视频水印方案。

⑥ CA 用于通过有线或卫星进行受保护的优质内容分发。

## 习题

1. 多媒体加密的主要目的是什么？

2. 描述多媒体加密在防止未授权访问方面的作用。

3. 在多媒体加密中，"可感知性"是如何影响加密策略的？

4. 为什么说多媒体加密可能会影响压缩效率，它是如何影响的？

5. 描述容错性在多媒体加密中的重要性。

6. 多媒体加密中的"多级加密"是什么意思？

7. 语法兼容性在多媒体加密中扮演什么角色？

8. 多媒体认证中的"内容认证"与"完整认证"有何区别？

9. 描述多媒体认证中"不可否认性"的重要性。

10. 解释媒体签名方案（MSS）如何提供对偶然畸变的鲁棒性。

11. 基于水印的多媒体认证有哪些优点和局限性？

12. 无损认证和有损认证在多媒体中是如何区分的？

13. 描述脆弱认证和半脆弱认证在多媒体认证中的应用。

14. 图像认证和视频认证在技术实现上有哪些不同？

15. 音频认证在多媒体认证中通常使用哪些特征？

16. 如何确保多媒体认证系统的安全性和鲁棒性？

17. 数字版权管理（DRM）系统的主要功能是什么？

18. 描述条件访问（CA）系统如何控制对数字电视服务的访问。

19. 互联网分发中的 DRM 系统如何处理内容的安全传递和使用规则的执行？

20. 解释 CSS（内容加密系统）在 DVD 播放机视频内容保护中的作用。

21. CPRM 规范的目的是什么？

22. 描述 DTCP 规范的工作原理。

23. HDCP 如何保护高带宽接口上的音 / 视频内容？

# 第6章
# 网络身份安全

本章介绍密码技术在网络身份安全领域的应用，包括两类典型的身份鉴别机制，基于密码增强的口令身份鉴别机制、基于密码机制的身份鉴别机制；构建网络"身份证"的典型机制——公钥密码基础设施；几类比较成熟的身份鉴别和管理框架，包括 Kerberos 协议、FIDO 快速身份验证、OpenID 协议等。

## 6.1　身份鉴别机制

在数字化时代，网络身份安全的重要性日益凸显，它不仅是网络安全架构的基石，也是确保网络空间秩序和信任的关键。网络身份安全的主要目标是确保网络实体（用户、设备或系统）的身份是真实和可信的。这通常需要通过一系列认证、鉴别等过程实现。在这一过程中，密码技术发挥着举足轻重的作用，它为网络身份安全提供了必要的加密、解密、签名和验证等安全功能。

身份鉴别指的是验证用户或系统的身份以确保其合法性和真实性的过程。其目的是确认请求访问系统资源的实体确实是其所声称的主体。常用的身份鉴别方式包括用户名口令、密码技术、生物特征等。本节将主要介绍两类身份鉴别机制，包括基于密码增强的口令身份鉴别机制、基于密码增强的身份鉴别机制。

### 6.1.1　基于密码增强的口令身份鉴别

在某些应用场景（整盘加密）中，为了确保仅有特定用户才能进行数据加密、解密操作，要求用户掌握密钥。因为记忆力限制，用户不可能记住 128 位随机数的密钥，就需要密钥派生算法从人类可记忆的口令中计算得到密钥。

NIST SP 800-132 规定了利用口令派生密钥的方式，PBKDF（Password-based KDF）。它通过实体唯一标识和其他相关信息，从口令中派生出密钥。口令生成密钥的密钥空间依赖于口令的复杂度，相比于密钥的预期复杂度（AES-128 密钥空间为 $2^{128}$），口令的熵很有限（8 位数字口令仅相当于 $2^{27}$ 位的密钥空间），极大地降低了穷举法搜索攻击的难度。因此这种密钥派生方式不推荐使用，尤其不能用于网络通信数据的保护。NIST SP 800-132

明确规定 PBKDF 仅用于某些特定环境（加密存储设备）。

PBKDF 的工作原理与 KBKDF 相似，它将口令作为种子 $s$，计数器值、可公开的随机盐值（salt）和其他相关数据作为输入 $x$，利用 HMAC 算法作为伪随机数生成函数 $PRF(s,x)$。与 KBKDF 不同的是，$PRF(s,x)$ 需要进行至少 1 000 次迭代计算（$Uj=PRF(password,Uj-1)$）才能最终生成一块密钥，多次迭代计算主要是为了增加攻击者的攻击难度和成本。迭代次数可以自行设置，对于安全敏感且对性能要求不高的场景，可以将迭代次数设置得非常高（一千万次）。

### 1. 口令杂凑保护算法

口令鉴别的使用场景并不唯一，此处不讨论本地应用，而重点关注需要通过开放网络的远程应用场景。

在目前盛行的远程口令鉴别方式中，认证与被认证双方持有对等的口令信息，被认证方需要将口令发送到认证方进行对比。这种方式需要安全通道的支撑，一个典型的例子就是 Web 应用中的用户登录过程。

① 用户在浏览器界面中输入口令。

② 再由浏览器通过 HTTPS 请求将用户信息及口令明文或杂凑值发往 Web 服务器。

③ 服务器与数据库中存储的口令（杂凑）副本进行比对，校验通过后为该客户端建立会话。

在上述过程中，用到了基于庞大 PKI 体系的 HTTPS 协议，需要维护数字证书和密钥，而服务器存储的口令杂凑值又容易通过字典攻击破解，而认证成功后的通信也完全依靠会话关系维持，不再校验口令信息，因此也衍生出了各种会话劫持问题。

不难发现，这种方式严重依赖安全通道，自身并不具备密码学安全保障。对此，有学者提出了口令认证密钥交换的概念。PAKE 是一类多方基于共同口令建立会话密钥的交互协议，它的重大意义在于脱离安全通道。基于低熵口令建立密码学强度的密钥，可以防范中间人攻击、字典攻击和暴力猜解等针对传统口令鉴别方式的手段，而协商出的会话密钥可用于保护后续通信数据。

（1）PBKDF2

PBKDF2 是 RSA 实验室 PKCS 系列（PKCS#5 v2.0）的一部分，也作为 IETF 的 RFC2898 公布。PBKDF2 取代了 PBKDF1，2017 年公布的 RFC8018（PKCS#5 v2.1）对口令杂凑推荐 PBKDF2。

PBKDF2 对输入口令或密码短语和盐值应用伪随机函数（HMAC），重复此过程产生派生密钥，此密钥可在后续操作中用作密钥。增加的计算导致增加了口令破解的难度，称为密钥拉伸。2000 年的标准推荐最小迭代数是 1 000，然而随着 CPU 速度的增加，此参数也倾向于增加。据报道，Apple 对 iOS 3 使用 2 000 次迭代，iOS 4 使用 10 000 次迭代；2021 年，OWASP 推荐对 PBKDF2-HMAC-SHA256 使用 310 000 次迭代，对 PBKDF2-HMAC-SHA512 使用 120 000 次迭代。

口令中增加盐值降低了使用预计算杂凑值攻击的威胁，意味着多个口令将分别测试，而不是同时一起测试。标准推荐至少长为 64 位的盐值。NIST 推荐的盐值长度为 128 位。

PBKDF2 密钥派生函数有五个输入参数：

$$DK=PBKDF2(PRF,Password,Salt,c,dkLen)$$

式中

PRF——两个参数的伪随机函数，输出长度为 hLen；

Password——主密钥，从中产生派生密钥；

Salt——位序列；

$c$——需要迭代的次数；

dkLen——需要的派生密钥的位长度；

DK——生成的派生密钥。

推导密钥 DK 的每个 hLen 二进制数据块 $T_i$ 计算如下（ ‖ 表示字符串拼接）。

$$DK=T_1 \parallel T_2 \parallel \cdots \parallel T_{dklen/hlen}$$

$$T_i=F(pass,salt,c,i)$$

函数 $F$ 是链式 PRF 的 $c$ 次迭代的异或。

PRF 的首次迭代使用 Password 作为 PRF 密钥，Salt 与 $i$ 链接编码为大端 32 位整数作为输入。

（需要注意的是，$i$ 是从 1 开始的序号。）PRF 随后的迭代使用 Password 作为 PRF 密钥，前一次 PRF 计算的输出作为输入。

$$F(pass,salt,c,i)=\hat{U}_1\hat{U}_2\cdots\hat{U}_c$$

其中，

$U_1=PRF(password,salt+INT\_32\_BE(i))$

$U_2=PRF(password,U_1)$

⋮

$U_c=PRF(password,U_{c-1})$

例如，WPA2 中 DK = PBKDF2(HMAC-SHA1,Passhrase,ssid,4096,256) 而 PKBDF1 处理过程则较为简单：PRF(password ‖ salt) 产生初始 $U$，此后的块简单地由 PRF($U_{previous}$) 产生。

将最后杂凑结果的前 dkLen 位截取位密钥，这一步操作要求方案对长度存在限制。

（2）BCRYPT

BCRYPT 是 Niels Provos 和 David Mazières 于 1999 年 USENIX 会议上提出的基于 Blowfish 分组密码的口令杂凑函数。此外，bcrypt 函数是 OpenBSD 的默认口令杂凑算法。

除了在输入时附上盐值抵抗彩虹表攻击，bcrypt 是一个自适应函数，随着时间的推移，可以增加迭代次数使其变慢，因此即使随着硬件技术不断进步带来的计算能力增加，它仍然可以抵抗暴力搜索攻击。

Blowfish 是 16 轮 Feistel 网络，加密时采用 64 位输入和 P 盒计算，访问 4 个 1 KB 大的 S 盒的地址。这些内存访问是伪随机的且宽 32 位。

EksBlowfish 算法在 ExpandKey 函数中使用 Blowfish 加密导出由存储在 S-box 和 P-box 中的值是确定的状态。此算法包括三个输入：cost、salt 和加密密钥（经过杂凑计算的口令），cost 决定了密钥启动过程的开销，salt 是 128 位随机值，用于避免相同口令产生相同杂凑值，加密密钥是用户选择的口令（经过预处理）。

Bcrypt 算法包括两个阶段：阶段一使用 EksBlowfish 算法初始化 Blowfish 状态。第二阶段中用 Blowfish 和前一阶段得到的状态对 192 位字符串 "OrpheanBeholderScryDoubt" 以 ECB 模式加密 64 次，得到最终杂凑结果。

（3）Argon2

由于摩尔定律，杂凑函数计算变得越来越快，故密码设计者需要增加函数的迭代调用次数以增加攻击者的口令尝试成本。然而密码破解者转向了新架构，如 FPGA、多核 GPU 和 ASIC 模块，其中多次迭代的杂凑函数的平均计算时间更短。为了抵抗使用这些高性能计算设备的攻击，研究者注意到：当计算占用较少内存的函数时，这些新兴的高性能设备能发挥出性能优势；而计算需要占用大量内存的函数时，这些新设备的性能就会受到很大制约。根据此特点，研究者提出了 memory-hard 函数，这种函数在计算时需要占用大量内存，如果计算设备可用的内存不足，计算性能就会大幅降低。

此外，Memory-hard 方案也有其他应用。它们可被用于从低熵率的熵源派生密钥。在加密货币的领域中，Memory-hard 方案也受到欢迎。协议的设计者利用它打压使用内存较少的 GPU 和 ASIC 挖矿，并鼓励使用内存较多的标准笔记本计算机挖矿。

口令杂凑竞赛（Password Hashing Competition，PHC）由 Jean-Philippe Aumasson 于 2012 年秋季发起。2015 年，卢森堡大学的 Alex Biryukov、Daniel Dinu 和 Dmitry Khovratovich 设计的 Argon2 算法获选口令杂凑竞赛的最终获胜算法。

① Argon2 的参考实现提供了 3 个相关版本。

② Argon2d 最大化地抵抗 GPU 破解攻击。它以口令相关顺序访问内存阵列，减少了时间 - 内存权衡攻击的概率，但产生了可能的侧通道攻击。

③ Argon2i 被优化用来抵抗侧通道攻击。它以与口令无关的顺序访问内存阵列。

④ Argon2id 是混合方案。它采用 Argon2i 方法用于前半部分内存传递，采用 Argon2d 方法用于后续传递。RFC9106 推荐使用当用户不了解前两种版本之间的差异或认为侧通道攻击风险存在时使用此版本。

### 2. 基于口令的认证密钥交换协议

PAKE 协议允许多个参与者基于各自持有的口令信息相互认证，并协商出高强度的随机会话密钥，而这一过程不需要依赖安全通道，并且能够实现如下功能。

（1）抵御在线字典攻击：每次协议执行，至多允许敌手试探一次秘密。

（2）抵御离线字典攻击：不会泄露任何信息给主动 / 被动攻击者，供其暴力破解。

（3）前向安全：即便秘密泄露，此前生成的会话密钥也不会被破解。

（4）已知会话安全：已经泄露的会话密钥不会影响其他已经建立的会话密钥。

根据使用场景，PAKE 衍生出了对称 PAKE（bPAKE，Balanced PAKE）和非对称（增强型）PAKE（aPAKE，Augmented PAKE）两种认证形式，以及基于口令认证的密钥检索（PAKR，Password Authenticated Key Retrieval）机制。

① bPAKE：参与各方持有对等的口令信息，如果用于 C/S 应用，则意味着服务器依然存储口令明文或杂凑值。与经典的口令鉴别过程相比，bPAKE 摆脱了对安全通道的依

赖，但没有解决服务器数据库泄露的字典攻击问题。典型的 bPAKE 协议有 EKE、PAK、PPK、SPEKE、Dragonfly、CPace、SPAKE1/2、J-PAKE 等。

② aPAKE：适用于 C/S 场景，绝大多数 aPAKE 协议中，服务器存储的是比杂凑更复杂的口令校验值，一般基于数学难题构造，能够有效抵抗在线字典攻击，如 SRP 协议中，校验值 $v=g_x \bmod p, x=\text{Hash}(salt,password)$。典型的 aPAKE 协议有 AMP、Augmented-EKE、B-SPEKE、PAK-X、SRP、SPAKE2+、AuCPace、AugPAKE、OPAQUE 等。

③ PAKR：用户通过口令鉴别，从服务器获取自己的密钥，与普通 aPAKE 协议相比，使用了 PAKR 的方案（OPAQUE）能够完全杜绝离线字典攻击。

大部分 PAKE 协议都是在 DH 密钥交换基础上加入了口令盲化，或者基于零知识证明，其目的就是保证通信数据中不包含口令或口令相关信息，使攻击者仅靠监听通道破解口令的概率可以忽略。考虑到现实中服务器被攻破的可能性，如果将口令（或其杂凑值）视为一种用户隐私的话，显然 aPAKE 更符合隐私保护要求，其框架如图 6.1 所示。互联网研究任务组（IRTF，Internet Research Task Force）下辖的加密论坛讨论小组（CFRG，Crypto Forum Research Group）于 2019 年开始了一项 PAKE 协议遴选的进程，期望为 IETF 选出一款 bPAKE 协议和 aPAKE 协议，最终胜出者为 CPace 协议和 OPAQUE 协议。

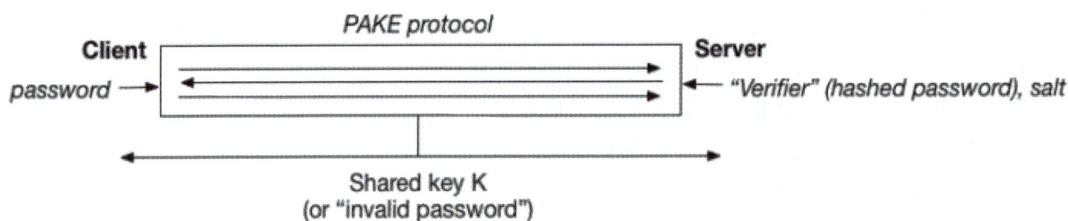

图6.1 aPAKE框架

虽然 PAKE（尤其是 aPAKE）协议在安全性方面相对传统口令鉴别有了质的提升，但在性能方面却具有天然劣势。一方面，一次认证需要多轮交互，通信延迟高；另一方面，协议底层由大量公钥密码原语组成，计算负载大，因而在提出后近三十年都鲜有应用。

一套标准的 PAKE 协议通常需要至少 3 轮交互。

（1）信息预交换：双方交换协议版本、参数信息等。

（2）密钥生成：双方基于口令信息，安全协商出会话密钥，该阶段集中了所有公钥计算。

（3）密钥确认：双方确认密钥的正确性，一般通过杂凑类操作完成。

给出在现实 C/S 场景下的一种 aPAKE 协议工作流，典型 aPAKE 协议框架如图 6.2 所示用户在第 1 阶段输入 ID 和口令，与其他预交换信息一同发往服务器，以供检索对应的口令校验值。

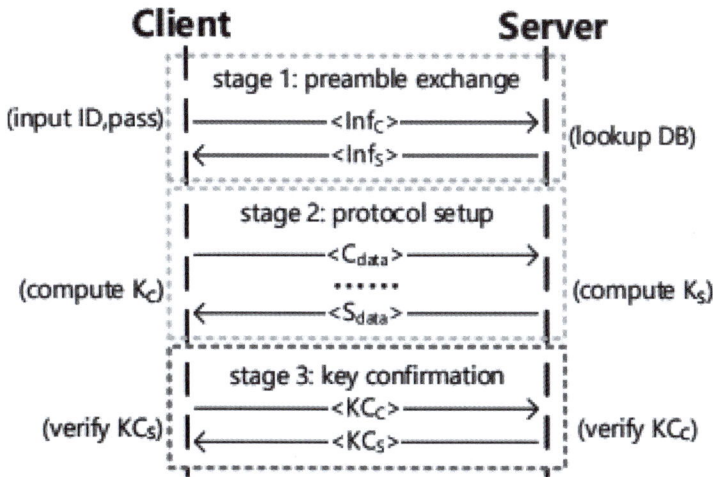

图6.2　典型aPAKE协议框架

关于 PAKE 协议的标准较为分散,目前国际标准有 IEEE 1363.2—2008 *IEEE Standard Speci-fications for Password-Based Public-Key Cryptographic Techniques*、*ISO/IEC 11770-4 Information technology-Security techniques-Key management-Part 4:Mechanisms based on weak secrets*。上述标准均为收录性质的 PAKE 标准,除此之外,还有大量 IETF RFC 草案标准单独定义了某一套特定协议,这些标准大都是对相关学术论文成果的提炼和规范,如 RFC2945、RFC5054、RFC5683、RFC5931、RFC6124、RFC8236 等;此外,国际电信联盟在 ITU-T Recommendation [X.1035] 中专门定义了 PAK 协议(X 系列是 ITU-T 针对数据网络和开放系统通信安全推出的相关标准集)。

目前,J-PAKE 和 SRP6 均在 TLS 1.2 中得到了支持,然而,TLS 1.3 版本将取消握手消息中的密钥交换,消息往返(RTT)也从 2 轮降低至 1 轮,PAKE 协议必须重新改造才能嵌入新的 TLS 过程。对此,IETF TLS 工作组于 2019 年启动过 TLS-PWD(RFC8492)进程,旨在为 TLS 1.3 选择几种适配的 PAKE 协议,目前该工作已陷入停滞状态,之前业界有过猜测,可能是在等待 CFRG 的 PAKE 遴选结果表明,但目前 CFRG 已经公布 CPace 和 OPAQUE 为推荐协议,TLS-PWD 依旧没有推进。

大部分可证明安全的 PAKE 协议都是基于游戏模型提供的,目前认可度最高的则是通用可组合(UC,Universal Composable)模型,而 CFRG 的遴选结果,CPace 和 OPAQUE 协议都提供了 UC 模型下的安全证明。与口令盲化的 DH 类方案相比,OPAQUE 协议在服务器不存储任何口令相关信息,即便攻击者攻破了数据库,得到了 PAKE 协议相关数据,也无从发起字典攻击。

OPAQUE 协议以 OPRF(Oblivious Pseudo-Random Function)为核心部件,可以与任何符合要求(具备 KCI Resistance)的认证密钥交换协议组合形成高安全的 PAKE 方案。OPRF 函数可以有多种形式,CFRG 草案中给出了两种基于 EC 群的实现。

在注册阶段,OPAQUE 协议要求服务器为用户生成 OPRF 密钥 oprf_key,客户端则为用户生成一对长效的 AKE 密钥,由客户端口令 pw 和服务器 oprf_key 协作加密后存放在服务器；在之后的每次认证过程中，客户端和服务器还是通过 OPRF 完成 AKE 密钥的检索和下发、解密，然后发起 AKE 密钥交换。当然，注册阶段依然需要安全通道，至少要保证客户端能确认服务器的身份。

### 6.1.2　基于密码机制的身份鉴别

实体鉴别机制用于证实某个实体就是它所声称的实体，待鉴别的实体通过表明它确实知道某个秘密证明其身份。我国国家标准 GB/T 15843 中规定了四种进行实体鉴别的机制，这些机制定义了实体间的信息交换，以及需要时与可信第三方的信息交换。GB/T 15843 标准已经发布了五个部分，分别如下。

（1）GB/T 15843.1—2017《信息技术 安全技术 实体鉴别 第 1 部分：总则》。

（2）GB/T 15843.2—2017《信息技术 安全技术 实体鉴别 第 2 部分：采用对称密码算法的机制》。

（3）GB/T 15843.3—2016《信息技术 安全技术 实体鉴别 第 3 部分：采用数字签名技术的机制》。

（4）GB/T 15843.4—2008《信息技术 安全技术 实体鉴别 第 4 部分：采用密码校验函数的机制》。

（5）GB/T 15843.5—2005《信息技术 安全技术 实体鉴别 第 5 部分：使用零知识技术的机制》。

实体鉴别应用模式包括单向鉴别和相互鉴别两种。单向鉴别是指使用该机制时两实体中只有一方被鉴别，相互鉴别是指两个通信实体运用相应的鉴别机制彼此进行鉴别。其中单向鉴别按照消息传递的次数，又分为一次传递鉴别和两次传递鉴别；相互鉴别根据消息传递的次数，分为两次传递鉴别、三次传递鉴别或更多次传递鉴别。如果采用时间戳或序号，则单向鉴别只需一次传递，而相互鉴别则需两次传递；如果采用随机数的"挑战 - 响应"方法，单向鉴别需两次传递，相互鉴别则需三次或四次传递（依赖于所采用的机制）。本小节主要对 GB/T 15843 中规定的采用对称密码算法、采用数字签名和采用密码校验函数的无可信第三方的单向鉴别机制进行介绍，关于其他鉴别机制请参阅该标准。

一次传递鉴别只需要进行一次消息传递过程。一次传递的单向鉴别机制如图 6.3 所示，身份声称者 A 向验证者 B 发送能证明自己身份的 Token，由验证者 B 进行鉴别。为了防止重放攻击，一次传递鉴别的 Token 中应当包含时间戳 $T_A$ 或序列号 $N_A$。

图6.3　一次传递的单向鉴别机制

#### 1. 采用对称密码算法

在采用对称密码算法的实体鉴别机制中，声称者 A 通过表明他知道某秘密鉴别密钥证实其身份。鉴别时，声称者 A 使用秘密密钥 $K_{AB}$ 加密特定数据，与声称者 A 共享该密钥的验证者 B 将加密后的数据解密，从而验证声称者 A 的身份。

声称者 A 发送的 Token 的形式为：TokenAB=Text2 $\|\ e_{K_{AB}}(\begin{smallmatrix}T_A\\N_A\end{smallmatrix}\|\ B\ \|\ \text{Text1})$，其中 $f_K(M)$ 表示使用密钥 $K$ 对消息 $M$ 进行加密。Token 是否包含可区分标识符 $B$ 是可选的，Token 中的 Text1 内容可以与 Text2 相同，也可以是声称者 A、验证者 B 预共享的，如预留信息。验证时，验证者 B 将加密部分解密并检验可区分标识符 $B$（如果有）及时间戳或序号的正确性。

### 2. 采用密码校验函数

CBC 模式的分组密码算法和带密钥的杂凑算法（HMAC）是常用的密码校验函数。鉴别时，声称者 A 使用秘密密钥 $K_{AB}$ 和密码校验函数对指定数据计算密码校验值，与声称者 A 共享该密钥的验证者 B 重新计算密码校验值并与收到的值进行比较，从而验证声称者 A 的身份。

声称者 A 发送的 Token 的形式为：TokenAB=$\begin{smallmatrix}T_A\\N_A\end{smallmatrix}\|\ \text{Text2}\ \|\ f_{K_{AB}}(\begin{smallmatrix}T_A\\N_A\end{smallmatrix}\|\ B\ \|\ \text{Text1})$，其中函数 $f_K(M)$ 表示使用密钥 $K$ 计算消息 $M$ 的密码校验值。验证时，验证者 B 根据时间戳或序号，重新计算校验值 $f_{K_{AB}}(\begin{smallmatrix}T_A\\N_A\end{smallmatrix}\|\ B\ \|\ \text{Text1})$，并与 Token 中的密码校验值进行比较。

### 3. 采用数字签名技术

在采用数字签名技术的实体鉴别机制中，声称者 A 通过表明它拥有某个私有签名密钥证明其身份。鉴别时，A 使用其私钥 $d_A$ 对特定数据进行签名，任何实体都可以使用声称者 A 的公钥进行验证。

声称者 A 发送的 Token 的形式为：TokenAB=$\begin{smallmatrix}T_A\\N_A\end{smallmatrix}\|\ B\ \|\ \text{Text2}\ \|\ S_{d_A}(\begin{smallmatrix}T_A\\N_A\end{smallmatrix}\|\ B\ \|\ \text{Text1})$，其中函数 $S_d(M)$ 表示使用私钥 $d$ 对消息 $M$ 进行签名。作为可选项，声称者 A 还可以将自己的公钥证书与 Token 一同发送给验证者 B。验证时，验证者 B 根据时间戳或序号，利用声称者 A 的公钥对签名结果进行验证。

## 6.2 公钥密码基础设施

PKI 是 Public Key Infrastructure（公开密钥基础设施）的缩写，结合公钥概念和技术实施，支持公开密钥的管理并提供真实性、保密性、完整性及不可否认性安全服务的具有普适性的安全基础设施。

PKI 主要解决公钥属于谁的问题。值得强调的是，所说的公钥属于谁，实际上是指谁拥有与该公钥配对的私钥，而不是简单的公钥持有。确认公钥属于谁是希望确认谁拥有对应的不能公开的私钥。通过数字证书，PKI 可以很好地解决这个问题。

## 6.2.1 数字证书和数字证书认证系统

数字证书是PKI最核心的元素，也称公钥证书，由证书认证中心（Certification Authority，CA）签发。在证书中包含公开密钥持有者信息、公开密钥、有效期、扩展信息及由CA对这些信息进行的数字签名。由于证书上带有CA的数字签名，用户可以在不可靠的介质上缓存证书而不必担心被篡改，可以离线验证和使用，不必每一次使用都向资料库查询。

PKI的核心技术就是围绕数字证书的申请、颁发、使用与撤销等整个生命周期展开的。

### 1. 数字证书认证系统基本结构

数字证书认证系统一般包括CA、注册机构（Registration Authority，RA）、密钥管理系统（Key Management System，KMS）等相关组件。证书认证系统基本结构如图6.4所示。

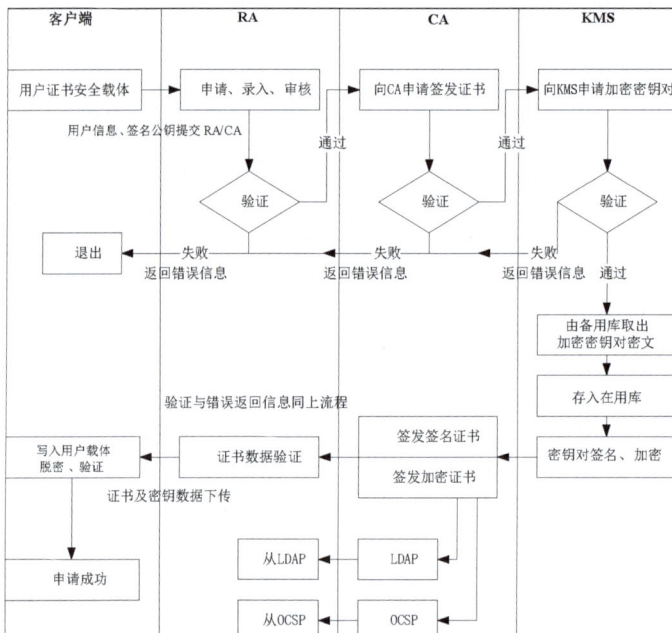

图6.4　证书认证系统基本结构

（1）CA

CA是负责确定公钥属于谁的组件，所以CA必须得到大家的信任才能充当这样的角色，而且确定公钥属于谁的技术手段也必须是可靠的。首先，CA要能够满足用户的安全需要。其次，CA通过证书方式为用户提供公钥的拥有证明，而这样的证明可以被用户接受。

在用户验证公钥归属的过程中，有数据起源鉴别、数据完整性和非否认性的安全要求。CA的公钥证明必须实现这些安全要求才能够为用户所接受。首先，无论用户获得公钥的途径是什么，他必须确定信息最初始的来源是可信的CA，而不是其他的攻击者。其次，要保证在获得信息的过程中，信息没有被篡改、是完整的。最后，公钥的拥有证明是不可否认的，即通过证书验证都能够确保 CA 不能否认它提供了这样的公钥拥有证明。在 PKI 中，CA 也具有自己的公私密钥，对每一个"公钥证明的数据结构"进行数字签名，实现了公钥获得的数据起源鉴别、数据完整性和非否认性。用于公钥证明的数据结构，就是数字证书。

CA 是数字证书认证系统中的通信双方都信任的实体，被称为可信第三方（Trusted Third Party，TTP）。CA 作为可信第三方的重要条件之一就是 CA 的行为具有非否认性。作为第三方而不是简单的上级，就必须能让信任者有追究责任的能力。CA 通过证书证实他人的公钥信息，证书上有 CA 的签名。用户如果因为信任证书而导致了损失，证书可以作为有效的证据用于追究 CA 的法律责任。正是因为 CA 愿意给出承担责任的承诺，所以也被称为可信第三方。在很多情况下，CA 与用户是相互独立的实体。CA 作为第三方的服务提供者，有可能因为服务质量问题（发布的公钥数据有错误）而给用户带来损失。

证书中绑定了公钥数据、和相应私钥拥有者的身份信息，并带有 CA 的数字签名。证书中也包含了 CA 的名称，以便于依赖方找到 CA 的公钥、验证证书上的数字签名。CA 签发证书如图 6.5 所示。

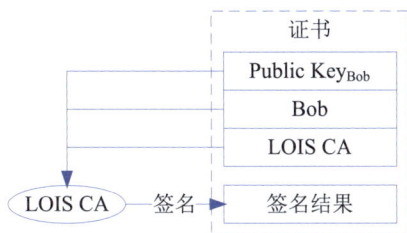

图6.5　CA签发证书

验证证书的时候，需要得到 CA 的公钥。用户的公钥可以通过证书证明，CA 的公钥可以再让另一个 CA 发送证书，但最终总有一个 CA 的公钥的获得过程缺乏证明。CA 不多，可以通过广播、电视或报纸等公开权威的媒介，甚至通过发布红头文件的方式公告 CA 的公钥。

公告 CA 的公钥可以有多种形式，为了兼容程序的处理，人们一般也以证书的形式发布 CA 的公钥。CA 给自己签发一张证书，证明自己拥有这个公钥，这就是自签名证书。CA 自签名证书如图 6.6 所示。

图6.6　CA自签名证书

与末端实体的证书不一样，在尚未确定 CA 公钥时，CA 自签名证书其实不是真正的数字证书，而仅仅是拥有证书形式的一个公钥。所以 CA 自签名证书必须通过可信的途径获取。例如，任何人都可以产生一对公私密钥对，并声称自己就是 LOIS CA，然后签发一张自签名证书、并通过网络随意传播。CA 自签名证书可以通过权威媒体或面对面 USB 硬盘等进行传输。

用户拥有 CA 自签名证书之后，就可以离线地验证所有其他末端用户证书的有效性，获得其他实体的公钥、进行安全通信。

（2）RA

CA 应该确保证书上信息的真实有效，在签发证书之前，必须进行各种操作。

① 验证申请者提交的公钥数据。首先，CA 必须保证申请者拥有相应的私钥；其次，CA 还需要对公钥进行其他方面的检查，包括密钥安全强度（密钥长度太短、密钥使用期太长、密钥种子不合格）、密钥托管和恢复（私钥必须备份，防止私钥丢失后机密信息无法阅读）、算法（要求用户尽可能使用常见的算法）等。

② 对申请者进行身份验证，确定身份信息无误。首先，CA 必须确定申请者就是（即将签发的）证书所标识的实体，或者申请者有足够权限代替其他人申请证书。其次，身份信息中的各方面内容（姓名、单位和证件号码等），都需要进行认真的检查。

③ 检查申请者希望在证书中出现的其他信息。除身份标识外，申请者可能希望在证书中附加上其他的属性信息（职务、电子邮件地址、IP 地址、DNS 域名等），CA 也需要验证其真实性。

④ 其他方面的检查。例如，用户的缴费情况、合同签订情况、犯罪记录等。

⑤ 订户信息管理。在很多场合，持有证书的末端实体也经常被称为 PKI 订户。当 CA 的订户规模较大时，会有繁重的订户信息管理。例如，维护订户的联系电话、邮编地址，以便将来 CA 可以回访客户、征求意见以提高服务质量、催缴费用等；向订户定期发送其他的服务信息，包括软硬件设备的使用手册和更新说明、新开发的 PKI 应用系统介绍等。

上述的信息检查和管理，涉及多方面的内容，通常是比较繁重的任务，而且有时候还需要实时在线通信。例如，与申请者通信、与申请者的上级部门核对信息、向 IP 地址分配机构确认信息等。

所以，通常数字证书认证系统中都会设计 RA，作为 CA 与申请者的交互接口，专门负责各种信息的检查和管理工作。只有在对申请者的各种检查都通过之后，RA 才会将信息发送给 CA，要求 CA 签发证书。

在信息检查和管理中，一般都会需要有大量的人工参与（多层次的审核操作、核对电子信息与纸质文档、与其他的权威机构联系等），RA 系统还必须提供友好完善的操作界面、用户接口。

（3）KMS

数字证书认证系统是面向大规模用户的、基于公钥密码算法的安全系统。所以，在系统中会有大量的密钥管理工作。

密钥管理也是系统需要解决的问题，包括密钥的生成、备份、托管和恢复。

① 在生成密钥时，一般都需要有可靠的随机数产生源，但是用户通常并不具备专用

的随机数产生设备。数字证书认证系统应该能够为用户安全地生成密钥。

② 利用 PKI 加密存储文件、实现机密性时，就应该考虑密钥的备份和恢复。否则，当密码设备无法使用（密钥被错误地销毁、密码设备损坏、人员调动、忘记口令等）时，被加密的重要资料就无法解密、无法阅读。

③ 密钥托管也是需要考虑的问题。世界上许多国家对于加密通信技术的使用，都有相应的法律限制。一般而言，基于获取犯罪证据、保障公共安全的考虑，政府希望监控加密通信技术、托管用户的通信密钥。在符合法律要求的情况下，权威的执法机构就可以解密用户的通信数据。

密钥管理系统就是为了满足上述的需求，在数字证书认证系统中引入的组件。密钥管理系统为其他实体提供专门的密钥服务，包括生成、备份、恢复、托管等多种功能。

### 2. 数字证书和数字证书生命周期管理

证书的"生命周期"从证书的起始时间开始，证书随之进入有效状态，在有效状态下的证书可以进行各种操作，生命周期的结束是当前时间进入了数字证书的失效日期或者是数字证书遭到撤销，这都使得数字证书进入无效阶段。

数字证书的各项操作是数字证书认证系统正常运转的基础。本节把证书的各种操作归纳为五个方面：证书的产生操作（密钥生成，提交申请，审核检查和证书签发）、证书的使用操作（证书获取，验证使用和证书存储）、证书的撤销、证书的更新及证书的归档。

（1）数字证书格式

《基于 SM2 密码算法的数字证书格式规范》规定了数字证书格式和撤销列表的基本结构。该标准适用于指导各 PKI/CA 厂商研发具有统一规范的 SM2 证书应用安全产品，实现证书应用安全标准化和统一性。

数字证书具有以下特性。

① 任何能够获得和使用认证机构公钥的用户都可以恢复认证机构所认证的公钥；

② 除了认证机构，没有其他机构能够更改证书，证书是不可伪造的。

由于证书是不可伪造的，所以可以将其放置在目录中发布，而不需要特意保护它们。

CRL 是 CA 对撤销的证书而签发的一个列表文件，该文件可用于应用系统鉴别用户证书的有效性。CRL 遵循 X.509V2 标准的证书撤销列表格式。

标准采用 GB/T 16262 系列标准的特定编码规则（DER）对证书项中的各项信息进行编码，组成特定的证书数据结构。ASN.1 DER 编码系统是关于每个元素的标记、长度和值的编码系统。

证书数据结构由基本证书域（tbsCertificate），签名算法域（signatureAlgorithm）和签名值域（signatureValue）三个域构成。

① tbsCertificate 域包含了主体名称和颁发者名称、主体的公钥、证书的有效期及其他的相关信息。

② signatureAlgorithm 域包含证书签发机构签发该证书所使用的密码算法的标识符。该域的算法标识符必须与 tbsCertificate 中的 signature 标识的签名算法项相同。签名算法必须采用 SM2，其算法标识符为 1.2.156.10197.1.301。

③ signatureValue 域包含了对 tbsCertificate 域进行数字签名的结果。采用 ASN.1 DER 编码的 tbsCertificate 作为数字签名的输入，而签名的结果则按照 ASN.1 编码成 BIT STRING 类型并保存在证书签名值域内。

数字证书格式如图 6.7 所示。

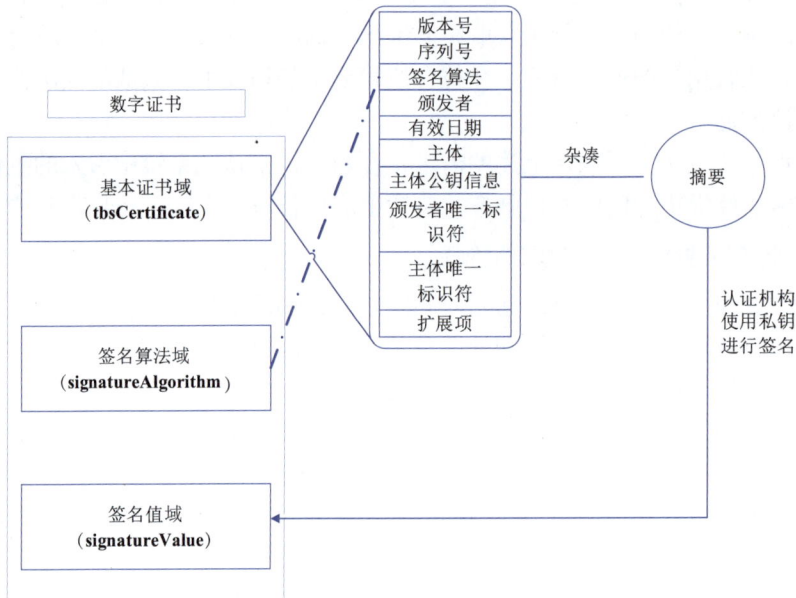

图6.7　数字证书格式

数字证书允许定义标准扩展项和专用扩展项，每个证书中的扩展项可以定义成关键性的和非关键性的。

遵循本标准的 CA 必须支持密钥标识符、基本限制、密钥用法和证书策略等扩展，如果 CA 签发的证书中的主体项为空序列，该 CA 就必须支持主体可替换名称扩展。其他的扩展是可选的。CA 还可以支持本标准定义之外的其他扩展。证书的颁发者必须注意，如果这些扩展被定义为关键的，则可能会给互操作性带来障碍。

遵循本标准的应用必须至少能够识别密钥用法、证书策略、主体替换名称、基本限制、名称限制、策略限制和扩展的密钥用法。另外，本标准建议还能支持认证机构和主体密钥标识符及策略映射扩展。

（2）数字证书生命周期

① 证书的产生

证书的产生包括两个步骤：提交证书申请材料、CA 审核（有时由 RA 进行审核）并签发证书。该部分将介绍证书产生涉及的主要流程。

密钥对生成：证书申请者首先使用 SM2 非对称密钥密码算法生成一个公私密钥对。此公钥应包含在申请材料中，如申请成功，CA 所颁发的数字证书中将把此公钥和申请者的个人信息绑定。

提交申请：证书的申请者向 CA 或者 RA 提交申请材料。CA 公司一般会提供在线或者离线的提交方式以供选择。在线方式是指用户通过互联网等登录到用户注册管理系统申请证书。离线方式是指用户到指定的注册机构申请证书。

审核检查：CA（或被授权的 RA）应对申请材料进行相应的审核，目的是判断资料的真实性和审定可签发的数字证书种类。

签发：证书签发可进一步细分成证书的签署和证书的发布。

② 证书的签署

CA 首先按照数字证书的标准格式（采用《基于 SM2 密码算法的数字证书格式规范》）组合出证书所需的各项数据内容，然后用自己的私钥对这些数字内容进行签名，并在数据内容后附上签名结果。这些反映公钥和身份的内容及 CA 的签名结果组合在一起就构成了证书。

CA 在创建证书的各项内容时可能会改变申请者的某些申请要求，CA 还可能会设定一些申请者没有设定的内容。例如，CA 出于安全考虑会把证书的有效期缩短，还可能加上一些证书扩展等。

CA 在组合数字证书的内容时，会给申请者一个唯一的命名，该命名称为 DN。CA 对命名空间有统一的规定。例如，"张三"向中国 AAA 银行请求一份数字证书，在其最终得到的数字证书的 DN 中，除订户名"张三"外，前端会被依次添加上"中国""中国金融 CA""AAA 银行""客户"等限定词。使用命名空间，可以保证命名的唯一性，同时良好的命名规则可以使 CA 在目录的结构管理方面非常方便，可以方便 CA 生成的易于管理的目录结构。

③ 证书的发布

CA 签署证书后就应把证书公开发布，供各依赖方使用。CA 公司会给申请者本人发送其获得的数字证书，同时 CA 也会把该证书放入数字证书资料库中供其他人获取。数字证书发布的方式相对灵活，可以在线发布和离线发布。由于数字证书的公开性质，所以数字证书的发布不用考虑采用保密通道。

④ 证书的使用

签发证书的目的是得到一个可用的证书，并能在各种应用或者服务中被顺利地使用起来。

a. 证书的获取

根证书的获取：根 CA 证书是一种自签名的证书，订户在拿到一份根 CA 的证书后，无法通过 PKI 系统的技术手段对其进行验证。用证书上所标识的公钥验证证书上的签名是没有意义的，因为所有人都可以伪造这样一份证书，都可以通过这样的验证，所以根证书的获取只能采用带外方式。

订户证书的获取：订户证书的获取一般不采用带外方式。依赖方可以从 CA 的数字证书资料库获取证书，也可以是证书的持有者通过其他途经径发送给依赖方，且不用担心传输通道的安全性。CA 的数字证书资料库也应该提供多种发布或者获取的方式，如 FTP、WEB 及 X.500 目录等。

b. 验证使用：数字证书存在的目的是能被用来验证该公钥确实属于证书持有者。数字证书的验证不是简单的一步操作，而是一个复杂的流程。这个流程牵涉很多份证书的验证操作，直到信任路径的终点。用户为了对证书进行验证，必须从 CA 证书中获取 CA 公钥等信息。这就引出了一个新问题：如何确保 CA 证书的有效性？同样需要对 CA 证书进行验证。如此看来，为了验证证书，需要验证 CA 的证书；为了验证 CA 证书，又需要验证 CA 的上级 CA 的证书……这个过程一直到用户的信任锚为止（信任锚是指用户信任的起点，对它的信任不是通过信任传递而得到的，可能是通过行政命令、软件预装、合同关系、用户自主决定等方式引入）。这样，用户就得到了一个需要验证的证书链。证书链的一端是用户信任锚，另一端是需要验证的证书。这个证书链通常被称为证书认证路径。在实际使用中，这些复杂的流程都是由 PKI 系统自动完成的，不需要用户操心。数字证书验证流程如图 6.8 所示。

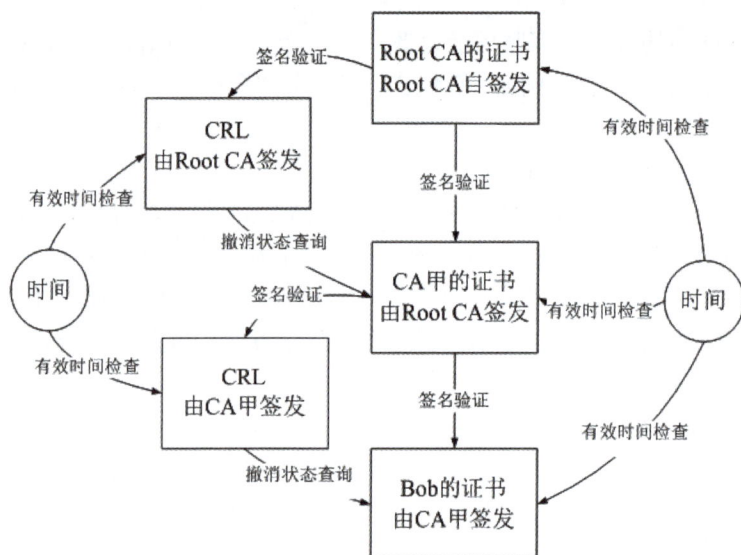

图6.8　数字证书验证流程

　　c. 证书的存储：CA 给订户签发了数字证书后会给订户发送生成的证书，订户将证书存储在本地以便日后使用。主要的使用形式就是直接发送给其他实体，供其鉴别自己的身份。除数字证书在本地的存储外，订户的私钥也将存储在本地，以便签名或者解密等。不同于其他实体证书的存储，自己的私钥具有机密性的要求，必须在本地以安全的形式存储。一般来说，可以用口令保护、硬件设备保护、对称加密保护的方式保障私钥在本地的存储安全。

　　⑤ 证书的撤销

　　数字证书的"生命"不一定会持续到失效日期。当订户个人身份信息发生变化或订户私钥丢失、泄露或者疑似泄露时，证书订户应及时地向 CA 提出证书的撤销请求，CA 也应及时地把此证书放入公开发布的证书撤销列表（Certificate Revocation List，CRL）。证书的撤销也表示了证书生命的终结。

　　CRL 中列举着所有在有效期内但被撤销的数字证书。

　　证书撤销的流程如下。

a. 订户或者其上级单位向 RA 提出撤销请求。

b.RA 审查撤销请求。

c. 审查通过后，RA 将撤销请求发送给 CA 或者 CRL 签发机构。

d.CA 或者 CRL 签发机构修改证书状态，并签发新的 CRL。

常用的证书撤销状态发布方式还有在线证书状态协议（Online Certificate Status Protocol，OCSP），该协议为依赖方提供对证书状态的实时在线查询。依赖方不用检查证书撤销列表而是向证书状态查询服务器在线询问某证书的状态。

⑥ 证书的更新

为确保各方面信息的准确，证书的初始申请过程是非常复杂的，需要检查很多信息。此外，数字证书都有有效期的限制，那么订户在数字证书即将过期的时候就需要一份新的证书。如果此时重新完成一次初始申请时的申请过程，订户需要重新收集自己的各种信息，CA 也同样需要重复审核。这在大多数情况下看来显然不是一个很明智的方法。因此，一种安全快捷的方式就应该在合适的情况下，尽可能地省略一些流程，尽可能地复用已有的信息，使得 CA 能够尽快地签发新的证书。这种正常状态下仅更换有效期或更换密钥的过程就是证书更新。

证书的更新必然需要 CA 签发一份新的证书，但是此时的审核签发过程和订户第一次申请时是不同的。在需要更新时，证书订户已经在初始申请时经过了 CA 的各项审核，此时证书订户的目的仅是希望获得一个失效期更晚的证书，并继续享受 PKI 系统的服务，那么 CA 完全可以不对此证书订户的身份信息进行审核。CA 此时需要生成的新证书的主要内容跟现有证书相比基本一样，甚至沿用现有的公钥，不同之处仅在于序列号及生效和失效日期。而证书第一次的产生操作中，由于对申请人认知的空白，需要申请人通过各种形式提供所需的身份证明材料，且提供能够进行 POP 检查的公钥，再经过严格审查才能提供相应级别的证书。可见，证书的更新操作和证书的初始产生操作最大的不同就在于审核过程。

订户要进行证书的更新操作，需要满足以下条件。

a. 订户现持有一份尚且有效的证书。

b. 该证书绑定的公钥所对应的私钥不存在泄露等安全问题。

c. 新请求仅是要求延后失效日期或更换一对密钥。

CA 在收到了满足以上条件的订户证书更新请求时，可以进行非常简化的审核过程（或者完全省掉审核），直接利用原有证书的各项内容，仅需修改生效日期和失效日期，然后 CA 签名发布即可。

⑦ 证书的归档

PKI 系统所产生过的数字证书的总量大于当前有效的数字证书的总量。如果把 CA 所颁发的数字证书看作一个集合，而且把集合中元素的个数定义为该 CA 自建立以来所颁发的所有数字证书的个数。由于更新、撤销及新的证书签发，这个集合是不断膨胀的。证书的更新和撤销形成了一个非常活跃的动态形式，并造成了大量的无效（各种原因导致）证书。

PKI 系统不应马上放弃或者试图"忘记"这些已经失效的数字证书，反而应该存储和

"记住"这些已经失效的数字证书，也就是证书的归档。此外，CA 所发布的 CRL 信息，在这方面跟数字证书具有类似性，CRL 信息也具有活跃的动态变化性，假设 CA 每天发布一次 CRL，那么每天都会产生一个作废失效的 CRL。PKI 也应当对 CRL 采取类似于数字证书一样的归档操作。

PKI 系统希望提供有延续性的验证服务，那么必须通过归档实现。如果数字证书或者 CRL 在被更替后没有进行合适的归档处理，那么 PKI 系统很可能失去对过去的一些签名提供验证服务。

证书的归档没有固定的形式，但是它确实是必须的。PKI 系统必须支持对曾有数据的归档处理，以能在需要的时候为 PKI 系统依赖方找到所需要的旧的数字证书和 CRL 为原则。

综上所述，证书的归档来源于证书和 CRL 本身的动态变化性和 PKI 系统最核心服务的持续性要求。证书和 CRL 的动态变化性本身也是必须的，但是应该明确地意识到这两者的更替不应该是忘却性的更替，而应该是通过有迹可循的更替满足 PKI 系统的核心服务的持续可获得性。

（3）双证书体系

随着 PKI 向实用的方向发展，经典的单证书（公钥）/ 单私钥的体系已经不能满足需要，双证书（公钥）/ 双私钥的体系应运而生。

对于公钥密码学的很多种算法，密钥既可以用于加密应用，又可以用于签名应用。但是，一方面由于政府监控和订户自身的密钥恢复需求，要求私钥在订户之外得到备份。另一方面，数字签名应用的私钥保护需要，排斥对私钥的备份行为。作为同时满足加密和签名两方面看似矛盾的需求的解决方案，区分签名证书和加密证书的"双证书体系 PKI"得以引入。其中的订户同时具有 2 个私钥。

① 用于签名的私钥，根据电子签名法，由订户自己生成并专有掌握，对应的证书被称为"签名证书"。

② 用于加密的私钥，根据密码管理规定，由专门的可信机构（即密钥管理中心）生成并和订户共同掌握，用于密钥恢复，相应的证书被称为"加密证书"。

数字证书中通过设置 Key Usage 扩展字段，让用户知道证书中的公钥是否可以用来加密数据或验证签名。由于在双证书体系中，密钥的分工是强制性的，因此 Key Usage 扩展应为"关键扩展"，即扩展项中的 critical 字段必须设置为"TRUE"。这样，用户的系统处理双证书体系的证书时，不能忽略 Key Usage 扩展，如果应用系统不支持双证书体系的证书或不能识别此项扩展，则应判定该证书无效，不予使用。

PKI 通过数字证书解决密钥归属问题。数字证书也称公钥证书，在证书中包含公钥持有者信息、公开密钥、有效期、扩展信息及由 CA 对这些信息进行的数字签名。在 PKI 中，CA 也具有自己的公私钥对每一个"公钥证明的数据结构"进行数字签名，实现了公钥获得的数据起源鉴别、数据完整性和不可否认性。由于证书上带有 CA 的数字签名，用户可以在不可靠的介质上存储证书而不必担心被篡改，可以离线验证和使用，不必每一次使用都向资料库查询。

我国数字证书结构和格式遵循 GM/T 0015—2012《基于 SM2 密码算法的数字证书格式规范》标准，标准中采用 GB/T 16262 系列标准的特定编码规则（DER）对证书项中的各项信息进行编码，组成特定的证书数据结构。ASN.1 DER 编码系统是关于每个元素的标记、长度和值的编码系统。

## 6.2.2　数字证书认证系统相关标准规范

我国制定了一系列标准，以规范数字证书认证系统管理和证书使用，其中基础设施类标准包括 GM/T 0014《数字证书认证系统密码协议规范》、GM/T 0015《基于 SM2 密码算法的数字证书格式规范》、GM/T 0034《基于 SM2 密码算法的证书认证系统密码及其相关安全技术规范》，分别描述了证书认证和数字签名中通用的安全协议流程、数据格式和密码函数接口等内容；规定了数字证书和证书撤销列表的基本结构，对数字证书和证书撤销列表中的各项数据内容进行描述；规定了为公众服务的数字证书认证系统的设计、建设、检测、运行及管理规范。密码服务类标准包括 GM/T 0020《证书应用综合服务接口规范》，该标准主要为上层的证书应用系统提供简捷、易用的调用接口。密码检测类标准包括 GM/T 0037《证书认证系统检测规范》、GM/T 0038《证书认证密钥管理系统检测规范》、GM/T 0049《数字证书互操作检测规范》，分别规定了证书认证系统的检测内容与检测方法；规定了证书认证密钥管理系统的检测内容与检测方法；对数字证书格式和互操作检测进行规范。

下面结合相关标准分别对数字证书认证系统密码及其相关安全技术、数字证书格式进行详细介绍。

关于认证系统密码及其相关安全技术，我国于 2014 年发布 GM/T 0034《基于 SM2 密码算法的证书认证系统密码及其相关安全技术规范》标准，其目标是为实现数字证书认证系统的互联互通和交叉认证提供统一的依据，指导第三方认证机构的数字证书认证系统建设和检测评估，规范数字证书认证系统中密码及相关安全技术的应用，有利于相关检测机构对该类产品的规范化检测。

该标准结合了国内已鉴定通过的产品的具体情况，在国家密码管理政策的指导下，推广国产密码算法的应用，加强与第三方认证机构的互联互通。

标准规定了基于 SM2 密码算法的数字证书认证系统的密码及相关安全的技术要求，包括证书认证中心、密钥管理中心，密码算法、密码设备及接口等。

### 1. 证书认证系统

标准中第 5 章介绍了证书认证系统的设计细节，包括系统的总体设计和各子系统设计，并提供了设计原则及各个子系统的实现方式。第 8 章从系统、安全、数据备份、可靠性、物理安全、人事管理制度等方面规范了证书认证中心的建设。第 10 章从人员管理、业务运行管理、密钥分管、安全管理、安全审计、文档配备等方面对证书认证中心的运行管理要求进行了规范。

标准中明确规定证书认证系统必须采用双证书机制，每个用户拥有两张数字证书，一张用于数字签名，另一张用于数据加密。用于数字签名的密钥对可以由用户利用具有密码运算功能的证书载体产生；用于数据加密的密钥对由密钥管理中心产生并负责安全管理。签名证书和加密证书一起保存在用户的证书载体中。系统必须建设双中心（证书认证中心和密钥管理中心）。

证书认证系统在逻辑上可分为核心层、管理层和服务层，其中，核心层由密钥管理中心、证书/CRL 生成与签发系统、证书/CRL 存储发布系统构成；管理层由证书管理系统和安全管理系统构成；服务层由用户注册管理系统（包括远程用户注册管理系统）和证书 CRL 查询系统构成。证书认证系统的逻辑结构图如图 6.9 所示。

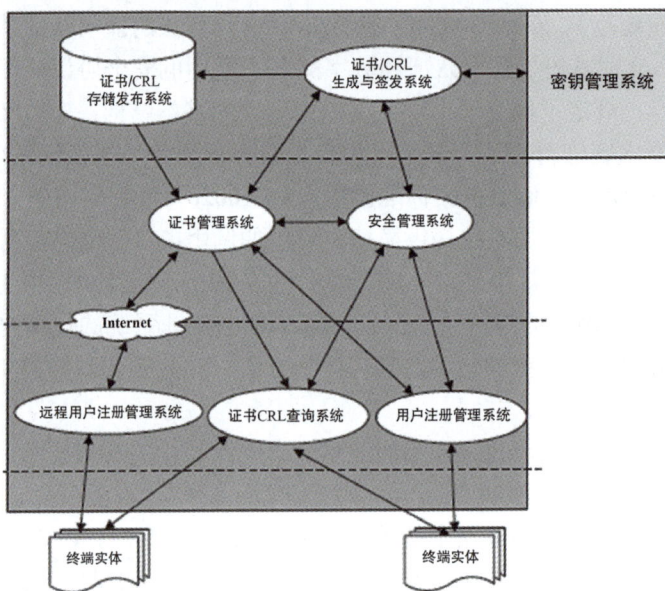

图6.9　证书认证系统的逻辑结构图

用户注册管理系统负责用户的证书申请、身份审核和证书下载，可分为本地用户注册管理系统和远程用户注册管理系统。

证书/证书撤销列表生成与签发系统负责生成、签发数字证书和证书撤销列表。

证书按主体对象可分为人员证书、设备证书和机构证书三种类型；按功能可分为加密证书和签名证书两种类型。

证书撤销列表分为用户证书撤销列表（CRL）和 CA 证书撤销列表（ARL）两类。在证书的使用过程中，应用系统通过检查 CRL/ARL，获取有关证书的状态。

关于数字证书和撤销列表的结构和格式参考 GM/T 0014《数字证书认证系统密码协议规范》和 GM/T 0015《基于 SM2 密码算法的数字证书格式规范》。

证书/证书撤销列表存储与发布系统负责数字证书、证书撤销列表的存储和发布。根据应用环境的不同，证书/证书撤销列表存储与发布系统应采用数据库或目录服务方式，实现数字证书/证书撤销列表的存储、备份和恢复等功能，并提供查询服务。使用目录服务方式，应采用主、从目录服务器结构以保证主目录服务器的安全，同时从目录服务器可以采用分布式的方式进行设置，以提高系统的效率。用户只能访问目录服务器。

证书状态查询系统应为用户和应用系统提供证书状态查询服务，包括。

（1）CRL 查询：用户或应用系统利用数字证书中标识的 CRL 地址，下载 CRL，并检验证书的有效性。

（2）在线证书状态查询：用户或应用系统按照在 RFC 6960 中定义的 OCSP 协议，实时在线查询证书的状态。

证书管理系统是证书认证系统中实现对证书 / 证书撤销列表的申请、审核、生成、签发、存储、发布、撤销、归档等功能的管理控制系统。

在实际应用中，可以根据具体情况采用上述两种查询方式之一或全部。

安全管理系统主要包括安全审计系统和安全防护系统。安全审计系统提供事件级审计功能，对涉及系统安全的行为、人员、时间等记录进行跟踪、统计和分析。安全防护系统提供访问控制、入侵检测、漏洞扫描、病毒防治等网络安全功能。

### 2. 密钥管理中心

对于密钥管理中心，第 6 章描述了密钥管理中心的组成模块，包括密钥生成、密钥管理、密钥库管理、认证管理、安全审计、密钥恢复和密码服务等模块。第 9 章从系统、安全、数据备份、可靠性、物理安全、人事管理制度等方面规范了密钥管理中心的建设。第 11 章从人员管理、业务运行管理、密钥分管、安全管理、安全审计、文档配备等方面对密钥管理中心的运行管理要求进行了规范。

密钥管理中心由密钥生成、密钥管理、密钥库管理、认证管理、安全审计、密钥恢复和密码服务等模块组成，密钥管理中心逻辑结构如图 6.10 所示。

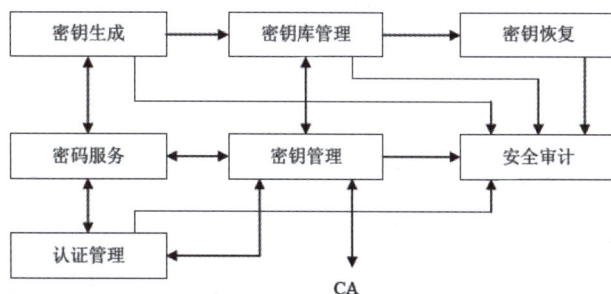

图6.10　密钥管理中心逻辑结构

密钥管理中心提供了对生命周期内的加密证书密钥进行全过程管理的功能，包括密钥生成、密钥存储、密钥分发、密钥备份、密钥更新、密钥撤销、密钥归档、密钥恢复等。

（1）密钥生成。根据 CA 的请求为用户生成非对称密钥对，该密钥对由密钥管理中心的硬件密码设备生成。

（2）密钥存储。密钥管理中心生成的非对称密钥对，经硬件密码设备加密后存储在数据库中。

（3）密钥分发。密钥管理中心生成的非对称密钥通过证书认证系统分发到用户证书载体中。

（4）密钥备份。密钥管理中心采用热备份、冷备份和异地备份等措施实现密钥备份。

（5）密钥更新。当证书到期或用户需要时，密钥管理中心根据 CA 请求为用户生成新的非对称密钥对。

（6）密钥撤销。当证书到期、用户需要或管理机构依据合同规定认为必要时，密钥管理中心根据 CA 请求撤销用户当前使用的密钥。

（7）密钥归档。密钥管理中心为到期或撤销的密钥提供安全长期的存储。

（8）密钥恢复。密钥管理中心可为用户提供密钥恢复服务和为司法取证提供特定密钥恢复服务。密钥恢复需依据相关法规并按管理策略进行审批，一般用户只限于恢复自身密钥。

### 3. 密码算法、密码设备及接口

标准第 7 章定义了证书认证系统和密钥管理中心使用的密码算法、密码设备和接口。

（1）密码算法

证书认证系统使用对称密码算法、非对称密码算法和密码杂凑算法等三类算法实现有关密码服务各项功能，其中，对称密钥密码算法实现数据加 / 解密以及消息认证；非对称密钥密码算法实现签名 / 验证以及密钥交换；密码杂凑算法实现待签名消息的摘要运算。证书认证系统使用的密码算法要求如下：

① 对称密码算法：采用国家密码主管部门批准使用的对称密码算法。

② 非对称密码算法：采用 SM2 算法。

③ 密码杂凑算法：采用国家密码主管部门批准使用的密码杂凑算法。

（2）密码设备

应采用国家密码主管部门批准使用的密码设备，包括。

① 应用类密码设备。在证书认证系统中提供签名 / 验证、数据加密 / 解密、数据摘要、数字信封、密钥生成和管理等密码作业服务。

② 通信类密码设备。用于在 KMC 与 CA 之间、CA 与 RA 之间加密和认证传输的数据。

③ 证书载体。具有数字签名 / 验证、数据加 / 解密等功能的智能密码钥匙等载体，用于用户的证书存储及相关的密码作业。

（3）密码服务接口

密码设备的接口遵循 GM/T 0018《密码设备应用接口规范》，智能密码钥匙的接口遵循 GM/T 0016《智能密码钥匙密码应用接口规范》，密码服务的接口遵循 GM/T 0019《通用密码服务接口规范》和 GM/T 0020《证书应用综合服务接口规范》。其中《证书应用综合服务接口规范》依托于《通用密码服务接口规范》，《通用密码服务接口规范》依托于《密码设备应用接口规范》和《智能密码钥匙密码应用接口规范》。

## 6.2.3 数字证书认证系统产品应用及服务

### 1. 认证系统产品应用

作为一种普适性的安全基础设施，认证系统应用非常广泛，能够在机密性、数据完整性、数据起源鉴别、身份鉴别和非否认服务方面为各种不同的应用系统提供安全服务，包括安全时间戳、安全电子邮件、IPSec、SSL/TLS、智能卡、银行、商务、政务等。

认证系统产品主要包括安全认证网关、身份认证系统、动态令牌认证系统、网管认证服务器、SSL加密认证系统、安全认证管理系统、签名认证服务器、密码服务与认证管理系统、用户认证服务器等。目前已有多款产品通过国家密码管理局安全性审查，获得《商用密码产品型号证书》。

## 2. 电子认证服务

2005年，《电子签名法》正式实施，明确了电子签名的法律效力，解决了电子签名、数据电文的合法性问题。根据《电子签名法》有关规定和国务院有关文件要求，国家密码管理局负责对第三方电子认证服务使用密码行为和电子政务、电子认证服务进行管理。

## 3. 第三方电子认证服务密码应用

《电子签名法》第十六条规定："电子签名需要第三方认证的，由依法设立的电子认证服务提供者提供认证服务。"《电子签名法》第七条规定了电子认证服务机构应具备的条件，其中第一款明确指出，电子认证服务机构应"具有国家密码管理机构同意使用密码的证明文件"。依据《电子签名法》《商用密码管理条例》等规定，国家密码管理局制定了《电子认证服务密码管理办法》，要求提供电子认证服务，应首先申请《电子认证服务使用密码许可证》，所需密钥服务由国家密码管理机构和省、自治区、直辖市密码管理机构规划的密钥管理系统提供。

办理《电子认证服务使用密码许可证》，应首先通过国家密码管理局组织的安全性审查和互联互通测试。其中，安全性审查主要是依据GM/T0034—2014《基于SM2密码算法的证书认证系统密码及其相关安全技术规范》，对拟开展电子认证服务的机构建设运营的证书认证系统的功能性能和安全措施进行审查；互联互通测试旨在检测各证书认证系统与国家电子认证信任源根CA的互联互通情况，以实现互认互证和互联互通的目的。截至2017年8月，已有45家第三方电子认证服务机构的电子认证服务系统通过了国家密码管理局的安全性审查，接入国家电子认证信任源根CA，取得《电子认证服务使用密码许可证》。

建设证书认证系统，一是应当遵循GM/T0034—2014《基于SM2密码算法的证书认证系统密码及其相关安全技术规范》；二是应当采用SM系列算法，选用取得《商用密码产品型号证书》的数字证书认证系统、密钥管理系统、服务器密码机、智能密码钥匙等密码产品。

## 4. 电子政务电子认证服务应用

电子政务电子认证服务是指电子政务服务机构采用密码技术，通过数字证书为各级政务部门开展社会管理和公共服务等政务活动提供电子认证服务。

根据《电子政务电子认证服务管理办法（试行）》规定，国家密码管理局负责电子政务电子认证服务活动的监督管理，各省、自治区、直辖市和中央国家机关有关部委密码管理部门按照国家密码管理局的统一要求，负责本地区本部门电子政务电子认证服务活动的监督管理工作。从事电子政务电子认证服务的机构，除应当依法取得《电子认证服务使用密码许可证》外，还应当通过国家密码管理局组织开展的电子政务电子认证服务能力评估，通过能力评估后列入《电子政务电子认证服务机构目录》。电子政务电子认证服务机构应当按照本机构发布的电子认证服务业务规则开展认证服务。电子政务信息系统应当根据业务需要采用电子认证服务，并遵循相应的密码标准规范。政务部门应当在《电子政务电子认证服务机构目录》中选择电子认证服务机构提供服务。截至 2017 年 8 月，全国已有 44 家相关机构通过服务能力评估，列入了电子政务电子认证服务机构目录。

### 5. 企业自建认证系统

企业在建设和健全自身的信息化系统时，由于网络技术的复杂性和诸多客观和主观因素，企业面临着很多的安全问题，主要体现在身份认证、信息机密性、信息完整性、信息抗抵赖等几个方面。为解决以上问题，很多企业选择在本地建设认证系统。

企业在使用 PKI 技术提供安全解决方案的时候侧重点是不同的，认证系统的建设模式也有所区别。目前认证系统建设模式主要分为两种：第三方托管型和自建型。

托管是指将认证系统的服务器远程托管在第三方机房，通过网络向企业内部提供证书服务的模式；自建是指企业在内部自行建设认证服务器，通过内部局域网实现本地访问的模式。

## 6.3　身份鉴别和管理框架

本节主要介绍 Kerberos、FIDO、OpenID 等比较成熟的身份鉴别和管理框架。

### 6.3.1　Kerberos协议

Kerberos 是一种计算机网络鉴别协议，它允许某实体在非安全网络环境下通信，向另一个实体以一种安全的方式证明自己的身份。它也指由 MIT 大学的 Athena 计划实现的 Kerberos 协议，并发布的一套免费软件。MIT 以源代码的形式提供 Kerberos，以使任何希望使用它的个人都可以检查代码并确保代码本身是可信的。Kerberos 的设计主要针对客户 - 服务器模型，并提供了一系列交互鉴别——用户和服务器都能验证对方的身份。Kerberos 协议可以保护网络实体免受窃听和重复攻击。

Kerberos 仅依赖于对称密码学而没有使用公钥加密体制，同时它需要一个值得信赖的第三方。Kerberos 共有 5 个版本，版本 1 到 3 都是 MIT 的内部开发版本。目前常用的 Kerberos 是版本 4 和版本 5。版本 4 是目前被广泛使用的版本，版本 5 改进了版本 4 中的安全性，并成为 Internet 标准草案（RFC 4120 和 RFC 4121）。本节主要对版本 4 的协议工作流程进行了详细的介绍。

### 1. 原理

首先考虑一个问题：一个秘密仅存在于 A 和 B 之间，那么现在有个人对 B 声称自己就是 A,B 通过让 A 提供这个秘密证明这个人就是他或她所声称的 A。其中存在三个问题：秘密如何表示？ A 如何向 B 提供秘密？ B 如何识别秘密？

Kerbero 鉴别涉及 Client 和 Server，他们之间的这个秘密是密钥 $K_{\text{Server-Client}}$，该秘钥由 Kerberos 协助建立。

Client 为了让 Server 对自己进行有效的鉴别，向对方提供如下两组信息。

（1）代表 Client 自身 Identity 的信息，为了简便，它以明文的形式传递。

（2）对 Client 的 Identity 使用 $K_{\text{Server-Client}}$ 作为密钥，采用对称密码算法进行加密。

只有 Client 和 Server 知道 $K_{\text{Server-Client}}$。被 Client 使用 $K_{\text{Server-Client}}$ 加密过的 Client Identity 只能被 Client 和 Server 解密。Server 通过使用 $K_{\text{Server-Client}}$ 对 Clint Identity 的密文进行解密，然后将解密后的数据与用户提供的身份进行比较。如果一致，则可以肯定对方就是他所声称的那个人。Kerberos 大体上就是按照这样的一个原理进行身份鉴别的。但是最终完整的协议会更加复杂。

### 2. 相关概念

在介绍完整的协议流程之前，先介绍几个重要的概念。

（1）长期密钥（Long-term Key/Master Key），也叫主密钥。顾名思义，它本质上就是一个长期保持不变的密钥。在实际使用时需要注意，被主密钥加密的数据尽量不在网络上传输，以防止暴力破解、分析等攻击。

（2）短期密钥（Short-term Key/Session Key），也叫会话密钥。会话密钥用来加密需要进行网络传输的数据。会话密钥只在一段时间内有效，即使被加密的数据包被黑客截获并破解成功，这个密钥也可能早就已经过期了，因此不会对用户的数据安全构成威胁。

（3）Kerberos Distribution Center-KDC，是一个 Client 和 Server 共同信任的第三方，它集中存放所有用户的用户名、口令，派生每个用户的主密钥，同时与每个服务器共享一个唯一的共享密钥，并负责分发用于 Client 和 Server 相互鉴别的会话密钥。

Client 向 KDC 发送一个请求，表明自己是某个 Client，需要获取一个会话密钥并访问某个 Server。KDC 接收请求，生成一个会话密钥，从用户数据库中分别提取 Client 和 Server 的主密钥对会话密钥，先使用 Client 的主密钥加密会话密钥，然后再使用 Sever 的主密钥加密 Client 信息（Client Info）和会话密钥（Session Key），并生成一个会话票据（Session Ticket，ST）。

### 3. Kerberos 的基本流程

Kerberos 实际上是一个基于 Ticket 的鉴别方式。鉴别的先决条件是 Client 向 Server 提供从 KDC 获得的一个由 Server 的主密钥进行加密的 ST。ST 包含 Session Key 和 Client Info,Session Ticket 是 Client 进入 Server 领域的一张门票，这张门票必须从一个合法的 Ticket 颁发机构获得，即 KDC。同时这张 Ticket 具有超强的防伪标识：被 Server 的主密钥加密。对 Client 来说，获得 ST 是整个鉴别过程中最为关键的部分。

上面只是简单地说明了 KDC 向 Client 分发 ST 的过程，实际分发过程更复杂。Client 在从 KDC 获得 ST 之前，需要有证据证明自己具有获得 ST 的权利。这个证据在 Kerberos 中被称为 TGT(Ticket Granting Ticket)。Client 需要先获得 TGT，而 TGT 的分发方仍然是

KDC。但 TGT 与具体 Server 无关：Client 可以使用一个 TGT 从 KDC 获得基于不同 Server 的 ST。

Kerberos 工作的基本流程如图 6.11 所示。

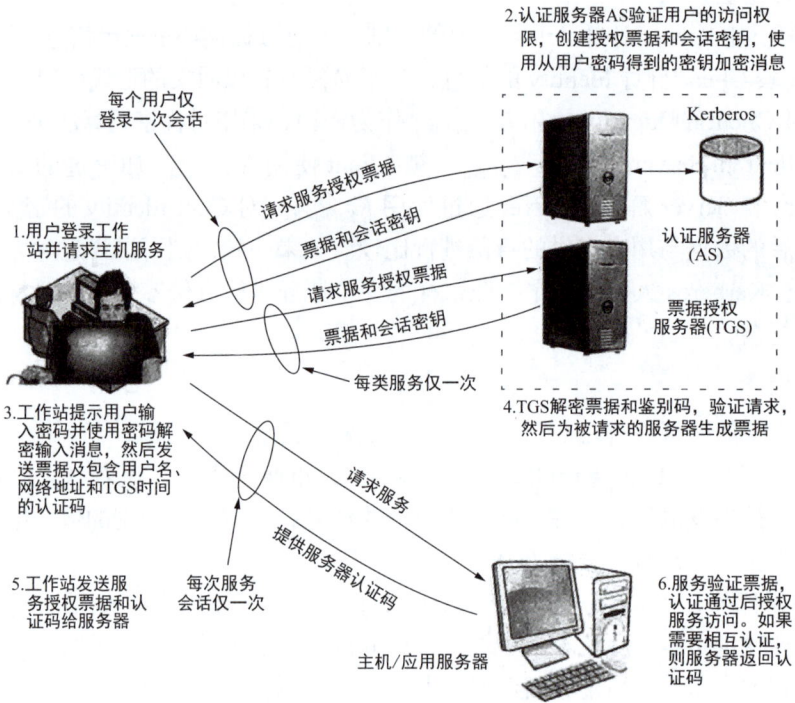

图6.11　Kerberos工作的基本流程

其中，KDC 负责鉴别和分发票据。这两个任务分别由 KDC 的两个服务器完成：认证服务器（AS）和票据授权服务器（TGS）。

Kerberos 协议工作的详细信息交换过程如图 6.12 所示。

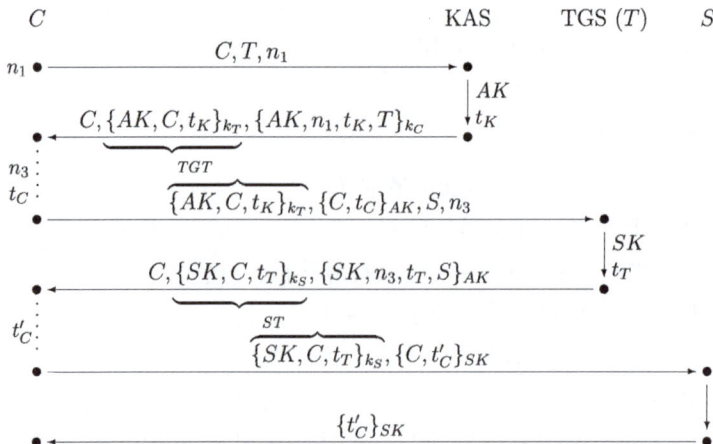

图6.12　Kerberos协议工作的详细信息交换过程

（1）认证服务交换

首先，Client 向 KDC 的认证服务发送 AS 请求 (KRB_AS_REQ)。KRB_AS_REQ 主要包含以下的内容。

① $n_1$：一个 nonce，即一个临时交互号，用于保证消息是刷新的，且未被攻击者使用。

② Client name & realm($C$)：用户名。

③ TGS Server Name($T$)：KDC 的 TGS 服务器名。

验证后，KAS 发送 AS 响应 (KRB_AS_REP) 给 Client，KRB_AS_REP 主要包含三个部分。

① $C$：用户名。

② TGT：使用 TGS 的主密钥 ($k_T$) 加密过的一系列信息。其中被加密的信息包括 KDC 和 Client 之间的会话密钥（AK），用户名（$C$）和 TGT 的有效期（$t_K$）。

③ 被 Client 的主密钥（$k_C$）加密过的 AK、$n_1$、$t_K$、$T$。

然后，Client 通过使用自己的主密钥解密第三部分，获得 AK。继而，Client 就可以带着 TGT 进入下一步：Ticket Granting Service Exchange。

（2）票据授权服务交换

首先，Client 向 TGS 发送 TG 请求 (KRB_TGS_REQ)，大体包含以下内容。

① TGT：Client 在认证服务交换阶段获得的 TGT，被 TGS 的主密钥（$k_T$）加密。

② 鉴别消息：证明当初 TGT 的拥有者就是自己，以 KAS 分发给自己的 $AK$ 进行加密。包含 $C$ 和时间戳 $t_c$。

③ $C$：用户标识，用户名。

④ $S$：应用服务器标识，是 Client 试图访问的应用服务器的名称。

⑤ $n_3$：一个 nonce。

TGS 收到 KRB_TGS_REQ 后，验证 Client 提供的 TGT 是否是 KAS 颁发的。在验证过程中，TGS 使用 TGS 的主密钥（$k_S$）解密 Client 提供的 TGT，获得 $AK$。使用获得的这个 $AK$ 解密认证器，并验证其中的 Client Info。验证后，TGS 向 Client 发送响应消息 (KRB_TGS_REP)，该消息由三部分组成。

① $C$：用户名。

② ST：由 Server 的 $k_S$ 对等一系列消息进行加密生成，被加密的消息包括 $SK$（用于 Client 和 Server 的会话密钥），$C$）及 ST 的有效期（$t_T$）。

③ 使用 $AK$ 加密过的 SK、$n_3$、$t_T$、$S$。

Client 收到 KRB_TGS_REP 后，使用 AK 解密 KRB_TGS_REP 的最后一部分，获得与 Server 之间的会话密钥 SK。有了 SK 和票据（ST），Client 就可以直接和 Server 进行交互，而无须 KDC 作为中间人。

（3）客户 / 服务器鉴别交换

协议的最后一部分是客户 / 服务器鉴别交换。Client 首先发送 KRB_AP_REQ 消息给 Server，这个消息中包含在票据授权服务交换阶段获取的 ST 和使用 SK 加密的鉴别消息。其中鉴别消息中包含 $C$ 和一个新的时间戳（$t_c$）。Server 接收到 KRB_AP_REQ 之后，首先使用自己的 $k_S$ 解密 ST，获得 SK。然后使用 SK 解密鉴别消息，验证 Client 的身份。如果验证成功，Server 允许 Client 访问其需要的资源，否则直接拒绝对方的请求。

## 6.3.2 FIDO快速身份验证

FIDO（Fast Identity Online）协议使用标准的公钥加密技术提供更强的身份验证。FIDO联盟正式成立于 2013 年 2 月，由 6 家创始人单位发起，分别是 PayPal、联想集团、Nok Nok Labs、Validity Sensors、Infineon 和 Agnitio。随着 FIDO 联盟的不断发展和壮大，除创立该联盟的成员外，各个细分市场的许多行业领导者也逐渐加入 FIDO，开始在设备中采用 FIDO 联盟推出的简单而安全的身份鉴别方法，消除设备对于口令的依赖。FIDO 联盟成员现已包括主流的软件平台供应商、金融领域依赖方信赖团体、领先的安全硬件供应商及顶尖的生物识别供应商等。截至 2016 年 4 月，已有来自包括高通、三星、LG、华为、谷歌、雅虎、夏普等 150 多种设备产品获得了 FIDO 官方认证。

2014 年 12 月，FIDO 联盟制定并发布了完整的 1.0 版无口令协议。FIDO 架构中有两个关键的协议：统一鉴别框架（Universal Authentication Framework，UAF）和通用第二因素（Universal 2nd Factor，U2F）。

UAF 允许在线提供无密码和多因素安全性。用户通过选择本地鉴别机制将设备注册为在线业务。例如，滑动手指、看相机、对着麦克风说话、输入 PIN 等。用户只需在需要对服务进行身份验证时重复本地身份验证操作即可。UAF 还允许结合多种身份验证机制（指纹和 PIN）进行鉴别。

U2F 允许在线为用户登录添加强大的第二因素增强其现有密码基础设施的安全性。用户和之前一样使用用户名和密码登录。该服务还可以在用户选择的任何时候提示用户出示第二台设备。强大的第二因素允许服务简化其口令（4 位 PIN）而不影响安全性。在注册和身份验证期间，用户只需按下 USB 设备上的按钮或点击 NFC 即可显示第二个因素。用户可以在所有支持该协议的在线服务中使用他们的 FIDO U2F 设备。

### 1. FIDO 的工作原理

FIDO 的工作原理如图 6.13 所示，在注册阶段有如下操作步骤。

① 系统提示用户选择与在线服务的接受策略相匹配的可用 FIDO 身份验证器。

② 用户使用指纹识别器、第二因素设备上的按钮、安全输入的 PIN 码或其他方法解锁 FIDO 鉴别器。

③ 用户的设备为本地设备、在线服务和用户账户创建一个新的公钥/私钥对。

④ 公钥被发送到在线服务，并与用户账户关联。私钥和任何关于本地鉴别方法的信息（生物特征测量或模板）都不会离开本地设备。

在登录阶段有如下操作步骤。

① 在线服务要求用户使用先前注册的符合服务接受策略的设备登录。

② 用户使用与注册时相同的方法解锁 FIDO 身份验证器。

③ 设备使用服务提供的用户账户标识符选择正确的密钥并对服务的挑战进行签名。

④ 客户端设备将签名的挑战发送回服务，服务使用存储的公钥对其进行验证，并登录用户。

注册阶段 　　　　　　　　　　　　　　　　登录阶段

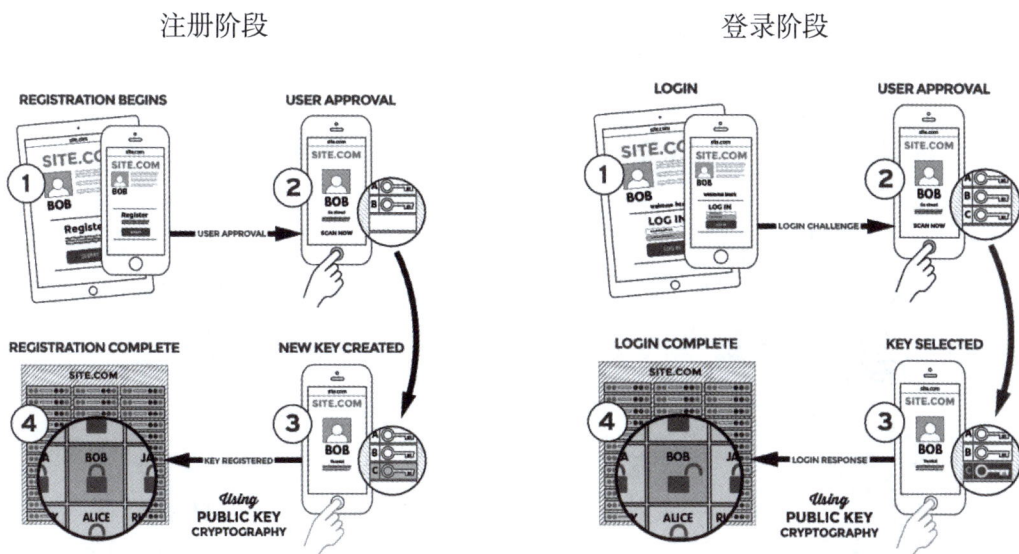

图6.13　FIDO的工作原理

### 2. UAF 架构

为了保护 FIDO UAF 客户端和 FIDO UAF 服务器之间的数据通信，FIDO UAF 客户端（用户代理）和所有协议元素的依赖方必须使用受保护的 TLS 通道。FIDO UAF 系统架构主要包括七个参与实体，分为 FIDO UAF 客户端和 FIDO UAF 服务器两大部分。FIDO UAF 客户端是实现 FIDO UAF 协议的重要组成部分，主要负责开发。

① 通过 FIDO UAF 鉴别器 API，使用 FIDO UAF 鉴别器抽象层协议 ASM(Authenticator-Specific Module) 与特定的 FIDO UAF 鉴别器交互。

② FIDO UAF 客户端与设备上的用户代理（一个手机应用、浏览器）进行交互，用户通过特定的用户代理接口与 FIDO UAF 服务器进行交互。

FIDO UAF 服务器实现 FIDO UAF 协议的服务器端部分，主要负责。

① 与依赖方服务器交互，然后通过用户代理（应用）将通信的 FIDO UAF 协议消息发送到 FIDO UAF 客户端。

② 管理已注册的 FIDO UAF 鉴别器与依赖方（应用服务提供方）用户账户的关联。

③ 评估用户身份、鉴别和交易、确认响应，进而决定他们的有效性。

FIDO UAF 鉴别器抽象层 ASM 提供统一的 API 给 FIDO 客户端，使支持 FID 的操作可以使用基于鉴别器的加密服务。抽象层提供统一的低层"鉴别器插件 API"，使得多个供应商的 FIDO UAF 鉴别器和所需的驱动器的部署更加容易。FIDO UAF 鉴别器是一个安全实体，连接或者封装在 FIDO 用户设备中，如内置在移动设备中的指纹传感器、内置在移动设备中的声音或面部验证器等。

### 3. FIDO UAF 协议工作流程

FIDO UAF 的工作流程主要包括：鉴别器注册，用户鉴别，安全交易确认，鉴别器撤销四部分。

FIDO UAF 协议的注册、鉴别、交易和撤销流程如图 6.14 所示。

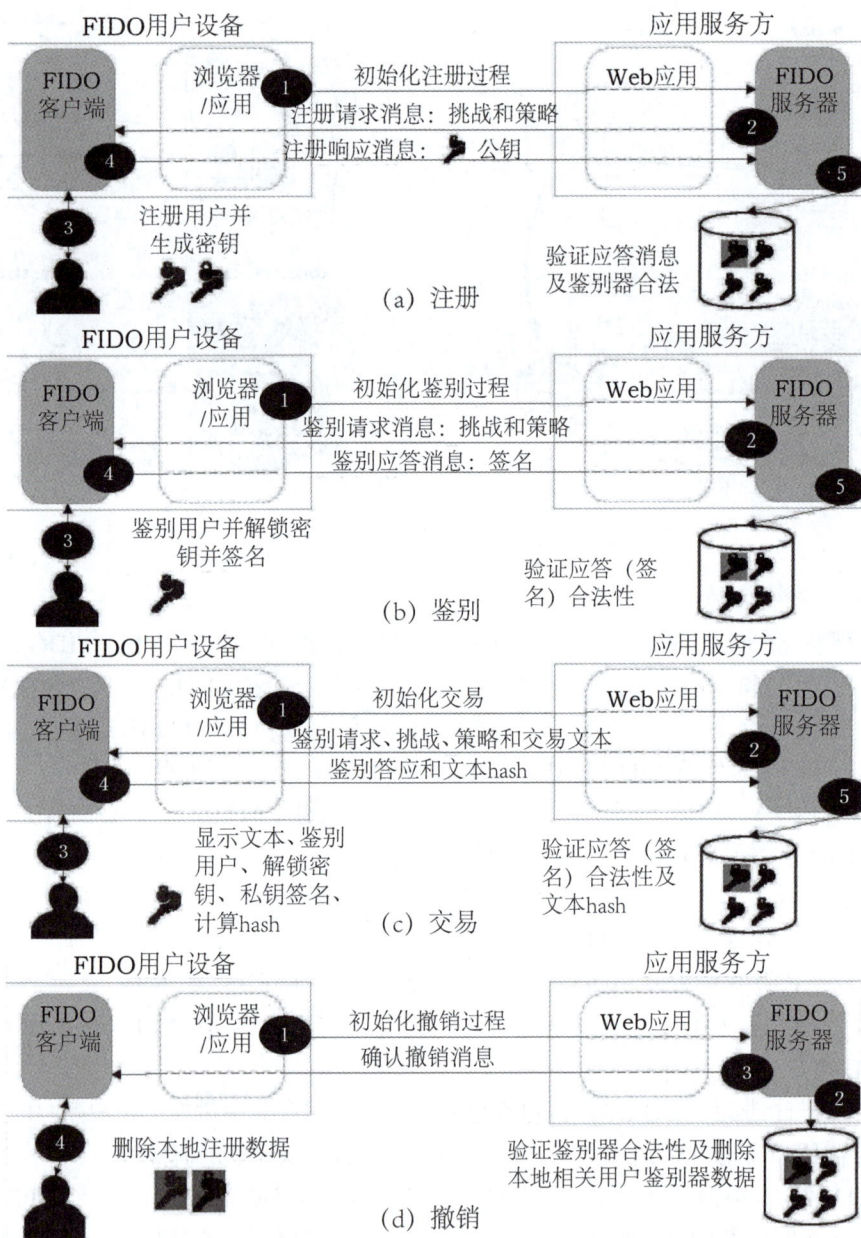

图6.14　FIDO UAF协议注册、鉴别、交易、撤销流程

在鉴别器注册阶段，FIDO UAF 协议允许应用服务方对与用户关联的鉴别器进行注册，应用服务方可以通过制定策略支持不同类型的鉴别器。在用户鉴别阶段，FIDO UAF 协议允许应用服务器根据之前注册的鉴别器对终端用户进行鉴别。在安全交易确认阶段，除了对用户进行鉴别，FIDO UAF 协议还具有向用户确认交易的能力。展示交易内容，使用户能够确认特定的交易信息。在鉴别器撤销阶段，用户可以通过应用触发撤销操作，删除

FIDO 服务器中与响应用户账户关联的密钥等信息。

FIDO UAF 方案的优势在于。

① 支持强鉴别和多因子鉴别：用户可以选择两种或两种以上的鉴别方式进行身份鉴别，增加安全性，防止非授权访问。

② 补充现有单点登录和身份联合方案：目前的身份管理方案（OpenID、SAML、Liberty等）通过单点登录或身份联合技术减少了对口令的依赖，但没有直接解决用户和依赖方的强鉴别需求。

③ 通用性：利用已有的开放标准，合理地创新，创建国际工业标准。

④ 安全性：协议部分不涉及用户用于鉴别的身份信息，避免了依赖方潜在的合谋攻击；会话采用 SSL\TSL 加密，有效抵御网络窃听；可以采用两个或多个鉴别方式进行组合鉴别。

⑤ 扩展性：两步鉴别方式，先由终端设备对用户进行鉴别，再由服务器验证设备，使得鉴别方式和鉴别协议相分离，可以通过扩展协议和 API 支持新的鉴别器、鉴别方法和鉴别协议，具有较高的扩展性和兼容性。

⑥ 可用性：鉴别协议统一，可以兼容多样化的鉴别方式，使得不同的鉴别方式可以采用同一身份鉴别服务器，降低系统成本。

## 6.3.3 OpenID协议

OpenID Connect(OIDC)，OIDC 为 Identity，Authentication 和 OAuth 2.0 的组合。它在 OAuth 2.0 上构建了一个身份层，是一个基于 OAuth 2.0 协议的身份鉴别标准协议。OAuth 2.0 是一个授权协议，它无法提供完善的身份鉴别功能，OIDC 使用 OAuth 2.0 的授权服务器能够为第三方客户端提供用户的身份鉴别，并把对应的身份鉴别信息传递给客户端，且可以适用于各种类型的客户端（服务器应用、移动 App、JS 应用），且完全兼容 OAuth 2.0，也就是说当搭建了一个 OIDC 后，也可以当作一个 OAuth 2.0 使用。OIDC 已经有很多的企业在使用，如 Google 的账号鉴别授权体系，Microsoft 的账号体系也部署了 OIDC，当然这些企业有的也是 OIDC 背后的推动者。除这些外，有很多各个语言版本的开源服务器组件，客户端组件等。

### 1. OIDC 主要术语

（1）EU：End User，表示一个人类用户。

（2）RP：Relying Party，用来代指 OAuth 2.0 中的受信任的客户端，身份鉴别和授权信息的消费方。

（3）OP：OpenID Provider，有能力提供 EU 身份鉴别的服务（OAuth 2.0 中的授权服务），用来为 RP 提供 EU 的身份鉴别信息。

（4）ID Token：JWT 格式的数据，包含 EU 身份鉴别的信息。

（5）UserInfo Endpoint：用户信息接口（受 OAuth 2.0 保护），当 RP 使用 Access Token 访问时，返回授权用户的信息，UserInfo Endpoint URL 必须使用 HTTPS 协议。

（6）Claim：指终端用户信息字段。

## 2. OIDC 的结构

OIDC 由多个规范构成，其中包含一个核心的规范，多个可选支持的规范提供扩展支持。OIDC 的组成结构图如图 6.15 所示。

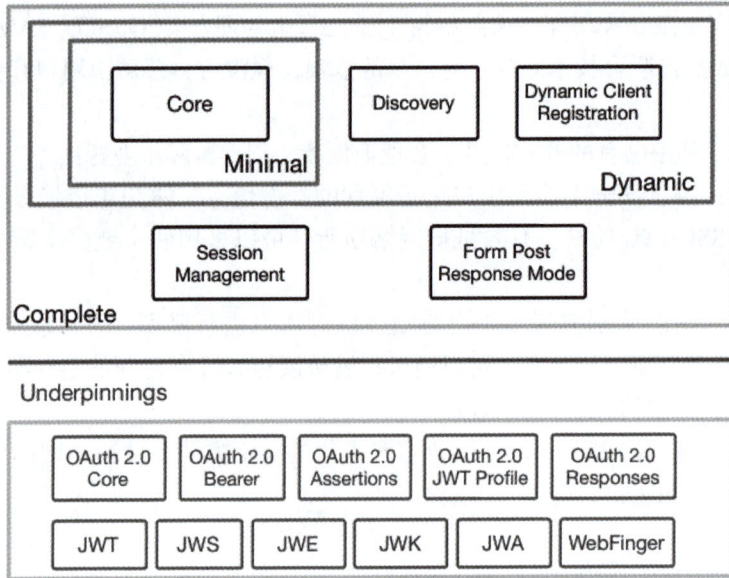

图6.15　OIDC的组成结构图

下面简要介绍 OIDC 的个别组成部分。

（1）Core：必选。定义 OIDC 的核心功能，在 OAuth 2.0 之上构建身份鉴别系统，以及如何使用 Claims 传递用户的信息。

（2）Discovery：可选。发现服务，使客户端可以动态地获取 OIDC 服务相关的元数据描述信息（支持哪些规范，接口地址是什么等）。

（3）Dynamic Client Registration：可选。动态注册服务，使客户端可以动态地注册到 OIDC 的 OP。

（4）OAuth 2.0 Response：可选。针对 OAuth 2.0 的扩展，提供了几种新的 response_type。

（5）OAuth 2.0 Form Post Response Mode：可选。针对 OAuth 2.0 的扩展，OAuth 2.0 回传信息给客户端是通过 URL 的 querystring 和 fragment 这两种方式，这个扩展标准提供了将数据 post 基于 form 表单的形式发给客户端的机制。

（6）Session Management：可选。Session 管理，用于规范 OIDC 服务如何管理 Session 信息。

（7）Front-Channel Logout：可选。基于前端的撤销机制，使得 RP（可以不使用 OP 的 iframe 退出）能够直接完成撤销。

（8）Back-Channel Logout：可选。基于后端的撤销机制，定义了 RP 和 OP 如何通信进而直接完成撤销。

除介绍的 8 个组成部分外,还有其他的正在制定中的扩展。Core 是 OIDC 的核心规范,本节主要关注 Core。

### 3. OIDC 的核心概念

OAuth 2.0 提供了 Access Token 解决授权第三方客户端访问受保护资源的问题。OIDC 在这个基础上提供了 ID Token 解决第三方客户端标识用户身份鉴别的问题。OIDC 的核心在于在 OAuth 2.0 的授权流程中,需要提供用户的身份鉴别信息(ID Token)给第三方客户端,ID Token 使用 JWT 格式包装,得益于 JWT(JSON Web Token)的自包含性,紧凑性及防篡改机制,使得 ID Token 可以安全地传递给第三方客户端程序并且容易被验证。

(1)OIDC 的工作流程如图 6.16 所示,OIDC 的工作流程由以下 5 个步骤构成。

① RP 发送 Authn Request 给 OP。

② OP 对 EU 进行身份鉴别,然后提供授权。

③ OP 把 Authn Response 返回给 RP。

④ RP 使用 Access Token 发送 UserInfo Request 给 OP。

⑤ UserInfo Response 返回 RP。

在图 6.16 中,AuthN 等同于 Authentication,表示鉴别;AuthZ 等同于 Authorization,代表授权。

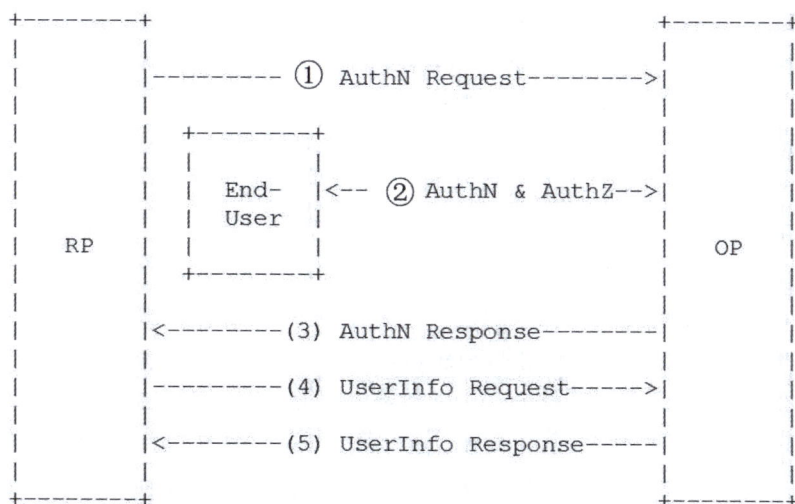

```
+--------+                                          +--------+
|        |                                          |        |
|        |---------- ① AuthN Request-------->|        |
|        |                                          |        |
|        |    +--------+                             |        |
|        |    |        |                             |        |
|        |    | End-   |<-- ② AuthN & AuthZ-->|        |
|        |    | User   |                             |        |
|  RP    |    |        |                             |  OP    |
|        |    +--------+                             |        |
|        |                                          |        |
|        |<--------(3) AuthN Response--------|        |
|        |                                          |        |
|        |---------(4) UserInfo Request----->|        |
|        |                                          |        |
|        |<--------(5) UserInfo Response-----|        |
|        |                                          |        |
+--------+                                          +--------+
```

图6.16　OIDC的工作流程

(2)OIDC 的优势主要有以下几点。

① OIDC使得身份鉴别可以作为一个服务存在。

② OIDC可以很方便地实现单点登录。

③ OIDC兼容OAuth 2.0,可以使用Access Token控制受保护的API资源。

④ OIDC的一些敏感接口均强制要求TLS,除此之外,得益于JWT,JWS,JWE家族的安全机制,使得一些敏感信息可以进行数字签名、加密和验证,进一步确保整个鉴别过程中的安全保障。

### 6.3.4　eIDAS信任体系

在过去的十年中，互联网、移动互联网技术的高速发展和普及，催生了新的数字经济。人们越来越习惯信息技术带来的好处：移动、便利、高效、随时随地。以互联网银行为例，线上交易、移动交易已经成为广泛被接受的方式。因此，在网络空间环境中具有证明自己身份的能力对于数字经济、金融和社会发展至关重要，建立信任是数字经济和社会发展的关键。为解决数字身份的法律地位、保证水平、数据保护及数字身份间的互认和互操作性等长期存在的问题，明确各参与方责任，加强数字身份治理和监管，欧盟制定了相关的法律政策文件，促进数字身份发展。

首先，需要明确，欧盟的指令（Directive）和条例（Regulation）是不同的。Directive通常是设定一个目标，各成员国有权选择落实到本国法规系统。但Regulation是指发布即对各成员国生效的条例，无须再由欧盟成员国以本国法律法规形式落实，当地法律不得与欧盟法规相抵触，发生冲突时，以欧盟条例为准。

2014年7月23日，欧洲议会和理事会发布了第910/2014号条例（EU），即内部市场中用于电子交易的数字身份识别和信任服务的条例（electronic IDentification and Authentication Services，eIDAS），并废除第1999/93/EC号指令（eSignatures Directive，电子签名指令），该条例自2016年7月1日起生效，欧盟各成员国须在2018年9月29日前完成接入eIDAS的所有过渡措施和准备工作。

在eIDAS的加持下，欧盟的公民如今能利用他们的电子身份证（eID）进行一系列的跨国界的可信纯在线活动。例如，远程使用欧盟成员国内的医疗记录，能够在线完成纳税申报，在线交易签署电子合同，欧盟内的移民手续，在线完成跨国教育入学注册，在线银行开卡、借贷等。

该条例与2018年5月25日生效的《通用数据保护条例》（General Data Protection Regulation，GDPR）呼应，eIDAS进一步加强了GDPR条例的落地执行。在eIDAS实施之前，也就是在电子签名指令（1999/93/EC）的时代，各国间的跨境电子交易互通是有很大困难的。而eIDAS落地执行，原来的eSignatures Directive升级为Regulation，欧盟通过使用强制的条例实现互通，表明了欧洲在构建数字单一市场的决心。

eIDAS条例一共有6章52条，主要包括数字身份（第2章）、信任服务（第3章，包括电子签名、电子印章、电子时间戳、电子注册送达服务等内容）、电子文件（第4章）等内容。与身份管理有关的规定主要集中在第2章和第3章。

#### 1. 数字身份认证

eIDAS在第2章的第8条（数字身份方案的保证级别）中对身份认证做了明确的3个身份认证等级定义，而不同的身份认证等级对应着不同的法律效力。由于可能涉及个人隐私，欧盟并没有强制选用哪种身份认证等级，各成员国自己定义身份认证的模型，并为相应的身份认证模型的数据库建立和对服务提供商的监管和审核负责。

（1）低保证：提供有效的签名者身份认证信息。这类身份认证可能仅要求被认证者提供邮件地址或者社交媒体账号。

（2）实质保证：提供较多的签名者身份认证信息。这类身份认证可能提供除邮件地址外的其他身份信息，如姓名、出生年月等可能涉及隐私的关键信息。

（3）高保证：提供较完整的签名者身份认证信息，包括个人或组织的详细信息、社会身份信息等可用于唯一标定签名者身份的信息。

### 2. 信任服务

在条例的第 3 章中描述了电子信任服务。欧盟各国通过构建互通、透明的电子信任服务将安全的跨境在线交易往前推进了一大步。实际上，欧盟 eIDAS 所说的信任服务就是基于电子标签技术基础上的一系列在线交易保障技术。基于 eIDAS，电子信任服务（包括电子身份证 eID、电子签名 eSignature、电子印章 eSeal、时间戳 eTimeStamp、可信电子数据送达 eDelivery 和网站认证 Web Authentication 等）产生的结果将与纸质流程具有同等法律效力。这将增加社会对于数字交易的安全度、可信度的信心，并最终增加电子交易的渗透率。

在 eIDAS 体系中，欧盟各国在 eID 的体系建立上不仅实现了中心化的 eID 创建，还实现了互认。欧盟各国都有各自的管理机构，如 ICO 就是英国的 eIDAS 监管机构。这些监管机构负责认证和监管本国的信任服务提供商。各服务提供商在遵循欧盟 eIDAS 规范的前提下，需要向所在欧盟成员国的委员会提出申请，委员会在评估、评审通过后，授予相应的可信服务提供商。供应商的名单都公布在欧盟 eIDAS 的官网上。

成为可信的服务提供商后，即可获得如下好处。首先，由于认证过程非常严格，经过批准的信任服务提供商提供的服务更容易获得司法体系的认可；其次，欧盟要求只有被批准进入欧盟信任服务商名单的服务商才有资格提供"信任服务"；第三，信任服务提供商可以采用欧盟统一的"信任"商标进行推广营销他们的服务；最后，只有信任服务提供商才能提供符合欧盟 eIDAS 标准安全级别的服务。

### 3. 电子签名

在第 3 章中，eIDAS 条例中将电子签名分为三个不同的级别，以便在不同的场合下采用。

（1）普通电子签名：包括各类电子形式的签名形态，如邮件、含有手写签名笔迹图片的合约等简单电子签名形式。按此定义，我国许多电信营业厅在签署套餐合约时采用手写板签字即为普通电子签名形态。欧盟也认可普通电子签名具有法律效力，并要求司法体系不应单纯因为其电子的形式而否认它。但这种电子签名由于容易被挑战，甚至被抵赖，所以通常不建议在高交易金额、高违约风险场景下使用。

（2）高级电子签名：高级电子签名要求采用更高级别的安全技术，通常要求采用基于数字证书的电子签名。高级电子签名要求签名数据必须唯一指向签署方，并且采用签名数据保护文档，并且可以通过签名数据验证文档的完整性。同时，签名者对签名数据拥有唯一控制权。我国《中华人民共和国电子签名法》中规定的"可靠的电子签名"所指向的条件等同于欧盟的高级电子签名。

（3）可信电子签名：在高级电子签名的要求之上，还要求采用可信的数字证书。可信数字证书必须被欧盟成员国认证和监管的 CA 机构颁发。该电子签名必须是由一个可信的电子签名生成设备创建的。我国的 e 签宝长期推行这类"可信电子签名"。e 签宝采用全国最权威的 CA 机构颁发的数字证书，并持续地和这些 CA 机构进行双向审计确保电子签名流程可靠。

在 eIDAS 体系中"签署者"必须是一个自然人，因此用于签名的证书不可以颁发给法人。法人可以在电子印章中使用证书，但电子印章的目的是保护数据而非签署。

总的来说，eIDAS 框架确保个人和企业可以使用自己的国家电子身份计划在线访问公共服务，并且确保所有身份方案跨境运作，具有与传统手写签名相同的法律地位，为信任服务创造数字单一的欧洲市场。

## 习题

1. 在 PAKE 协议中，如何通过通信数据保证口令的安全性？

2. 在 PAKE 协议的 aPAKE 形式中，服务器存储的是什么类型的口令信息，它如何帮助抵抗在线字典攻击？

3. 描述 Kerberos 协议中 Ticket Granting Ticket (TGT) 的作用。

4. PKI 的主要目的是什么？

5. 数字证书在 PKI 中扮演什么角色？

6. 解释自签名证书在 PKI 中的意义。

7. RA 在数字证书认证系统中承担哪些任务？

8. KM 在 PKI 中代表什么，它的职责有哪些？

9. 什么是双证书体系，它解决了哪些问题？

10. 描述数字证书格式中的 tbsCertificate 域、signatureAlgorithm 域和 signatureValue 域的作用。

11. 在 PKI 中，什么是 Key Usage 扩展字段，它的作用是什么？

12. FIDO UAF 协议的注册阶段主要包括哪些步骤？

13. OIDC 协议的核心结构包含哪些部分？

14. eIDAS 条例中的数字身份认证等级有哪些，它们各自的法律效力如何？

15. 在 eIDAS 体系中，可信电子签名 QES 的要求是什么？

第 7 章

# 系统与网络防护

本章介绍密码技术在系统与网络防护中的应用，包括密码技术对系统保护的支持、系统安全根、系统密码服务、系统访问控制增强和系统运行环境安全隔离等；如何采用密码技术实现网络资源访问控制和接入控制，保护网络免受威胁；密码技术在系统完整性度量方面的应用，以保护系统和应用代码功能免遭恶意攻击。

## 7.1 系统保护

密码在系统与网络防护中发挥着重要作用。其作用主要表现在：为操作系统提供完整的密码服务支撑，作为操作系统安全功能的主要组成部分，并利用密码机制的数据加密功能增强系统访问控制机制保护敏感数据、为敏感代码运行提供安全的运行环境等；提供网络接入访问控制功能，避免恶意终端接入网络，威胁网络安全，并提供网络资源的访问控制；基于密码在完整性度量方面的安全特性，确保系统内核和应用级代码不被非法篡改。

密码技术是现代操作系统安全的重要组成部分。密码技术对系统安全防护的支持主要体现在系统安全根、系统密码服务、系统访问控制增强和系统运行环境安全隔离等几个部分。

### 7.1.1 系统安全根

现代计算设备由被抽象为多层的各种硬件、固件和软件组件组成。很多系统安全和保护机制都植根于软件中，而软件和所有底层组件都必须是安全可信的。这些组件中的任何一个漏洞都可能损害依赖于这些组件的安全机制的可信度。这个安全可信的底层软硬件组件被称为是系统安全根。安全根是高度可靠的硬件、固件和软件组件，可执行特定的关键安全功能。安全根本身可信的基础来源于其设计和检测。因此，安全根必须经过精密的安全设计，并尽量通过证明和检测，以证明安全根是安全可信的。许多安全根都是在硬件中实现的，以利用硬件逻辑不易被篡改的特性，保证安全根功能的完整性，避免恶意软件篡改它们提供的功能。美国 NIST 专门成立安全根工作计划（Root of Trust（RoT）Project），负责制定系统安全根的技术规范。

### 1. 系统安全根的基本功能

美国 NIST 专门成立安全根工作计划，负责制定系统安全根的技术规范。虽然系统安全根存在多种形式，但是，根据 RoT 计划相关标准规范，可以将系统基本安全根划分为 3 个部分，如图 7.1 所示。各主要安全功能分别介绍如下。

图7.1　系统基本安全根

（1）存储根主要负责存储安全机制的实现。系统一般采用两种方式实现安全存储。第一种是采用访问控制的方法，在存储部件中引入访问控制机制，确保存储安全。另外一种常用的方式是采用加密的手段，通过密钥控制在通用安全存储部件，实现安全存储。相较第一种方式，基于密码的安全存储方案对硬件没有特殊要求，具有通用性好、部署方便的优点。基于密码的安全存储需要安全的存储根支持。加密存储安全根主要包括密钥安全和加密算法安全 2 个主要安全功能。例如，在安全存储中，所有的密钥存储安全最终都会依赖于主密钥的保护，主密钥安全就是依赖存储根安全保护。存储根采用可以证明或者可以检测的方式实现，如密码机采用门限密码，通过 IC 卡拆分的方式保护主密钥，又如操作系统引入可信模块实现存储根保护，也有系统将存储根依赖用户口令。这种方式虽然方便易用，但是安全性将会显著降低。

（2）证明根主要负责系统的安全状态、敏感数据的起源、或者设备身份的证明。证明根最基本的技术原理是采用公钥密码技术实现上述证明。对称加密技术也可以被用来作为上述证明的实现机制。无论是公钥密码方案还是对称密码方案，证明根都需要保证被用作安全证明的密钥的安全。这些被用作安全证明的密钥通常被称为 Attestation Identity Key（AIK）。AIK 不能泄露，以确保只有拥有 AIK 的系统才能调用 AIK 生成安全证明。证明根除 AIK 外还需要保护证明算法不受干扰和攻击，以保证安全证明生成过程的可信度。除此之外，证明根还需要足够的权限，确保要证明的信息或数据能够被可信地获取。例如，在 TPM 模块中，用于证明系统安全状态的 PCR 值存在 TPM 中，而不是由被证明的系统传递给证明根，从而避免用错误信息误导证明根生成非法的安全证明。

（3）验证根主要负责对进入系统的代码进行度量，避免非法恶意代码进入系统。验证根可以基于杂凑函数和数字签名实现。例如，在嵌入式系统出厂时，将一个公钥的杂凑值写入一次性存储器中。然后，在系统启动过程中，计算一个公钥的杂凑值，并将计算得到的杂凑值与一次性存储中的杂凑值进行比较，判断公钥是否合法。基于该方法需要确保代码不能有任何改动。在实际使用过程中，代码需要不断完善、更新。接着需要建立签名机制，确保代码来自一个特定的组织或者机构，并利用组织或者机构的信誉保障其安全。无论采用何种方法，都需要验证根保证用于验证的哈希对比值或者验证公钥的完整性，使其不能被篡改。验证根除验证密钥的完整性外，还需要一定的权限，确保被验证的信息就是真正要进入系统的信息，而不会用虚假信息绕过验证。

### 2. 系统安全根的主要形式

系统安全根可以采用不同的实现方式。可以是引入安全部件，也可以是利用系统自带的组件实现。不同实现方式简单描述如下。

（1）系统专用安全组件。最典型的系统安全根就是 TPM 组件。可信计算组织 TCG 最早引入静态可信度量根 Core Root of Trust for Measurement（CRTM）和动态可信度量根 Dynamic Root for Trusted Measurement（DRTM）。其中，CRTM 将信任的起点定为系统家电。当系统触发复位中断，就是重新加点时，CRTM 模块会初始化可信度量根，清空相应的寄存器，重新开始系统完整性的度量。DRTM 则在 CPU 中引入特殊指令（Intel 为 SENTER 指令，AMD 为 SKINIT 指令），而不是采用复位中断的方式实现度量工作的重新开始。由于采用指令的方式是在程序运行过程中随时调用程序指令，触发重新度量的过程，所以这种度量根的形式被称为动态可信度量根 DRTM。无论是复位中断还是 CPU 指令，一旦触发，其后的度量逻辑将被系统采用硬件方式保护，软件程序将没有权限中断或者篡改可信度量，从而保证度量安全。除了安全根的触发及代码运行完整性保护，度量根还需要安全存储支持敏感信息保护，如密钥和度量结果等。系统可以采用 TPM 等专用硬件，可以引入被称为安全要素（Security Element，SE）的密码芯片支持安全根实现。

（2）通用安全组件。现代计算机系统引入了越来越多的安全组件，作为计算机系统的必要组成部分。这些组件可以成为系统的安全根。例如，ARM 处理器 SoC 芯片上包含很多熔丝（eFuse）。这些 eFuse 支持一次性写入。即一次写入后，后续将不能再被写入。这样可以将验证根密钥写入 eFuse，保障完整性。具备机密性保护能力的 eFuse 还可以用来保护私钥。越来越多的处理器开始在芯片内部增加密码模块，如 Freescale ARM 系列处理器 SoC 引入 Security Controller (SCC)，用于保护系统根密钥。SCC 在处理器 SoC 内部实现密码算法，加密密钥也在 SCC 内部。在系统运行时，根密钥密文从外部存储，加载到 SoC，由 SCC 解密成明文，并由系统运行时的安全机制保护。当系统断电或者关机时，明文的根密钥从运行时的空间清除。处理器内部密码模块用于根密钥保护需要具备访问控制措施，防止根密钥被滥用。固态存储也提供安全机制支持安全根实现。eMMC RPMB 基本原理如图 7.2 所示。RPMB（Replay Protected Memory Block）被称为抗重放安全存储分区。该机制在系统固态存储部件中，通过带有密钥的消息验证码（MAC）实现存储指令的访问控制。宿主机发送存储指令进行存储读 / 写操作，必须携带验证码（MAC），只有验证码验证通过才能读取存储数据。验证码生成需要消息验证码密钥参与，即只有知道密钥的宿主才能执行存储指令。计数器用于防止重放攻击。eMMC 的 MAC 值校验功能完全由 eMMC 自身的计算单元完成。

（3）系统计算隔离特性。近年，处理器软硬件开始搭载各种可用于安全根实现的属性。例如，处理器都开始搭载可信运行环境技术的功能用于执行敏感代码；如 ARM 的 TrustZone 和 Intel 的 SGX 等。随着技术发展，一些更为细粒度的隔离技术出现，如 ARM 的机密计算架构（CCA）和 Intel 的 TDX 架构等。此外，其他一些不是专门为安全计算设计的隔离技术也可以用于安全根的实现，如 Intel 的管理模式（System Management Mode, SMM）。这些隔离的计算环境都是 CPU 硬件逻辑实现的，并提供特别的指令进入。一旦软件运行了相应的指令，进入隔离运行环境，CPU 将启动硬件逻辑，开始隔离环境的初始化，并自动跳转到安全运行环境的程序入口，开始运行安全运行环境内部的软件，整个过程不受任何软件代码的干扰，保证了过程的完整性。例如，SMM 进入安全运行环境的指令是 SMI 中断，ARM TrustZone 的进入指令是 SMC 等。一旦运行了这些指令就与此前描述的 DRTM 相似，可以进行系统安全的度量、验证、安全证明等功能，实现安全存储根密钥的安全保护等功能。一些基于计算安全隔离的安全根成果包括：三星的 KNOX、基于 Intel SMM 的 Hypervisor 完整性保护机制 SICE 等。需要注意的是，系统计算隔离机制仅实现了运行时的安全保障。要实现完整的安全根功能还需要硬件安全根的支持。

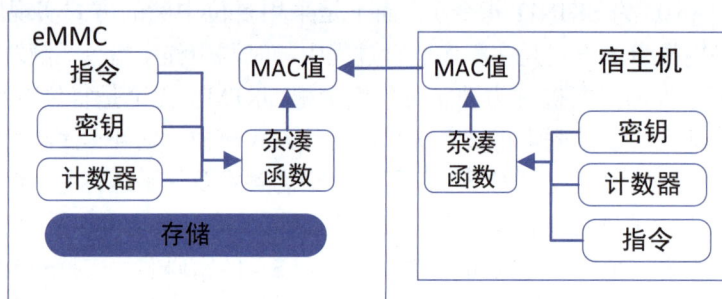

图7.2　eMMC RPMB基本原理

## 7.1.2　系统密码服务

密码服务已经成为操作系统的主要组成部分。在多个操作系统安全评估保护轮廓（Prospect Profile，PP）中，都将密码服务作为重要的测试内容。系统密码服务可以以多种形式集成在操作系统中，主要可以划分为 3 种基本形式。

### 1. 用户态密码系统密码服务

操作系统在用户状态下有很多安全机制需要密码服务支撑。这些用户态的密码服务主要以各种动态和静态库的形式为应用程序提供服务。其中，截至 2024 年用户态最为著名的密码服务库是 Open SSL 库。

Open SSL 实现 SSL 安全协议，为系统提供传输安全保护。SSL 安全协议为了实现传输数据安全保护需要综合使用各种密码算法。首先，SSL 握手阶段需要基于公钥密码技术实现通信双方的身份鉴别和密钥协商，握手结束后会生成包括算法、密钥协商结果的密文规约。其次，在密文规约支持下，在数据通信过程中，使用对称密码算法和杂凑密码算法实现数据传输通道的机密性和完整性保护，即生成数据密文和响应的完整性校验码，并打包成数据包格式，进行传输。Open SSL 采用 C 语言开发，支持 Linux、UNIX、Windows、Mac 操作系统等平台。Open SSL 库由多个具体的库组成。其中 Libcrypto 是密码库，是最主要的安全组件。

（1）Libcrypto 包括体系化的密码算法实现和完整的证书功能支持。

① 对称密码算法包括：AES、DES、Blowfish、CAST、IDEA、RC2、RC5、RC4。

② 非对称密码算法包括：Diffie-Hell man、RSA、DSA 和椭圆曲线算法等。

③ 杂凑算法包括：MD2、MD5、MDC2、SHA（SHA1 和 RIPEMD）等。

（2）Libcrypto 在证书和密钥管理方面的功能包括。

① 随机数和密钥生成。

② 证书管理，包括证书申请、基于证书的密钥协商等。

许多操作系统包括 Linux 和 Android 都将 Open SSL 纳入系统支持库。因此，用户可以在很多操作系统中调用 Open SSL 库。在实际使用过程中，Open SSL 不仅作为数据传输安全保护支撑，其密码功能还被很多应用作为密码功能支撑。但是直接使用 Open SSL 密码功能存在一定的安全风险。例如，Open SSL 握手阶段需要大量的随机数生成支持，以生成安全的会话对称密钥和完整性保护密钥。因为没有专用的随机数噪声源，所以生成合规的随机数是一件比较困难的工作。此外，软件密码算法执行，主要依赖操作系统的进程隔离机制，用于保护密码运算过程安全，而且进程隔离机制容易受到软件攻击，造成计算过程中密钥信息泄露，危害密码工程完整性。

### 2. 内核态系统密码服务

操作系统内核许多安全机制实现也需要密码功能的支持。其中较为典型的就是完整性度量架构（Integrity Measurement Architecture，IMA）。IMA 在系统启动完成后，在操作系统内核引入安全机制，主动对文件的内容进行完整性检查，确保加载的关键应用、内核模块等的代码完整性，避免恶意代码通过可信引导后的应用或模块加载进入系统。IMA 在可信计算后，提供了运行过程的系统完整性保护。关于 IMA 机制的具体技术细节将有下列描述。

除 IMA 外，很多操作系统都提供了内核级密码模块的支持。Crypto 模块是 Linux 操作系统内核中的一个加密处理组件，它提供了一套通用的加密接口，可以让开发人员方便地实现各种加密算法和协议。这个组件不仅提供了算法实现，还提供了完善的密码服务功能，支持完整的系统密码服务实现。

### 3. 软硬结合的系统密码服务

密码服务在操作系统安全保障中的作用日益提升，一些处理器芯片开始携带密码机制。这些芯片级密码服务可以通过操作系统延伸到用户端，为应用程序提供更加安全的密码服务支撑。我国的国产处理器芯片，龙芯中就包含密码协处理器。

近年来，可信执行环境也成为了众多处理器芯片的主要安全特性之一。基于 TEE 技术，结合操作系统实现的密码服务成为系统密码服务的主要形式之一。其中，一个较为典型的机制就是 Android KeyStore。

Android KeyStore 是 Android 操作系统的主要安全机制，也是 Android 操作系统的一部分。它利用可信执行环境技术的计算环境安全隔离机制，实现密钥的安全保护和算法可信执行。Android KeyStore 基于密钥容器，为不同用户提供相互隔离的密码服务。即每一个用户都可以通过密钥容器访问自己的专属密码服务。Android KeyStore 同时提供密钥和密码算法支持，可以在密钥不退出 KeyStore 的情况下，实现加 / 解密操作。

Android KeyStore 安全架构如图 7.3 所示。处理器被隔离成正常世界和安全世界。安全世界运行可信执行环境的操作系统。在 TEE 操作系统上时可以使用 KeyStore 可信应用，KeyStore 可信应用能够实现密钥安全和密码计算功能，类似于传统的密码安全模块。安全组件 SE 为 KeyStore 提供随机数和必要的安全根支持。由于正常世界和安全世界之间的隔离，运行在正常世界的应用无法访问 KeyStore 可信应用中的密码功能。因此，在正常世界需要提供必要的 KeyStore 可信应用密码功能访问支持，主要包括 3 个层次。首先要在内核添加驱动，执行进入安全世界的特权指令，并通过寄存器或者共享内存等形式实现数据传递。在 KeyStore 驱动之上是 .so 动态库，该库封装驱动的访问接口，能够支持应用程序通过内核驱动访问可信应用。为了兼容 Android App 的 Java 运行环境，Android 在 .so 库的基础上，进一步实现了 Java 的 KeyStore 库，即 KeyStore 框架层库。Android App 开发者可以通过 KeyStore 框架层库，访问 KeyStore 的密码服务。

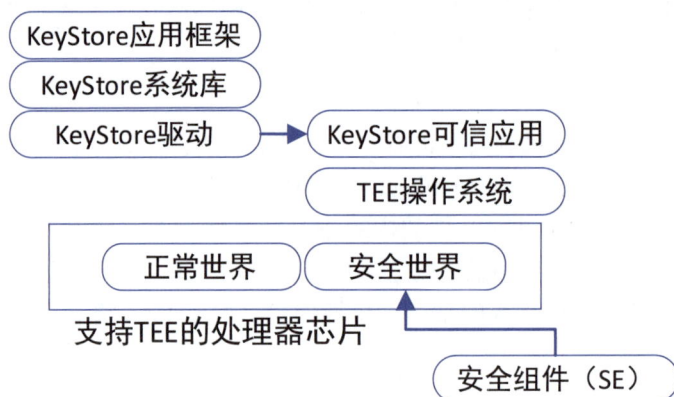

图7.3　Android KeyStore安全架构

## 7.1.3　系统访问控制增强

### 1. 密码技术与访问控制的关系

访问控制是系统安全的一个重要的基本属性。现代操作系统都提供了完备的访问控制机制以保证系统免受侵犯和能够有序使用。例如，文件系统利用自主性和强制访问控制保护敏感数据和系统完整性。只有特权用户或者管理员才能进行敏感操作、访问敏感文件。CPU 利用多级强制访问控制将系统分为内核态和用户态。用户态可以引入大量不同应用，但因为权限限制，并不能直接影响内核。

因为访问控制在安全边界上依据一套规则，才能够过滤访问请求，只有符合规则的访问请求才能够被允许，非法访问控制请求将被拒绝。所以，实施访问控制需要一个边界。在这个边界上需要有一个规则保护的访问接口，如果没有边界，实施访问控制保护的接口将会很容易地被绕过。这个边界既可以是逻辑的，也可以是物理的。物理的边界是通过网络通道连接的两个物理设备，他们之间是物理隔离的。网络通道是他们连接的数据通道。在网络连接中实施访问控制可以有效地保证发挥访问控制的作用。

然而，一些边界是通过逻辑实现的。物理存储设备上的数据依然是连在一起的。例如，系统内存，虽然通过页表管理实现了虚拟地址空间的进程隔离，但是通过特权指令，依然可以访问物理存储上隔离边界内的数据。在这样的场景中实施访问控制，仅通过数据接口的管控则难以有效地防止隐蔽通道的访问控制机制绕过攻击。

密码技术可以有效地实现逻辑隔离。加密技术可以在同一物理存储设备上按照逻辑划分出不同的区域。密钥管理可以构建等同于密码强度的逻辑隔离。近年来，越来越多的系统开始采用密码技术实现存储隔离，进而确保系统安全。iOS 系统一开始就采用了整盘加密方案，即数据只有在 CPU 的运行时动态空间中是明文的，一旦进入存储设备就会被加密，从而降低运行时安全机制被绕过造成的安全风险。Android 5.0 到 Android 9.0 支持整盘加密，Android 7.0 及更高版本支持文件级加密，Android 9.0 引入了元数据加密。

### 2. 基于密码机制的 iOS 访问控制

（1）iOS 系统的根密钥管理

从 iphone 3GS 开始，基于硬件的加密模块成为标配硬件组件之一。该模块用于加速 AES 加密，使得设备可以快速加密和解密数据。加密第一次出现在 iOS 3 中，对于静态数据而言，只有快速擦除的安全功能，而没有任何其他安全功能。iOS 4 发布之后，苹果添加了整盘加密作为其安全特性之一。

IOS 的固态 NAND 存储空间中将 NAND 芯片称为磁盘，但事实上人们通常认为磁盘的文件系统只是存储在 NAND 上的一部分数据。NAND 被划分成六个独立的分区。

① BOOT 块 0 是 NAND 的 BOOT 分区，它包含了苹果底层引导文件的拷贝。

② PLOG 块 1 是可擦除存储块，用于存储加密密钥和其他一些需要快速擦除或更新的数据。PLOG 存储了三类非常重要的密钥，即 BAGI、Dkey 和 EMF! 密钥。（实际上是磁盘加密安全的根）

③ NVM 块 2~7 用于存储 NVRAM 参数。

④ FIRM 块 8~15 用于存储设备的固件，包括 iBoot（苹果的二级引导文件）、设备树和商标。

⑤ FSYS 块 16~4084（取决于设备的容量）是 NAND 的文件系统部分，存储了操作系统和数据。

⑥ RSRV 最后 15 个块留作他用。

文件系统加密保护了原始的文件系统。NAND 中整个文件系统都用单个密钥进行加密，而文件系统中实际的文件则用其他密钥进行加密。用于加密文件系统的加密密钥称作 EMF!，保存在 PLOG 块 1 中。当设备被擦除或复原时，该密钥将会丢失，并重新生成一个新的密钥。如果缺少原始的 EMF 密钥，文件系统的基本结构将无法恢复。

（2）文件系统的保护等级密钥

每个单独的文件都用唯一密钥进行加密。当文件系统中的文件被删除时，该文件的唯一密钥也会被丢弃，理论上该文件的残留部分应该是无法恢复的。这些唯一的文件加密密钥用一个主密钥进行加密。这些主密钥被称为保护等级密钥。保护等级密钥是基于访问策略打开文件的主密钥。

保护等级密钥是用于实施文件访问策略的加密机制。有些文件很重要，操作系统应当在设备用户界面被打开之后才可以解密。封装这些文件的加密密钥的等级密钥，只有在用户输入密码之后才可用。当设备再次锁住之后，该密钥从内存中擦除，使得文件不可用。其他文件则应当在用户从设备启动后第一次打开设备之后进行解密。这些文件用另一种等级密钥进行保护，这些文件在内存中一直处于解密状态直到设备关闭或重启。这一点使得在后台运行的应用程序可以访问这些文件。

保护等级主密钥存储在 keybag 中。keybag 包含了加密过的保护等级主密钥及设备系统文件中的其他密钥。系统 keybag 使用另一种名为 BAGI 的加密密钥进行加密，这个密钥也存于 NAND 可擦除存储中。只要用户经鉴别满足特定的保护策略，keybag 中加密过的密钥就会解密。

设备中大量文件都没有安全策略，对操作系统是一直可用的。这些文件的加密密钥用名为 Dkey 的特殊的主密钥进行封装，这个密钥也存于 NAND 可擦除存储器中。因为这些不受保护的文件当设备启动时即可用，而无须用户输入密码，这个密钥可以轻易地从与硬件相关的密钥中推出来，然后用于解密文件系统中不受其他保护等级保护的任何文件。iOS 4 和 iOS 5 中的所有用户数据都使用安全策略等级进行存储，除了存于邮件应用程序的数据文件中的邮件。

（3）面向进程数据安全存储的 iOS keychain

iOS 的 keychain 服务提供了一种安全地保存私密信息（密码、序列号、证书等）的方式。每个 iOS 程序都有一个独立的 keychain 存储。从 iOS 3 开始，跨程序分享 keychain 变得可行，keychain 的跨进程分享可以进行设定。

keychain 的存储文件为 private/var/Keychains/keychain-2.db。

keychain 是加密过的容器，用于容纳应用程序和安全服务的口令。加密 keychain 的密钥是保护等级密钥中的一个或者多个密钥，保存在 KeyBAG 中。keychain 是安全存储容器，当 keychain 锁住时，无法访问其中受保护的内容。在 iOS 中，应用程序只能访问一个单独的 keychain。

keychain 的结构：每个 keychain 可以包含任何数量的 keychain 条目。每个 keychain 条目包括数据及一组属性。对于需要保护的 keychain 条目，如口令或私钥，条目中的数据由 keychain 进行加密和保护。而对不需要保护的 keychain 条目，如证书，数据不用加密。keychain 条目中的属性取决于条目的类别。

keychain 服务：keychain 服务是一套可让开发者查找、添加、修改和删除 keychain 条目的可编程接口。对于这个接口，keychain 条目可由 key-value 对组成的 CFDictionary 进行查找或定义。字典中的每个 key（关键字）可标识 keychain 条目的一个属性或一个检索项。

## 7.1.4 系统运行环境安全隔离

现代操作系统开始将运行时安全隔离机制构建作为主要的系统安全功能。将系统计算资源隔离成不同的空间，为多用户、多应用提供需求已经成为操作系统的一项基本功能。

传统操作系统通过进程、虚拟主机等技术实现运行环境安全隔离。近年，容器等新的安全隔离机制被操作系统引入，用于提供更加细粒度的隔离，支持应用的复杂需求。随着对系统隔离安全强度的提升，一些更靠近系统硬件资源的隔离机制被相继提出。其中最有影响的就是可信执行环境技术。可信执行环境技术采用 2 种技术路线，第一种是 ARM 架构在系统资源访问控制器上增加访问控制机制实现安全隔离，如 ARM 的 TrustZone 技术。另一种则采用密码技术，通过密钥管理实现逻辑的计算资源隔离。

### 1. Intel SGX 的内存加密隔离

Intel SGX (Software Guard Extensions) 允许应用程序在处理器上创建隔离的可信执行环境，这个执行环境被称为 enclave，意思为安全飞地。这个 enclave 是基于密码技术实现的、隔离的内存区域，只有在安全条件下才可以访问。它可以用于保护敏感应用程序和数据不被恶意软件或攻击者破坏或窃取。

Intel SGX 最重要的是"内存加密"和"内存隔离"。内存加密是指当 enclave 中的代码和数据在内存时，它们会被加密。当这些代码和数据需要运行时，它们会被导入 enclave 内部，并被 SGX enclave 管理机制解密，以明文存在 SGX 的安全空间。此时，SGX 接管计算资源，运行这些代码和数据，完成敏感安全操作。外部的代码无法获得计算资源控制权，因此难以干扰敏感代码的执行。一旦 enclave 中的敏感代码执行完毕，或者切换到下一个敏感代码执行时，这些代码和数据会从 enclave 中导出，SGX enclave 管理机制又会加密这些代码和数据。这样非可信执行环境的代码虽然可以访问这些代码和数据，但因为是密文，他们无法获得敏感应用的信息，或者篡改敏感应用。这种加密方式可以有效地保护 enclave 内部的数据不被恶意软件或攻击者窃取。SGX 利用内存加密实现了安全执行环境与 enclave 之间，以及 enclave 与非可信执行环境之间的隔离。内存空间的加密机制成为 SGX 安全隔离机制的基本技术支撑。

Intel 为 Linux、Windows 等操作系统提供了 API 函数，用于使用 SGX enclave 管理机制，包括为不同敏感应用创建、运行、销毁可信执行环境。SGX 技术可以在密码隔离机制的保护下，服务于各种不同的应用。例如，SGX 可以支持使用敏感、机密或受监管数据对人工智能模型进行训练和推理；通过细粒度级别隔离功能，在跨部门、跨企业甚至跨国家 / 地区汇集数据进行多方分析过程中，维持各方之间的数据机密性；帮助跨国公司在数据隐私、主权和地理定位法规等方面实现合规性保证。

SGX 隔离主要是对计算环境的隔离，缺乏对底层计算资源的隔离。也就是说，在 SGX enclave 内部智能执行 CPU 指令运算，而对中断、DMA、I/O 等计算环境必需的硬件资源隔离没有支持。这限制了 SGX enclave 的功能，使得它只能执行一些相对简单的运算。在实际使用中，安全应用可能是复杂的。有很多研究试图解决在 SGX enclave 内安全使用系统调用，访问底层硬件资源，实现功能更加完备的安全应用。然而，架构层面的缺陷，使得 SGX enclave 难以有效地解决相关问题，而是只能部分解决 SGX enclave 安全代码的底层硬件资源的安全访问问题。

### 2. Intel TDX 的内存加密隔离与机密计算

随着对计算资源隔离范围的扩展，国际计算产业开展了机密计算架构的研究。2019 年，

Linux 操作系统基金会成立了机密计算联盟。其目标是定义机密计算的标准，支持和推广开源机密计算工具和框架的开发。联盟成员包括阿里巴巴、AMD、Arm、脸书、Fortanix、谷歌、华为、IBM、微软、甲骨文、瑞士电信、腾讯和 VMware。ARM 在 ARM V9 中，基于 TEE 技术，推出了机密计算架构 CCA（Confidential Computing Architecture）。ARM CCA 与 ARM TrustZone 类似，采用了基于访问控制的计算资源隔离技术。Intel 提出了 TDX（Trust Domain Extensions）架构。与 SGX 类似，TDX 采用了基于内存加密的密码逻辑计算资源隔离方案。

相对 SGX，Intel TDX 可以通过虚拟机（VM）内的硬件级隔离，策略性地帮助缩小攻击面并增强数据中心或云端的数据和应用程序保护及机密性。TDX 基本架构如图 7.4 所示。在传统虚拟机架构的基础上，TDX 引入了可信域 TD（Trust Domain）。TD 是一个隔离的执行环境。TD 之间相互隔离；TD 与虚拟机管理器 VMM,hypervisor，以及其他在 host 上的非 TD 软件之间也都是相互隔离的。TD 中的各种信息，如寄存器状态，内存数据都无法被 TD 之外的对象访问。与 SGX 类似，TD 也是采用内存隔离和内存加密的方式实现与其他运行空间的隔离。不同于 SGX 的是，TD 是一个硬件资源配置更加齐全的执行环境，可以运行完整的操作系统。这样带来的好处就是应用不用修改就可以直接在 TD 内运行。而 SGX 则需要对应用进程进行拆分。这样就增加了应用部署的便捷性。TD 的代价就是需要支持更加复杂的底层硬件资源的密码逻辑隔离。

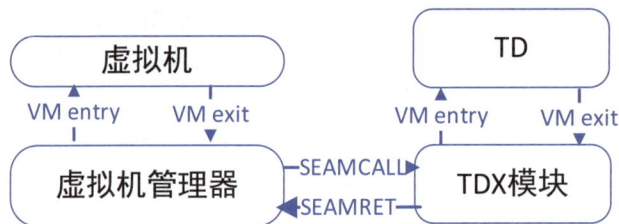

图7.4  TDX基本架构

在 TDX 基本架构下，虚拟机管理器可以进入加载应用程序的虚拟机运行空间。当需要执行敏感操作时，当执行到敏感指令时，触发 VM-exi，CPU 又退回 VMX root mode 执行虚拟机管理程序，如 hypervisor。虚拟机管理程序和 TD 之间的切换增加了一个 TDX 模块作为中介。虚拟机管理程序通过 SEAMCALL 指令将执行权交给安全的 TDX 模块，然后在 TDX 模块 中触发指令进入 TD。当敏感代码在 TD 中运行完成后，CPU 先通过 VM-exit 退出 TDX 模块。TDX 模块再通过 SEAMRET 返回 VMM，最后返回虚拟机中的应用程序。

根据 Intel 的官网信息，阿里云、Google 云和微软云等都基于 TDX 技术构建了支持机密计算的云服务环境。在虚拟机中，TDX 将客户机操作系统和应用程序与云主机、底层管理程序、云管理堆栈和其他虚拟机隔离，可以帮助受严格的数据隐私法规约束的组织（医疗保健、金融和公共部门中的组织）通过加密和安全区满足合规标准，以保护正在使用的敏感数据，同时为授权用途和用户保持数据的完全可用性。

TDX 的虚拟机隔离功能通过将底层硬件资源隔离的方法，简化了将现有应用程序移植和迁移到机密计算环境的过程。在大多数情况下，无须更改应用程序代码即可运行在由英特 TDX 支持的可信域内。

### 3. 海光 CSV 的内存加密隔离与机密计算

海光 CPU 支持安全虚拟化技术 CSV(China Secure Virtualization)，CSV 的设计目标是通过 CSV 虚拟机提供可信执行环境，适用的场景包括云计算、机密计算等。CSV 也是通过内存加密实现安全的虚拟机隔离。CSV 虚拟机在写内存数据时 CPU 硬件自动加密，读内存数据时硬件自动解密，每个 CSV 虚拟机使用不同的密钥，实现不同虚拟机空间的隔离。海光 CPU 内部使用 ASID（Address Space ID）区分不同的 CSV 虚拟机和主机。除地址空间隔离外，每个 CSV 虚拟机使用独立的 Cache、TLB 等 CPU 资源，实现 CSV 虚拟机、主机之间的底层计算资源隔离，支持更加完备的安全隔离执行环境。CSV 虚拟机还支持启动度量、远程安全证明等功能，实现安全隔离执行环境动态构建过程中的安全保护。海光 CSV 采用国家标准密码算法实现虚拟执行环境的隔离。例如，内存的加密隔离机制就是采用 SM4 算法实现的。

## 7.2 网络保护

密码在网络保护中的作用主要包括：安全数据交换网络通道和网络保护 2 种。其中，安全数据交换网络通道已完成介绍。本节主要关注网络设施自身保护，包括网络资源的访问控制和网络接入控制。

### 7.2.1 网络资源访问控制

网络资源访问控制的基本目标是控制授权用户按照既定的秩序使用网络资源，并确保网络安全。目前主要的网络资源访问控制架构是 AAA。AAA 是认证（Authentication）、授权（Authorization）和计费（Accounting）的简称。AAA 可以由多种协议实现，如终端访问控制器访问控制系统（TACACS）、RADIUS 等。RADIUS 在此前章节描述过，本章不再仔细描述。此外，活动目录（Active Directory，AD）也是一种网络资源访问控制工具。本章首先将介绍 AAA 网络访问控制框架，随后介绍，TACACS、AD 等具体协议。

### 1. AAA 网络访问控制框架

AAA 是网络访问资源控制的一种安全管理框架，它决定哪些用户能够访问网络，以及用户能够如何访问哪些资源或者得到哪些服务。AAA 包括 3 个基本要素：鉴别、授权和计费。AAA 的基本架构如图 7.5 所示。

如图 7.5 所示，用户访问网络前，首先与 AAA 客户端建立连接。AAA 客户端本身负责把用户验证凭据传递给 AAA 客户端。AAA 客户端运行在网络接入服务器上。AAA 客户端负责将用户凭据转交给 AAA 服务器。AAA 服务器根据用户身份鉴别凭据进行用户鉴别和授权，并将认证和授权结果返回 AAA 客户端。AAA 客户端根据服务器的返回结果判断是否允许用户接入。网络接入服务器设备可以是路由器、交换机等为用户提供入网服务的设备。AAA 服务器是鉴别服务器、授权服务器和计费服务器的统称，负责集中管理用户信息。根据 AAA 使用的通信协议的不同，AAA 服务器可以具体实现不同的协议。AAA 服务器的鉴别、授权和计费功能并不是必须的，用户可以根据自己业务员的场景，选择不同的安全功能组合。如需要进行用户鉴别时，则只需要在 AAA 服务器上配置鉴别功能。

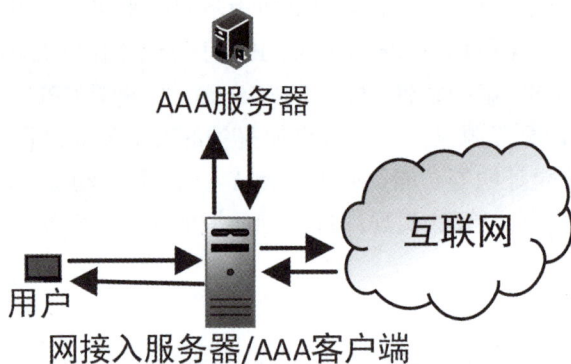

图7.5　AAA基本架构

AAA 服务器将用户的身份验证凭据与存储在数据库中的用户凭据进行比较。如果凭据匹配，则身份认证成功，并且授予用户访问网络的权限。如果凭据不匹配，则身份认证失败，并且网络访问将被拒绝。用户身份凭据既可以是一个口令，也可以是基于密码的数字证书。授权是指对不同用户赋予不同的权限，限制用户可以使用的服务，包括用户能够执行的命令，能够访问的资源，能够访问的信息。授权的基本原则是最小特权原则，即仅授予用户执行其所需功能时必须的权限，以此防范任何因轻率的授权而可能导致的意外或恶意的网络行为。计费记录的内容包括使用的服务类型、起始时间、数据流量等，用于收集和记录用户对网络资源的使用情况，并可以实现针对时间、流量的计费需求，也对网络资源起到监控作用。

AAA 网络访问控制架构最早可以由 RADIUS 协议实现。在网络设备制造领域影响较大。TACACS 也可以用于 AAA 网络访问控制架构的实现。

### 2. 终端访问控制器访问控制系统

终端访问控制器控制系统 TACACS 是一种起源于二十世纪八十年代的 AAA 协议。在之后的发展中，各厂商在 TACACS 协议的基础上进行了扩展，开发了多种不同的私有协议，如思科的 TACACS+ 协议。与 RADIUS 协议相比，TACACS 因为在数据传输加密、命令鉴权等方面存在优势，因而更加适用于登录用户场景。网络设备厂商会设计自己的私有 TACACS 协议。思科公司在 TACACS 基础上设计了 TACACS+ 协议。TACACS+ 协议的数据包结构如图 7.6 所示。

所有的 TACACS+ 数据包都使用 12 Byte 长的协议头。其中，主版本号取值为 0x0C，次版本号用于向后兼容扩展，一般为 0。Packet Type 为数据包的类型，取值包括 TAC_

PLUS_AUTHEN（鉴别），TAC_PLUS_AUTHOR（授权），TAC_PLUS_ACCT（计费）等。序列号为当前会话中的数据包序列号。会话中的第一个 TACACS+ 数据包序列号必须为 1，其后的每个数据包序列号逐次加 1。因此客户端只发送奇序列号数据包，而 TACACS+ 的后台服务程序只发送偶序列号数据包。当序列号达到 255 时，会话会重启并置回序列号为 1。标记会用来表示一些特殊条件，如不加密（0x01）等。会话 ID 为 TACACS+ 会话的 ID，是个随机数，长度为 TACACS+ 报文除头部外的长度。

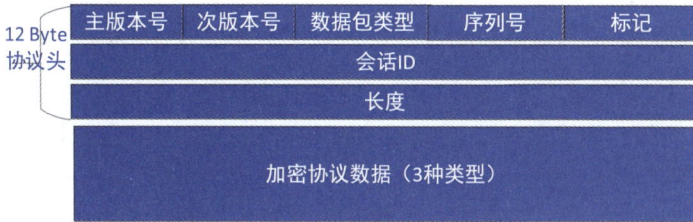

图7.6　TACACS+协议的数据包结构

TACACS+ 协议头之后是加密的协议数据。加密过程描述如下。

（1）将会话 ID、密钥、版本号和序列号一起进行 MD5 运算（其中密钥为 TACACS 客户端和服务器之间的共享秘密），计算结果为 MD5_1。

（2）后续的 MD5 运算将上次 MD5 运算的结果也纳入运算范围，输入格式如下。

MD5_1=MD5{会话 ID，密钥，版本号，序列号}

MD5_2=MD5{会话 ID，密钥，版本号，序列号，MD5_1}

……

MD5_n=MD5{会话 ID，密钥，版本号，序列号，MD5_n-1}

（3）将所有的运算结果连接起来，直到总长度大于需要加密的数据长度，然后截断到实际数据的长度，得到 pseudo_pad。

（4）随后将需要加密的数据和 pseudo_pad 进行 XOR 运算，得到密文。

华为公司也设计了私有的 HWTACACS。HWTACACS 通过 TCP 传输、鉴别、授权和计费，端口号均为 49，TCP 协议连接更加可靠。HWTACACS 采用密码机制对报文信息进行加密。除报文头外，HWTACACS 对报文主体全部进行加密，包括鉴别、授权和计费信息等。其他一些协议则仅对口令等敏感信息进行加密。HWTACACS 的鉴别、授权和计费过程相互独立，鉴别和授权可以在不同的服务器上进行。这使得 HWTACACS 在服务器部署方面更加灵活。例如，可以用一台 HWTACACS 服务器 A 进行专门的用户身份鉴别，另外一台 HWTACACS 服务器 B 进行授权。并在具体授权时无须再重复进行认证的过程，仅需通知服务器 B，用户已在服务器 A 上成功认证。虽然，HWTACACS 鉴别、授权和计费相互独立，可以分别在不同的服务器上配置，但一般使用相同的服务器。HWTACACS 支持命令执行授权功能，用户 HWTACACS 认证成功，并登录设备后，支持根据用户级别对执行的每一条命令行通过 HWTACACS 服务器进行授权，只有授权通过，命令行才允许执行。命令执行使访问控制更加细粒度。HWTACACS 支持关键事件记录审计。关键事件包括：用户的命令操作记录、用户的链接记录、系统事件（系统重启等）等。

### 3. 活动目录

活动目录（Active Directory，AD) 是 Microsoft 开发的目录服务，它提供集中式分层数据库管理网络环境中的资源。活动目录可以充当网络环境中的中央存储库和目录服务，并提供身份鉴别、授权和资源管理服务，支持安全访问网络资源、实施安全策略并简化网络管理任务。其中存储功能由轻量级目录协议 LDAP 实现。活动目录的安全功能与 AAA 网络访问控制架构类似，包括：鉴别，当用户和计算机尝试访问网络资源时，活动目录会验证用户和计算机的身份，确保只有经过授权的个人或设备才能访问网络；授权，身份验证成功后，活动目录将管理用户或计算机在网络中的权限，包括对文件、文件夹、打印机和其他资源的访问等；资源管理，活动目录提供了一个集中平台管理网络资源，允许管理员创建和管理用户账户、组、计算机、打印机和其他对象。Microsoft 提供 Azure Active Directory(Azure AD)，是基于云的目录和身份管理服务，将 AD 的功能扩展到云。活动目录联合身份验证服务（AD FS）是 AD 的一个组件，它提供跨不同组织和网络的单点登录功能。

活动目录主要解决大量设备和资源的管理问题。对于每一台网络设备和资源进行管理，需要重复管理操作，效率低下。活动目录将网络中的计算机逻辑组织到一起，将其视为一个整体，进行集中管理。聚集到一起的网络设备资源被称为活动目录域。域是活动目录管理的基本单元。在域中，可以将一组计算机作为一个管理单位，域管理员可以实现对整个域的管理和控制。域管理员可以在活动目录中为每个用户创建域的用户账户，使他们可以登录到域并访问域的资源。域管理员也可以通过权限控制用户访问系统资源的行为规范。域控制器（Domain Controller，DC）就是安装了活动目录服务的一台计算机。活动目录的数据都存储在域控制器内。一个域可以有多台域控制器，它们都存储着完全相同的活动目录，并会根据数据的变化同步更新。例如，当任意一台域控制器中添加了一个用户后，这个用户的相关数据就会被复制到其他域控制器的活动目录中，以此保持数据同步。用户登录时，则由其中一台域控制器验证用户的身份，如果通过验证，就允许登录，否则就拒绝登录。密码技术可以用于身份鉴别机制的安全增强。

## 7.2.2  网络接入控制

为了保护网络安全，网络系统通过接入控制，使得只有合法的实体能够接入网络系统，参与网络业务。在网络传输通道安全防护中，SSL 协议可以在传输层，通过鉴别机制实现接入访问控制。本章主要介绍网络链路层的接入和访问控制。

### 1. 移动通信接入控制基本原理

移动通信网络主要包括几个主要的组成部分。移动站 MS，SIM 卡中存有移动用户的国际身份号 IMSI 和认证密钥 Ki 等移动用户个人信息。基站子系统 BSS，包括基地收发站 BTS（负责移动站和网络端之间建立无线连接）和基站控制器 BSC（控制管理区域内的 BTS）。网络交换子系统 NSS，包括移动业务交换中心 MSC（负责分配无线接口用户通信通道）。归属位置寄存器 HLR，存储了注册移动用户个人信息的数据库。用户鉴别中心 AuC，保存在 HLR 登记的用户身份鉴别密钥。访问位置寄存器 VLR，负责对漫游到此区域的移动用户进行登记。

在通信服务中，用户首先需要在一个网络服务提供商处登记，服务商为该用户分配唯一的移动用户身份号 IMSI、鉴别密钥 Ki 等个人信息，存入 SIM 卡交给用户，放入移动通信终端。同时运行商还将用户信息存储在 HLR 和 AuC 中。漫游用户的身份由 VLR 从归属网络调取该用户的相关信息。当移动用户访问网络时，需要通过一系列身份验证，移动业务交换中心 MSC 才能为用户和移动通信网络建立通信连接。

在 GSM 系统中，鉴别中心 AuC 为每个用户准备了"鉴别三元组"（RAND,XRES,Kc），存储在 HLR 中。当 MSC/VLR 需要鉴权三元组的时候，就向 HLR 提出要求并发出一个消息给 HLR（该消息包括用户的 IMSI），HLR 的回答一般包括五个认证三元组。任何一个鉴权三元组在使用以后，都将被破坏，不会重复使用。当移动站第一次到达一个新的 MSC 时，MSC 会向移动台发出一个随机号码 RAND，发起一个认证过程。

鉴别过程描述如下。

（1）AuC 产生一个随机数 RAND，通过（AuC 中的）A3、A8 算法产生鉴别（鉴权）向量组（RAND,XRES,Kc）。A3、A8 算法是特定的密码算法。

（2）VLR/MSC 收到鉴权三元组以后存储起来。当移动台连接到该 VLR 时，VLR/MSC 选择一个鉴别向量，并将其中的随机数 RAND 发送给移动台。

（3）移动台收到 RAND 以后，利用存储在 SIM 卡中的 A3、A8 算法，计算出 SRES 和 Kc。移动台将 SRES 发送给 VLR/MSC，如果 SRES 等于 VLR/MSC 发送给用户的 RAND 所在的鉴权三元组中的 XRES，移动台就完成了向 VLR/MSC 验证自己身份的过程。

从上述过程可以看出，Kc 从来不通过空中接口传送，存储在移动台和 AuC 内的 Kc 都是由 Ki 和一个随机数通过 A8 算法运算得出的。密钥 Ki 以加密形式存储在 SIM 卡和 AuC 中。即在 Ki 的帮助下，实现与身份鉴别和加密密钥的协商。当 SIM 卡中的 Ki 泄露时，攻击者就可以假冒移动台，绕过接入控制机制，实施假冒攻击。这也是 SIM 克隆的基本原理。GSM 接入控制是一个单向鉴别，即只有移动网络 MSC 鉴别移动台，而移动台不鉴别 MSC。单向鉴别易受到伪基站攻击。

鉴别过程完成以后，MSC 将鉴别三元组中的 Kc 传递给基站 BTS。这样使得从移动台到基站之间的无线通道可以用加密的方式传递信息，从而防止了窃听。GSM 的加密功能是可选的。鉴别三元组计算过程如图 7.7 所示。

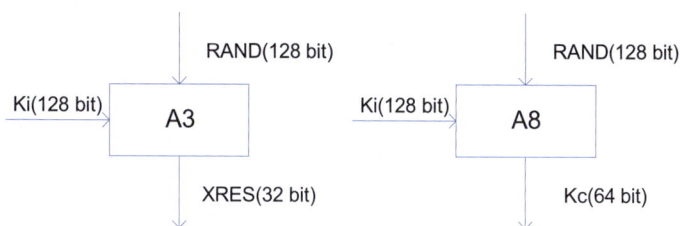

图7.7 鉴别三元组计算过程

### 2. 双向鉴别的移动通信网络接入控制

为了增强移动接入控制的安全性。从 3G 移动通信开始，接入访问控制引入双向鉴别。鉴别三元组，也随之升级到鉴别五元组。移动通信网络接入双向鉴别过程如图 7.8 所示。

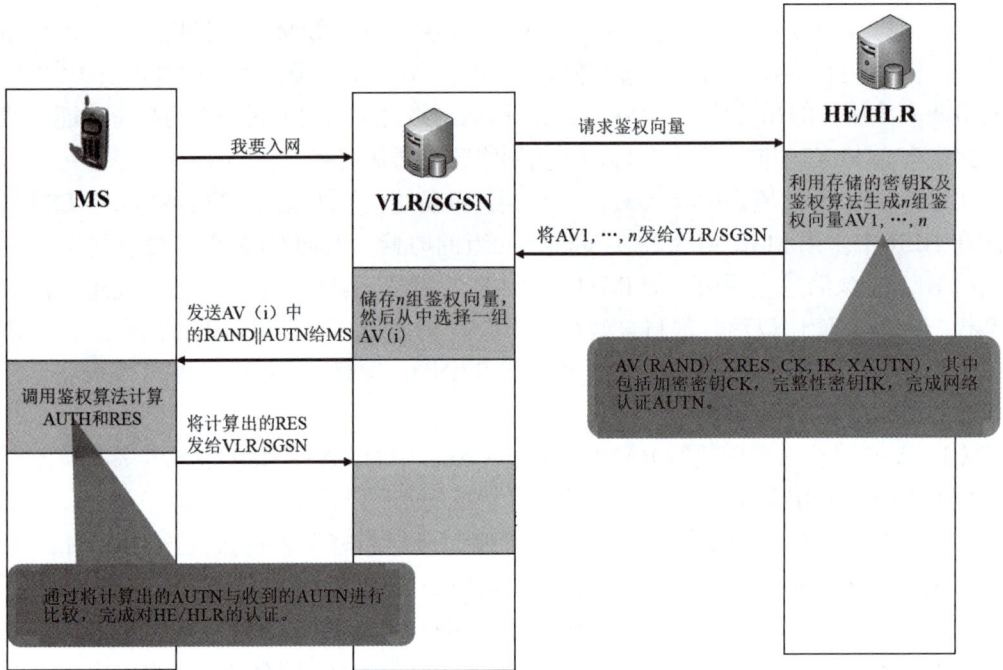

图7.8 移动通信网络接入控制双向鉴别过程

鉴别中心 AuC 为每个用户生成基于序列号的鉴别向量组（RAND,XRES,CK,IK,AUTN），双向鉴别五元组生成过程如图 7.9 所示。f0 是一个伪随机数生成函数，只存放于 AuC 中，用于生成伪随机数 RAND。鉴别向量中有一个"鉴别令牌"AUTN，包含了一个序列号，使得用户可以避免受到重传攻击。其中 AK 是用来在 AUTN 中隐藏序列号的，因为序列号可能会暴露用户的身份和位置信息。AMF(Authentication Management Field) 共 16 bit，未标准化。在 4G 移动通信时，最高位被用于区分 AMF 所在的认证向量是 4G 的认证向量还是 3G 的认证向量。当鉴别中心 AuC 收到 VLR/SGSN 的鉴别请求时，会发送 $N$ 个鉴别向量组（五元组）给 VLR/SGSN。其中，RAND 和 XRES 与单向鉴别一致。CK 和 IK 分别为加密密钥和完整性保护密钥。SQN 为序列号。f1~f5 为五种加密算法。

当 VLR/SGSN 开始鉴别一个移动端 MS 时，选择一个认证向量组，发送其中的 RAND 和 AUTN 给 MS。移动端 MS 收到 RAND‖AUTN 后，在 USIM 卡中进行移动端的操作，如图 7.10 所示操作。f1~f5 等五种密码算法都能够在 USIM 卡中实现。

移动端首先根据 RAND 计算出 AK，然后利用 AK 计算，从 AUTN 的 SQN ⊕ AK 字段，计算出序列号 SQN。如果用户计算出 SQN（序列号）在 USIM 认为正确的范围内，将发起一次"重新鉴别"。如果在正确的范围内，表面鉴别过程没有受到重放攻击。则可以利用密钥 K、SQN、RAND 和 AMF 值，通过 f1 计算出 XMAC。对比 XMAC 和 AUTN

中的 MAC 实现移动端对网络的身份鉴别。类似于 GSM 网络，利用 RAND 和 K，基于 f2 算法可以生成 RES，并返回到网络接入控制端。通过对比，RES 和鉴别五元组里的 XRES，可以完成接入控制端对移动端的访问控制。这样就实现了移动端和接入控制端的双向身份鉴别。双向身份鉴别通过加强身份鉴别过程的安全，保证了伪基站等攻击失效。鉴别过程还协商了密钥，保证了数据通信过程终端的机密性和完整性，这样就可以实现网络通信的安全。在后续的发展中，移动接入控制还需引入密码算法的协商。密码算法不再限定为固定的密码算法。经过广泛安全实践检验的密码算法可以用于接入安全控制，避免了因为算法安全造成的安全不足。

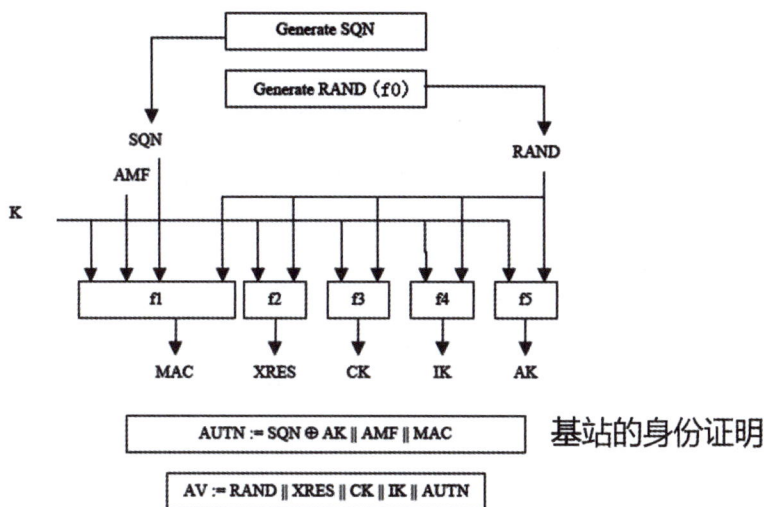

图7.9　双向鉴别五元组生成过程

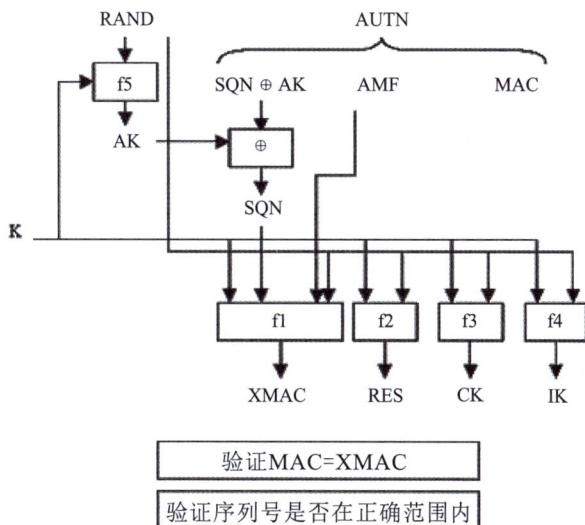

图7.10　移动端的操作

245

### 3. 无线网络接入控制

无线网络接入同样需要接入控制。IEEE802.11i 工作组专门负责制定 WLAN 的安全标准。WLAN 接入控制同样包括鉴别和数据传输安全。鉴别可以是开放链接，即没有鉴别机制，也可以是基于共享秘密的鉴别。这个共享密码可能是一个口令。

WLAN 鉴别过程如图 7.11 所示。无线站就是移动端。Access Point 是接入控制点 AP。无线站和 AP 之间实现共享秘密，可以是一个密钥，也可以是口令，并通过口令派生成随机比特串，作为鉴别密钥。在鉴别过程中，无线站首先发送鉴别请求。AP 产生一个随机字符串，作为挑战。无线站对挑战用共享密钥加密生成回应。AP 接到回应后，用共享的秘密对回应进行鉴别。如果确认身份成功，AP 允许无线站访问 AP 连接网络。采用挑战—响应的方式，可以在不用维护同步盐值的条件下，有效对抗身份的重放攻击。

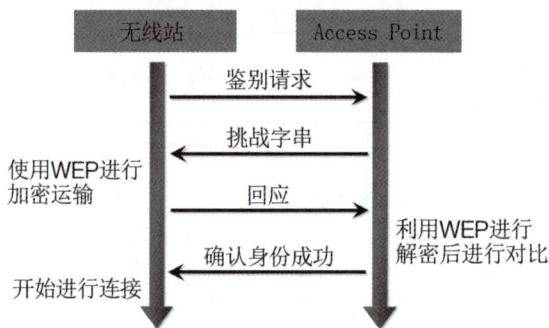

图7.11　WLAN鉴别过程

---

## 7.3　系统完整性度量

密码技术可以用来度量代码的完整性。完整性度量技术根据度量的对象不同可以分为：度量系统的镜像可信计算技术；度量系统库和可执行程序加载的 IMA 技术；保证应用程序更新安全的代码签名技术。其中镜像可信计算技术在 X86 平台和 ARM 平台上又不完全一样。

### 7.3.1　可信计算

相关 IT 产业成立了国际可信计算组织 TCG（Trusted Computing Group）用于制定相关标准和规范，促进可信计算技术应用的发展。可信计算技术包括 3 个主要功能：安全度量、安全证明和密码功能。

#### 1. 可信计算的基础 TPM 模块

TPM 本质上是一个密码模块，它利用公钥密码技术安全地证明当前所引导的环境；

安全地标示用户的系统；实现密码安全功能，包括存储和签名。TPM 可以发挥一个系统安全根的作用，通过获得系统控制权的方式完成对系统镜像加载的度量。TPM 有两种启动度量的方式：CRTM 静态根，只能通过加电完成系统完整性度量；DTRM 通过 CPU 指令可以在系统运行时动态开启度量过程。

TPM 信任根在 BIOS 启动前，BIOS 的度量值扩展到 PCR 寄存器，BIOS 将各类板卡和引导程序的度量值扩展到 PCR 寄存器；引导程序将操作系统内核的度量值扩展到 PCR 寄存器；系统启动完成的 PCR 值就可以用来度量系统启动的可信性。

PCR 寄存器的扩展操作。TPM 没有足够大的内存记录整个操作系统内核作为对比或者度量的依据。采用计算摘要（Hash）的方式是解决该问题的有效途径。将系统启动序列中的不同镜像的度量值（Hash 值）存入 PCR 寄存器，存入的过程被称为"扩展"。因为，系统启动是一步一步启动的，因此可能需要很多的 PCR 寄存器用于存放加载对象的摘要。为了节省摘要的存储空间。TPM 采用一种摘要链的方式扩展 PCR 寄存器。具体的扩展操作描述为，首先，将新的输入值连接在当前 PCR 值后面。然后，将链接后的新值再次进行 Hash 运算，将计算结果替换为当前的 PCR 值。第 $n$ 次的 PCR 值通过如下 PCRn 计算。

$$PCRn = Hash（PCRn\text{-}1 \| 待度量的镜像）；$$

与 PCR 寄存器配合的还有在系统存储的一个由系统启动的日志文件。该文件记录了实际的系统启动过程。PCR 在 TPM 内部，受到 TPM 便捷的安全防护，其完整性能够得到充分保障，攻击者无法篡改 PCR 值。PCR 值可以作为日志文件的完整性校验值，与日志文件配合证明系统的加载过程和状态。因为摘要计算没有密钥参与，在得不到 TPM 直接支持的远程安全证明中容易被篡改。所以，TPM 在远程证明过程中还需要采用公钥密码生成 PCR 的数字签名。数字签名能够保证远程传递的 PCR 值的完整性。TPM 一般提供 16 个 PCR 寄存器。其中 8~15 个 PCR 寄存器是系统保留的。在 TPM 1.2 中又扩展了 16~13 等 7 个寄存器，用于支持动态的系统可信加载度量。

TPM 构建了完善的密钥管理机制，用于实现系统的度量和安全性证明，还能为多用户场景提供加密、安全存储等功能。

### 2. TCG 软件站

在操作系统被成功引导之前没有驱动可以调用。在引导操作系统的过程中，必须在每一步执行之前度量所有的启动模块和操作系统代码。度量计算逻辑由 TPM 实现，并在 BIOS 中提供系统调用，供加载程序调用。TCG 规范定义了引导加载程序能够调用的最小 BIOS 中断集合。

在操作系统启动完成后，TPM 模块转变为一个密码模块，实现安全存储和安全证明等密码功能。应用程序可以调用 TPM 的密码功能。TCG 软件栈就是用户调用 TPM 密码模块的接口。

TCG 软件栈结构如图 7.12 所示。首先在内核模式下实现 TPM 设备驱动程序，访问 TPM 硬件，实现密码计算。在 Linux 操作系统上，TPM 的设备驱动程序是一个可加载的内核模块：tpm.ko。该模块在启动时自动加载，设备的主号码为 10，次号码为 224 的正式字符。通过系统调用，应用程序可以访问内核模式中的 TPM 设备驱动。但是这样的编程接口可用性非常差。TCG 提供了专门的动态库 TDDL 用于支持便捷的 TPM 密码功能访问。TDDL 作为系统库的组成部分支持应用程序的调用。TDDL 运行在用户态，直接调用 TDDL 应用程序也可以直接访问 TPM 的可信和密码功能。TPM 生产商随 TPM 设备驱动程序一起附带 TDDL 库，方便应用程序实现者和 TPM 进行交互。

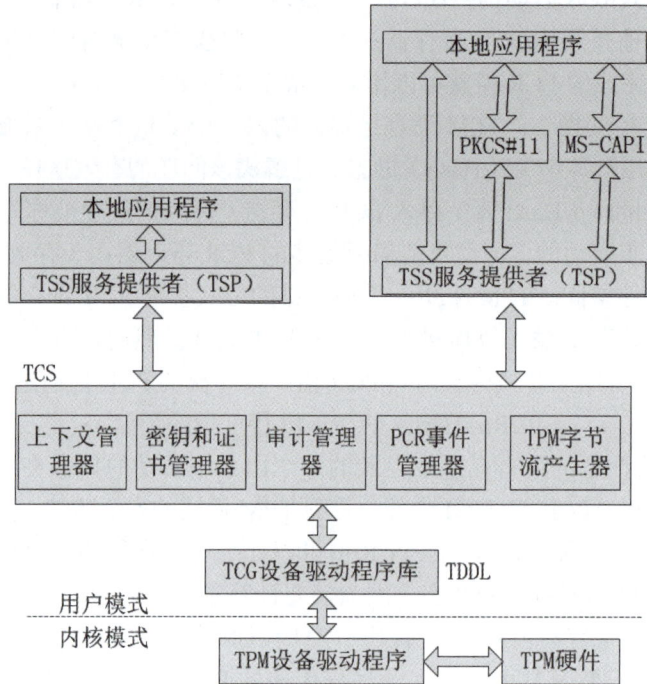

图7.12　TCG软件栈结构

TPM 是一个串行设备，每次只能执行一个命令，但系统可能存在多个应用程序需要同时调用 TPM 功能的情况。应用和 TPM 服务能力之间存在性能差异，为了进一步方便用户使用 TPM 功能，TCG 进一步实现了 TCS 功能。TCS 可以看作是 TCG 软件栈的内核。大多数情况下，TCS 是 TDDL 的唯一使用者。TCS 通过队列管理，可以实现 TPM 密码功能的虚拟化，每一个应用的 TPM 访问请求都会先进入 TCS 请求队列，并在 TCS 的调度下，实现最终的 TPM 模块访问。这样每个应用都可以在串行的 TPM 设备上实现并行操作。除 TPM 访问调度功能外，TCS 还实现了证书管理等功能，使得对应用的密码支撑更加完善。TSP 将 TCS 的功能访问 API 封装成动态库的形式，方便应用程序开发者在编写代码时调用。TCG 软件栈在 TPM 硬件的基础上，提供了良好的应用访问接口供应用程序使用。

## 7.3.2　ARM高可靠性引导

### 1. 可靠引导基本原理

高可靠（High Assurance Boot,HAB）由 NPX 公司提出，是面向 ARM 平台安全引导的一种解决方案。HAB 是一种集成在 SoC 中的可选功能，引导 ROM 可以使用数字签名验证初始软件镜像（主要是 Bootloader 镜像）。其还利用 SoC 内部的 CAM（密码加速模块）和 SNVS（安全非易失性存储）共同完成对所要加载的软件镜像的验证。

该方案要求有一个 SRK(Super Root Key)，并将其用选定的 Hash 算法计算杂凑值，储存在 SoC 内的 eFuse 中。eFuse 需要一次性写入存储，一旦烧入，将无法更改，保证了 SRK 密钥的完整性。一旦加电，CPU 将会执行 SoC 中的 ROM 代码，加载初始 Bootloader 镜像。在加载时，ROM 代码首先读取 Bootloader 镜像信息头中的 SRK 公钥，并对其进行 Hash 计算得到杂凑值，并将杂凑值与 eFuse 中储存的值进行对比验证，以防攻击者对可信镜像提供商的公钥进行恶意替换。然后在 SRK 验证通过后，则使用 SRK 作为公钥验证镜像的证书签名。最后使用证书验证 Bootloader 的镜像，确保 Bootloader 镜像的完整性。具体启动验证过程如图 7.13 所示。

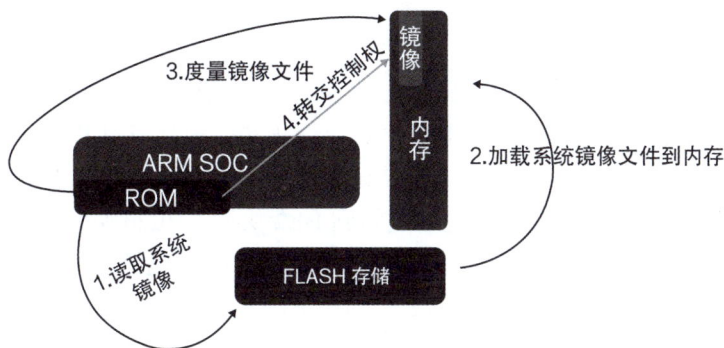

图7.13　具体启动验证过程

在系统加电后，处理器 SoC 中的 ROM 代码将被启动。ROM 代码会根据系统配置从指定的地方加载镜像。这时的镜像文件一般为 Bootloader。ROM 代码可以从磁盘、Flash、甚至是网络加载镜像。具体从哪里加载需要根据配置决定。在一般情况下，ARM 平台会选择 Flash。镜像一般存放在 Flash 的引导扇区，是一个固定的地址。当镜像被加载到内存 RAM 中后，ROM 会首先判断是否启动 HAB，如果选择启动 HAB 则按照上一段描述的度量方法，采用验证签名的方式，判断度量镜像是否来自可信的发行方。在调试阶段 HAB 一般是不开启的，这样可以方便地在系统中烧写固件，简化调试工作。一旦作为终端产品发布，就会启动 HAB，烧写镜像签名公钥的杂凑值，以保证恶意的镜像不会被系统加载。当系统验证通过后，ROM 将会把 CPU 指令跳转到镜像的入口地址，内存中的镜像被成功启动。

HAB 使用了集成在 SoC 内部的芯片，因此出厂后其内部的代码便不会被更改，从而可以防止攻击者对其进行篡改与破坏。一旦开启 HAB 功能，系统上电执行 boot ROM 代码后就会开始调用 HAB 进行电子验签的过程，从而确保了其不可绕过，保证了整个链式验证过程的完整可信。同时使用硬件实现了部分加密算法，验证镜像，大幅加快了启动过程中链式验签的速度。但是在 HAB 的验证过程中，无法预防回滚攻击，攻击者可以加载有漏洞的旧版本的初始软件镜像，由于其拥有正确的 SRK 与证书信息，所以 HAB 将认证通过并完成加载，这使得攻击者可以利用被加载的旧版软件所存在的漏洞进行攻击。此外，虽然部分设备上的 HAB 除使用 CAAM 支持的算法外还内置了软件实现部分 RSA 算法，但是其所支持的算法依然有限。采用硬件实现虽然能够保证完整性，但是存在发现漏洞却难以通过更新实现 HAB 自身安全修复的不足。

### 2. HAB 与 TEE 的结合

HAB 与 TEE 的结合可以实现更加完备的安全启动方案。不同的设备厂商对安全引导的实现有不同的解决方案，但是安全启动的过程遵循链式验签启动的原则，只是启动需求的镜像文件不同，对镜像文件的验证方式有差别。ARM v7 架构下系统的启动流程使用 Bootloader 引导 TEE OS 和 Rich OS 内核。HAB 与 TEE 结合的安全启动流程如图 7.14 所示。

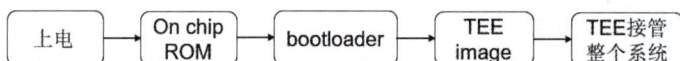

图7.14　HAB与TEE结合的安全启动流程

系统上电后执行 On-chip ROM 代码，启动 Bootloader 代码。Bootloader 代码又可以分成多个环节。On-chip ROM 代码会负责简单的初始化和引导完成对 BL1 中镜像文件的验证，之后跳转到 BL1 中执行。BL1 负责初始化 CPU、设定异常向量、对 BL2 的镜像进行验证并将其安全地加载到 RAM 中，之后跳转到 BL2 执行。BL2 则负责内存、MMU、串口及 BL3 软件运行环境的设置，并将 BL31、BL32、BL33 的镜像文件加载到对应权限的 RAM 中，收集其镜像文件的信息组成链表供后续 BL31 启动 BL32 及 BL33 使用，最终跳转到 BL31 中执行。BL31 一般运行在 Monitor 模式中，处理安全监控模式调用和相应的中断软件，在 BL31 阶段会完成安全监控模式调用 ID 的注册和对应 ARM 核状态的切换，并获取 BL32 及 BL33 镜像文件的信息和入口地址，引导启动 BL32 中的 TEE OS 启动，然后设置好 REE 侧镜像启动的环境，并退出可信环境，开始执行 BL33 中 Bootloader 的启动，并最终由 Bootloader 完成 Rich OS 启动的引导。

ARM v8 架构的启动流程相较 ARM v7 的主要区别是引入了 ARM 可信固件（ATF），ATF 负责完成对 Bootloader、TEE OS、Rich OS 等镜像文件的引导和加载。On-chip ROM 只负责对 ATF 中 bl1 的合法性进行验证，后续将控制权交给 ATF，ATF 按照链式验签的方式完成后续的启动流。

## 7.3.3　系统实时完整性度量

### 1. IMA 基本原理

IBM 研究院于 2004 年提出了完整性度量架构（Integrity Measurement Architecture，IMA）。目前 IMA 已经成为 Linux 操作系统的主要安全机制。Linux IMA 在操作系统启动后，实现对系统代码加载的完整性度量。代码可以是可执行程序、动态库，也可以是驱动等内核模块。

IMA 的主要安全功能包括。

① 对正在打开的文件进行完整性评估。

② 对正在执行 exec 的文件（可执行程序）进行完整性评估。

③ 对正在执行的库文件进行完整性评估。

④ 对正在加载中的 kernel 模块和固件进行完整性评估。

IMA 在系统加载可执行代码时，验证或者度量代码的完整性，从而避免恶意代码或者修改过的可执行文件被加载进系统，威胁系统安全。IMA 的度量和验证机制与可信计算的方法类似，基于杂凑函数和公钥密码算法实现。密码算法由内核实现。IMA 通过 LSM 框架在 Linux 操作系统的可行性代码的加载流程中添加 Hook，激活度量功能。LSM 是 Linux 操作系统的安全框架。在使用 LSM 之前，新的安全机制通过直接修改编码的方式嵌入 Linux 操作系统的权限管理体系。这样使安全机制部署变得复杂，为了简化 Linux 操作系统安全机制部署，Linux 操作系统引入了 LSM 框架。LSM 框架提供系统 Hook 机制，支持将安全机制代码嵌入需要保护的对象流程。大量的 Linux 操作系统安全机制都是采用 LSM 的形式部署在操作系统中的，如强制访问控制机制 SELinux、过滤系统调用的 SECCOMP 等。IMA Hook 的主要流程包括：open()，execve()mmap() 等系统调用。

IMA 的度量功能包括度量功能和验证功能。度量功能采用类似可信计算的方式，并借助 TPM 功能，计算 PCR 值。PCR 配合日志记录文件，配合 TPM 证明私钥，生成签名并完成系统加载可行代码的安全度量和证明。日志记录文件一般被称为是度量列表 ML。验证功能则保存了应用的发行证书的公钥。公钥一般用此前描述的内核密钥保证其完整性。在可执行代码加载前，系统从其文件属性中读取代码的签名。系统利用密钥环中的公钥，对签名进行验证，验证通过可以加载，验证失败，则拒绝加载。

根据 IMA 的基本安全原理，用于验证的代码签名的公钥证书的完整性必须得到有效保护。因为，一旦公钥被篡改，IMA 的度量安全性将得不到保障，所以，操作系统内核提供了密钥环的机制，保证了 IMA 验证证书的完整性。Linux 操作系统内核密钥环（Linux Kernel Keyring）是 Linux 操作系统内核中的一个机制，用于管理和存储各种类型的密钥和安全相关数据。它提供了一个安全的存储空间，在内核安全的前提下，可以对对称密钥、公钥、私钥、证书等敏感数据进行保护。它使用密钥描述符（Key descriptor）管理这些密钥。密钥环提供了 API 接口支持用户程序使用和管理 IMA 密钥。

### 2. IMA 的安全证明

IMA 首先完成度量结果计算，然后利用证明的私钥对度量结果进行签名并完成远程安全证明。IMA 的度量机制依靠 TPM 的 PCR（重置与扩展）完成，每个 PCR 有 160 bit，IMA 采用的是 PCR10，其运算过程与可信计算的 PCR 扩展一致。TPM 的 PCR 寄存器只支持重置与扩展，因此恶意代码无法进行"任意"篡改。而在执行恶意操作前，系统已经将恶意代码的度量值写入 PCR 中，因此恶意代码是无法绕过度量机制的。

挑战者通过完整性挑战协议获得了平台的 TPM 安全证明，即可以实施很多策略验证平台的信息是否可信。例如，通过与可信的度量值进行比较，就是一种最简单的验证策略。更复杂的验证策略包括多测量值评估等。为了使挑战者能够知道用哪个公钥验证安全证明的签名，需要借助证书体系，为签名私钥对应的公钥办理证书。远程挑战者可以通过证书，实现对证明的有效性验证。这个证书一般被称为完整性证明证书（AIK）。

### 3. IMA 的安全验证

IMA 在进行完整性验证时，会通过事先存储在文件系统中的文件扩展属性 security. ima 进行验证。具体来说，借用 IMA 签名工具 evmctl，在系统部署的时候，管理员以特权用户身份将文件的完整性信息写入文件名扩展属性 security.ima 中。

在系统运行时，IMA 子系统会从该扩展属性中读取文件的完整性信息，同时与实际计算出的完整性信息进行比较。如果结果一致，证明该文件没有遭到过篡改，则允许执行后续的操作；如果结果不一致，证明文件内容遭到了篡改，则后续操作禁止执行。

因此，即使攻击者通过破解口令拿到了本地特权，或者利用安全漏洞拿到了本地特权，但是在准备运行恶意程序或植入后门程序时，因为无法构造出合法的 IMA 签名，从而导致被植入恶意程序或被篡改的程序均无法运行。所以，签名工具 evmctl，签名的私钥需要安全保存。

无论是 IMA 安全证明还是 IMA 安全验证，都需要密码算法支撑。近年，我国的标准密码算法，逐步被纳入 Linux 操作系统。因此，基于我国标准密码算法，可以构造符合我国国密技术要求的系统实时完整性度量。

## 7.3.4　代码签名

不同于 IMA 机制，代码签名在应用程序安全过程中验证应用程序的完整性。而 IMA 则是在可执行代码每次加载时验证完整性。代码签名是 IMA 机制的前提。例如，文件的完整性信息写入时就需要代码签名机制保证，而这也是 IMA 机制安全的基础的。

### 1. 代码签名机制的基本原理

代码签名机制在应用程序代码安装时，首先对代码的签名进行验证，只有验证通过的应用程序才被允许安装到系统。代码签名机制被现代操作系统广泛采用，如 Windows 操作系统的补丁更新机制、iOS 的应用市场机制等。Word、Office 等办公软件也支持宏代码的签名。Android 的系统应用需要 OEM 的代码签名以保证安全。

代码签名机制包括 2 个主要的安全措施：代码签名和签名验证。

代码签名：一般由程序开发者或者程序发行者完成。以 iOS 为例，iOS 会给开发者颁发开发者证书。开发者完成应用程序编码后，会利用证书对应的私钥，对代码进行签名。只有签名的代码才能被安装到操作系统。代码签名的私钥拥有者要保护好私钥。因为，其他人无法得到私钥，所以，无法伪造代码签名。代码签名表示代码来自私钥拥有者。

签名验证：当应用程序安装包携带代码签名进入系统后，目标系统会用相应的证书验证代码签名，确认代码的来源。为了保证证书的有效性，证书对应的证书链的根证书需要作为目标系统的信任根。信任根的完整性需要得到有效保护。一旦信任根被篡改，代码签名的安全性将得不到保证。

代码签名机制的安全性建立在代码签名信任体系安全的基础上。在使用过程中，存在代码签名机制因为证书管理漏洞导致的安全风险。一旦代签名机制出现安全漏洞，攻击代码就可能伪装成应用程序或者更新代码进入系统。

### 2. Android 代码签名机制

（1）Android 代码签名生成

开发完成的 App 安装包 APK 文件是一个压缩文件。利用 gzip 等解压缩工具可以解压 APK 文件并获得一组文件，包括：

① 配置文件 AndroidManifest.xml，Android Permission 的申请信息存在该文件内。

② 程序的执行代码是编写的代码。

③ 资源文件（/res 目录下的文件）。

④ .SO 库文件等。

如果 APK 包含了以 JNI 集成的 C 代码，则 Android 系统在开源项目中允许用户使用自签名的证书对应用程序进行签名，并且在公布的源码包中提供一个签名工具 signapk. Jar。用于进行应用程序的签名，签名命令如下。

```
Java-jar signapk.jar certificate.pem key.pk8 UnsignedApp.apk  SignedApp.apk
```

其中，certificate.pem 和 key.pk8 分别为用于签名的公钥证书和私钥文件；UnsignedApp. apk 是未签名的 Android 应用程序；SignedApp.apk 是签名后的 Android 应用程序。

Android App 签名过程如图 7.15 所示。签名后的 apk 包中多了一个目录"／ META— INF"。此目录下包含三个文件：MANIFEST.MF、CERT.SF、CERT.RSA。

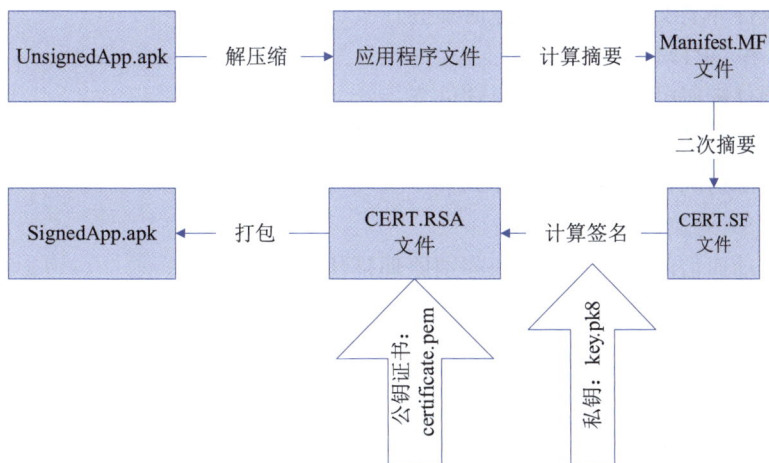

图7.15　Android App签名过程

① MANIFEST.MF：是解压后的 APK 文件夹中文件的摘要计算（算法为 SHA1）结果集合。

② CERT.SF：对 MANIFEST.MF 中的记录进行二次 Hash 计算的结果。

③ CERT.RSA：对 CERT.SF 用私钥进行签名的结果。

（2）Android 代码签名验证

Android 系统使用PackageInstaller程序进行应用程序的安装，在安装过程中PackageInstaller 解析 APK 包中的配置信息，包括 permission 授权信息，并完成 App Permission 信息的系统注册。在安装过程中进行代码签名验证，具有三个关键函数。

① JarUtils.verifySignature()，验证 CERT.RSA 中的签名确实是从 CERT.SF 得到的。

② JarVerifier.verify()，验证 CERT.SF 中的摘要值确实是从 MANIFEST.MF 文件计算得到的。

③ VerifierEntry.verify()，验证 MANIFEST.MF 中的摘要项确实是从应用程序文件中计算得到的。

通过代码验证的 App 可以被分配成同一个 UID，具备相同的 UGO 权限。

可以看出，上述代码签名机制是一个开放的签名过程，即签名的证书可以由 App 开发者决定，系统接受所有的签名结果。这样的机制是无法有效阻止恶意代码的。因此，Android 系统在被具体的 OEM 厂商采用时，都会通过固化信任根的方式制定终端产品，只接受信任根对应的开发者开发的软件产品。至少对于系统 App 会采用这种严格的代码签名管理模式。

## 习题

1. 单向鉴别的移动通信网络接入控制存在哪些安全风险？

2. CPU 执行环境安全隔离机制包括哪些？

3. CRTM 和 DRTM 有哪些区别？

4. 系统硬件密码模块为什么需要软件支持？

5. 密码技术与访问控制的关系是什么？

6. 网络资源访问控制的要素是什么？

7. TACACS+ 的加密方式是什么？

8. 双向移动通信网络接入控制的鉴别原理是什么？

9. SSH 的密钥协商原理是什么？

10. 可信计算技术的基本功能是什么？

11. 为什么需要 TCG 软件栈？

12. 代码签名和 IMA 的区别和联系有哪些？